高等教育管理科学与工程类专业

GAODENG JIAOYU GUANLI KEXUE
YU GONGCHENG LEI ZHUANYE

系列教材

安装工程造价

ANZHUANG GONGCHENG ZAOJIA

主编 / 李丽芬　叶　兰

U0190732

重庆大学出版社

内容提要

本书是针对本科工程造价专业编写的专业课程教材。全书分 6 章,讲述了建筑设备安装工程造价概述、给排水工程、消防工程、通风空调工程、电气设备安装工程、建筑弱电系统设备安装工程。本书重点在解决各专业组成、材料及施工工艺上,并通过工程案例详细介绍了各专业识图技巧,同时通过简单的案例介绍各专业编制清单时应注意的问题、在计算工程量清单时的计算方法与技巧、套用定额时应注意的问题点,让初学者初步掌握安装工程造价知识,达到能编制建筑水电安装工程造价文件的目的。

本书适合作为本科工程造价及相关专业的教材使用,同时可以作为行业从业人员培训和自学用书。

图书在版编目(CIP)数据

安装工程造价 / 李丽芬,叶兰主编. -- 重庆 : 重
庆大学出版社,2021.8(2024.7 重印)
高等教育管理科学与工程类专业系列教材
ISBN 978-7-5689-2842-7

Ⅰ. ①安… Ⅱ. ①李… ②叶… Ⅲ. ①建筑安装—建
筑造价—高等学校—教材 Ⅳ. ①TU723.32

中国版本图书馆 CIP 数据核字(2021)第 136213 号

高等教育管理科学与工程类专业系列教材

安装工程造价

主 编 李丽芬 叶 兰
副主编 游义刚 刘世通
策划编辑:林青山

责任编辑:张红梅 版式设计:林青山
责任校对:夏 宇 责任印制:赵 晟

*

重庆大学出版社出版发行
出版人:陈晓阳
社址:重庆市沙坪坝区大学城西路 21 号
邮编:401331
电话:(023) 88617190 88617185(中小学)
传真:(023) 88617186 88617166
网址:http://www.cqup.com.cn
邮箱:fxk@ cqup.com.cn(营销中心)
全国新华书店经销
重庆新华印刷厂有限公司印刷

*

开本:787mm×1092mm 1/16 印张:19 字数:488 千
2021 年 8 月第 1 版 2024 年 7 月第 3 次印刷
印数:4 001—6 000
ISBN 978-7-5689-2842-7 定价:49.00 元

前言
QIANYAN

　　安装工程造价所涉及的专业多、知识点繁▢▢▢▢关联点少,识图技巧不同于普通的土建或市政工程,因此是▢▢▢▢▢▢▢▢▢▢▢图。但其看似复杂,入门后安装工程造价相对土▢▢▢▢▢▢▢▢▢▢装工程造价计算规则相对简单、计算思路也相▢▢▢▢▢▢▢▢▢▢▢筑水电安装工程(给排水、消防、电气、通风空调▢▢▢▢▢▢▢▢等方面的理论知识,让初学者初步掌握安装工程造▢▢▢▢▢▢▢水电安装工程造价文件的目的。

　　本书的编写以习近平新时▢▢国特色社会主义思想为指导,依据《建设工程工程量清单计价规范》(GB 50500—2013)、《通用安装工程工程量计算规范》(GB 50856—2013)及《建设工程工程量计算规范(GB 50854～50862—2013)广西壮族自治区实施细则(修订本)》,介绍安装工程工程量计算与计价的原理及方法,并依据2015年版《广西壮族自治区安装消耗量定额常用册(上、中、下)》及2016年版《广西壮族自治区建设工程费用定额》阐述分部分项工程综合单价、措施项目费的计取。

　　通用安装工程涉及水暖通电各专业多学科知识,包括给排水工程、通风空调工程、消防工程、建筑电气、建筑智能电气工程。本书重点在各专业组成、材料及施工工艺上,并通过工程案例详细介绍各专业识图技巧,同时通过简单的案例介绍各专业编制清单时应注意的问题、计算工程量清单的方法与技巧、套用定额时应注意的问题等。本书在编写过程中,着力突出以下特点:

　　①着重对初学者进行工程实践能力的培养。

　　②各部分内容完整、通俗易懂且图文并茂。

　　③实用性强,便于不同层次的人员自学参考。

　　本书由广西财经学院李丽芬、南宁学院叶兰担任主编,广西财经学院游义刚、北部湾大学刘世通担任副主编,全书由李丽芬统稿。

　　本书在编写过程中,得到了诸多同行的支持与帮助。在此对提供案例、图片、资料的同行和同事表示衷心的感谢!同时,本书的出版获得了广西财经学院管理科学与工程学院工程造价专业"2018—2020年度广西本科高水平特色专业及实验实训教学基地(中心)建设项目"的资助。

　　书中的工程量清单列项、工程量计算、定额计取仅代表编者对规范定额的解读,由于编者水平有限,不妥或疏漏之处难免,恳请广大读者批评指正。

编　者

2021年3月

目 录

MULU

第1章

建筑设备安装工程造价概述

【知识目标】

本章首先介绍了我国现行建设工程造价的费用构成,以及建筑与安装工程费用的组成,并重点介绍了工程造价的分类、特点、职能、作用、各组成部分的相关概念和计算方法,以及定额计价和工程量清单计价的基本概念、基本原理、基本程序、编制依据、编制方法及相互之间的区别。

【能力目标】

通过本章的学习应了解我国建设工程造价的费用构成以及工程造价的特点、职能、作用,重点掌握我国建设工程造价的费用构成、定额计价法和工程量清单计价法的基本原理、计算方法及相互之间的区别。

1.1 工程造价的组成

我国现行建设项目投资构成和工程造价的构成简单介绍如下。

1.1.1 静态投资和动态投资

静态投资是以某一基准年、月的建设要素的价格为依据计算出的建设项目投资的瞬时值,包括了因工程量误差而引起的工程造价的增减。静态投资包括建筑安装工程费,设备及工器具购置费,工程建设其他费用,基本预备费等。

动态投资是指完成一个工程项目的建设预计所需投资的总和,除了静态投资所含内容外,还包括建设期贷款利息、投资方向调节税、涨价预备费等。动态投资适应市场价格运行机制的要求,更加符合实际的经济运动规律。

静态投资和动态投资的内容虽然有所区别,但二者有密切联系。动态投资包含静态投资,静态投资是动态投资的主要组成部分,也是动态投资的计算基础,两者的产生和工程造价的确定直接相关。

1.1.2　建设项目总投资与固定资产投资

建设项目按用途可分为生产性建设项目和非生产性建设项目。生产性建设项目总投资包括固定资产投资和流动资产投资两部分。非生产性建设项目总投资只有固定资产投资，不包括流动资产投资。固定资产是指使用年限在一年以上、单位价值在规定额度以上的主要劳动资料和非生产用房屋、建筑物、设备等，它包括生产性固定资产和非生产性固定资产两类，生产性固定资产是指工农业生产用的厂房和机器设备等，非生产性固定资产是指各类生活福利设施和行政管理设施。固定资产投资是指有货币形式表现的计划期内建造、购置、安装或更新生产性和非生产性固定资产的工作量。我国的固定资产投资包括基本建设投资、更新改造投资、房地产开发投资、其他固定资产投资。固定资产投资是投资主体为达到预期收益的资金垫付行为，建设项目的固定资产投资也就是建设项目的工程造价，我国现行建设项目总投资构成见图1.1.1。

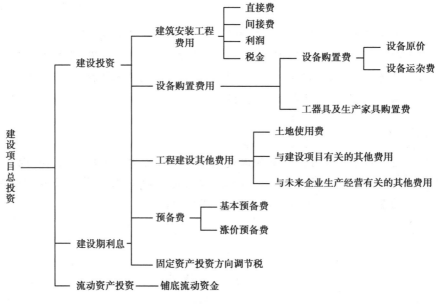

图 1.1.1　我国现行建设项目总投资构成

1.1.3　工程造价的构成

1) 工程造价的含义

工程造价是指某项建设工程产品的建造价格，本质上属于价格范畴。在不同场合，从不同角度，工程造价有广义和狭义之分。

从投资者或业主的角度定义的工程造价是广义的，是指建设项目建设成本，涵盖建设工程造价、安装工程造价、电力工程造价、水利工程造价、市政工程造价、通信工程造价等，是建设某项工程预期开支或实际开支的全部固定资产投资费用，也就是某项工程通过建设形成相应的固定资产、无形资产所需一次性费用的总和，其核心内容是投资估算、设计概算、修正概算、施工图预算、工程结算、竣工决算等。因此，工程造价的任务是根据图纸、定额以及清单规范，计算出工程中所包含的直接费、间接费、规费及税金等。

从市场角度定义的工程造价是狭义的,就是指工程价格,即为建成某项工程,预计或实际在土地市场、设备市场、技术劳务市场,以及承包市场等交易活动中所形成的建筑安装工程的价格和建设工程总价格。通常把工程造价的狭义定义只认定为工程承发包价格。它是在建筑市场通过招投标,由需求主体即投资者和供给主体即建筑商共同认可的价格。

2)工程造价的分类

（1）工程造价按研究对象不同划分

工程造价按研究对象不同可划分为:

①建设工程造价,指进行某项建设项目所花费的全部费用总和,即建设项目从筹建至竣工验收、交付使用全部过程中所需要的全部费用总和,包括建筑安装工程费用、设备及工器具购置费用、工程建设其他费用等。

②单项工程造价,指进行某项单项工程所花费的全部费用总和,是建设工程造价的组成部分,主要包括建筑安装工程费、设备及工器具购置费。如属于独立的单项工程,还应包括工程建设其他费用。

③单位工程造价,指进行某项单位工程所花费的全部费用总和,是单项工程造价的组成部分,主要包括土建工程费用、机电设备安装工程费用、工艺设备安装工程费用、管道安装工程费用、电气安装工程费用、给排水工程费用、通风空调工程费用等。

（2）按工程项目建设阶段不同划分

工程造价按工程项目建设阶段不同可划分为:

①预期造价,指在正式施工之前,在项目建设的不同阶段,对工程造价的预计和核定,也称作预算造价。

②实际造价,指进行某项工程实际花费的费用,也就是竣工结算或竣工决算所显示的费用。

（3）按建设工程的内容及单位工程的专业划分

工程造价按建设工程的内容及单位工程的专业可划分为建设工程造价、安装工程造价、装饰工程造价和市政工程造价等。

3)工程造价的作用

根据工程造价的特点和职能,工程造价的作用有以下几个方面:

①工程造价是项目决策的依据。工程造价决定着项目的一次投资费用,建设工程投资大、生产和使用周期长等特点决定了项目决策的重要性。在项目决策中投资者是否有足够的财务能力支付这项费用和是否值得支付这笔费用是必须考虑的主要问题。财务能力是一个独立的投资因素,是必须首先考虑的。假如项目投资的效果达不到投资者的预期目标,投资者就会自动放弃拟建的项目;假如建设工程价格超过支付能力,也会迫使他放弃拟建的工程。因此在项目决策阶段,建设工程造价就成为项目财务分析和经济评价的重要依据。

②工程造价是制订投资计划和控制投资的依据。投资计划是根据建设工期、工程进度和建设工程价格等逐年分月加以制订的。正确的投资计划有助于合理和有效地使用资金。在控制投资方面,工程造价具有非常明显的作用。工程造价是通过多次预算和评估,并最终通过竣工决算确定下来的。每一次预算和评估的过程就是对造价的控制过程;而每一次估算又都是对下一次估算的严格控制,即后一次估算不能超过前一次估算的一定幅度。这种控制是在投资者财务能力的限度内为取得既定的投资效益所必需的,是利用各类定额、标准

和参数对建设工程造价的计算依据进行控制。

③工程造价是筹集建设资金的重要依据。项目的投资者必须有很强的筹资能力,以保证工程建设有充足的资金供应。工程造价基本决定了建设资金的需要量,从而为筹集资金提供了比较准确的依据。当建设资金来源于金融机构的贷款时,金融机构在对项目的偿贷能力进行评估的基础上,需依据工程造价来确定给予投资者的贷款数额。

④工程造价是合理利益分配和调节产业结构的有效手段。工程造价的高低涉及国民经济各部门和企业间的利益分配。在计划经济体制下,政府为了用有限的财政资金建成更多的工程项目,总是趋向于压低建设工程造价,使建设中的劳动消耗得不到完全补偿,价值不能得到完全实现。而未被实现的价值则被重新分配到各个投资部门,为项目投资者所占有。这种利益的再分配有利于各产业部门按照政府的投资导向加速发展,也有利于按宏观经济的要求调整产业结构,但是也会严重损坏建筑企业的利益。在市场经济中,工程造价受供求状况的影响,它也对建设规模、产业结构和利益分配起调节作用。再加上政府的宏观调控和价格政策导向,工程造价在这方面的作用会逐渐发挥出来。

⑤工程造价是评价投资效果的重要指标。工程造价是一个包含着多层次工程造价的体系。对一个工程项目来说,它既是建设项目的工程造价,同时又包含单项工程的造价和单位工程的造价,或每平方米建筑面积的造价等,而这些使工程造价自身形成了一个指标体系。因此,工程造价能够形成新的价格信息,为今后类似项目投资提供参照系,是评价投资效果的重要指标。

1.2　建筑安装工程费用组成

建筑安装工程费用是指施工发承包工程造价。根据划分依据不同,可有按照费用构成要素划分和按照工程造价形成划分两种分类方式。

1.2.1　按照费用构成要素划分

按照费用构成要素划分,建筑安装工程费用分为直接费、间接费、利润和增值税,各项费用的价格不包括增值税进项税额。

1)直接费

直接费由人工费、材料费、施工机械使用费组成。

(1)人工费

人工费是指按工资总额构成规定,支付给从事工程施工的生产工人和附属生产单位的各项费用。内容包括:

①计时工资或计件工资:按计时工资标准和工作时间或已做工作按计件单价支付给个人的劳动报酬。

②津贴、补贴:为了补偿职工特殊或额外的劳动消耗和因其他特殊原因支付个人的津贴,以及为了保证职工工资水平不受物价影响支付给个人的物价补贴。如流动施工津贴、高温作业临时津贴、高空补贴等。

③特殊情况下支付的工资:根据国家法律、法规和政策规定,因病、工伤、产假、计划生育

假、婚丧假、事假、探亲假、定期休假、停工学习、执行国家或社会义务等原因按计时工资标准或计时工资标准的一定比例支付的工资。

（2）材料费

材料费是指施工过程中耗费的原材料、辅助材料、构配件、零件、半成品、成品、工程设备的费用和周转使用材料的摊销（或租赁）费用，内容包括：

①材料原价：材料、工程设备的出厂价格或商家供应价格。

②运杂费：材料自来源地运至工地仓库或指定堆放地点所发生的全部费用。

③运输损耗费：材料在运输装卸过程中因不可避免的损耗所产生的费用。

④采购及保管费：为组织采购、供应、保管材料的过程所需要的各项费用，包括采购费、仓储费、工地保管费、仓储损耗。

（3）施工机械使用费

施工机械使用费是指施工作业所发生的机械使用费以及机械安拆费和场外运输费或其租赁费，由下列7项费用组成：

①折旧费：施工机械在规定的使用年限内，陆续收回其原值的费用及购置资金的时间价值。

②大修理费：施工机械按规定的大修理间隔台班进行必要的大修理，以恢复其正常功能所需的费用。

③经常修理费：施工机械除大修理以外的各级保养和临时故障排除所需的费用，包括为保障机械正常运转所需替换设备与随机配备工具附具的摊销和维护费用、机械运转中日常保养所需润滑与擦拭的材料费用及机械停滞期间的维护和保养费用等。

④安拆费及场外运费：施工机械（大型机械除外）在现场进行安装与拆卸所需的人工、材料、机械和试运转费用以及机械辅助设施的折旧、搭设、拆除等费用；场外运输费指施工机械整体或分体自停放地点运至施工现场或由一施工地点运至另一施工地点的运输、装卸、辅助材料及架线等费用。

⑤机上人工费：机上司机和其他操作人员的人工费。

⑥燃料动力费：施工机械在运转作业中所消耗的各种燃料及水、电等费用。

⑦税费：施工机械按照国家规定应缴纳的车船使用税、保险费及年检费等。

2）间接费

间接费由规费和企业管理费组成。

（1）规费

规费是指按国家法律、法规规定，由省级政府和省级有关权力部门规定必须缴纳或计取的费用，其内容包括：

①社会保险费：企业按照规定为职工缴纳的养老保险费、失业保险费、医疗保险费、生育保险费、工伤保险费。

②住房公积金：企业按照规定为职工缴纳的住房公积金。

③工程排污费：施工现场按照规定缴纳的工程排污费。

（2）企业管理费

企业管理费是施工企业组织施工生产和经营管理所需的费用。其内容包括：

①管理人员工资：按规定支付给管理人员的计时工资、津贴补贴、加班加点工资及特殊情况下支付的工资等。

②办公费:企业管理办公用的文具、纸张、印刷、邮电、会议、水电、烧水和集体取暖等费用。

③差旅交通费:职工因公出差与调动工作的差旅费、住勤补助费、市内交通费、职工探亲路费、劳动力招募费、职工离退休、退职一次性路费、工伤人员就医路费、工地转移费以及管理部门使用的交通工具的油料、燃料、养路费及牌照费等。

④固定资产使用费:管理和试验部门及附属生产单位使用的属于固定资产的房屋、设备仪器等的折旧、大修、维修或租赁费。

⑤工具用具使用费:管理使用的不属于固定资产的生产工具、器具、家具、交通工具和检验、试验、测绘、消防用具等的购置、维修和摊销费。

⑥劳动保险费:由企业支付离退休职工的异地安家补助费、职工退职金、六个月以上的病假人员工资、职工死亡丧葬补助费、抚恤费、按规定支付给离休干部的各项经费。

⑦工会经费:企业按职工工资总额计提的工会经费。

⑧职工教育经费:企业为职工学习先进技术和提高文化水平,按职工工资总额计提的费用。

⑨财产保险费:施工管理用财产、车辆保险。

⑩财务费:企业为筹集资金而发生的各种费用。

⑪税金:企业按规定缴纳的房产税、车船使用税、土地使用税、印花税等。

⑫其他:包括技术转让费、业务招待费、技术开发费、绿化费、广告费、公证费、法律顾问费、审计费、咨询费等。

3)利润

利润是指施工企业完成所承包工程获得的盈利。

4)增值税

增值税是指国家税法规定的应计入建设工程造价内的增值税。增值税为当期销项税额。

按构成要素划分的建筑安装工程费用的组成见表1.2.1。

表1.2.1　建筑安装工程费用项目组成(按构成要素划分)

费用项目			
建筑安装工程费	直接费	人工费	1.计时工资或计件工资
			2.奖金
			3.津贴、补贴
			4.加班加点工资
			5.特殊情况下支付的工资
		材料费	1.材料原价
			2.运杂费
			3.运输损耗费
			4.采购及保管费
		施工机械使用费	1.折旧费
			2.大修理费

续表

费用项目			
建筑安装工程费	直接费	施工机械使用费	3.经常修理费
			4.安拆费及场外运输费
			5.人工费
			6.燃料动力费
			7.税费
	间接费	规费	1.工程排污费
			2.社会保险费
			(1)养老保险费
			(2)失业保险费
			(3)医疗保险费
			(4)生育保险费
			(5)工伤保险费
			3.住房公积金
		企业管理费	1.管理人员工资
			2.办公费
			3.差旅交通费
			4.固定资产使用费
			5.工具用具使用费
			6.劳动保险费
			7.工会经费
			8.职工教育经费
			9.财产保险费
			10.财务费
			11.税金
			12.其他
	利润	施工企业完成所承包工程获得的盈利	
	增值税	增值税为当期销项税额	

1.2.2 按照工程造价形成划分

按照工程造价形成划分,建筑安装工程费分为分部分项工程费、措施项目费、其他项目费、规费、增值税等。各项费用的价格不包含增值税进项税额,详见表1.2.2。

表1.2.2　建筑安装工程费用组成(按工程造价形成划分)

费用项目			备注
建筑安装工程费	分部分项工程费	1. 人工费	分部分项工程清单工程量所需的费用
		2. 材料费	
		3. 施工机械使用费	
		4. 管理费	
		5. 利润	
	措施项目费 单价措施项目费	1. 二次搬运费	单价项目措施费 + 总价措施项目费
		2. 大型机械设备进出场费	
		3. 夜间施工增加费	
		4. 已完成工程及保护设备费	
		……	
	总价措施项目费	1. 安全文明施工费	
		2. 检验试验配合费	
		3. 雨季施工增加费	
		4. 优良工程增加费	
		5. 提前竣工(赶工补偿)费	
		……	
	其他项目费	1. 暂列金额	
		2. 暂估价	
		3. 计日工	
		4. 总承包服务费	
	规费	1. 社会保险费	政府和有关部门规定必须缴纳的费用总和
		2. 住房公积金	
		3. 工程排污费	
	增值税	增值税	国家税法和本省有关规定,应计入工程造价内的税费

1) 分部分项工程费

分部分项工程费是指施工过程中,建设工程的分部分项工程应予列支的各项费用。分部分项工程划分见现行国家建设工程工程量计算规范。

综合单价:完成一个分部分项工程项目所需的人工费、材料费、施工机械使用费和企业管理费、利润以及一定范围内的风险费用。

2)措施项目费

措施项目费是指为完成工程项目施工,发生于该工程施工准备和施工过程中的技术、生活、安全、环境保护等方面的非工程实体项目的费用,包括单价措施项目费和总价措施项目费。

(1)单价措施项目费

措施项目中以综合单价计价的项目,即根据工程施工图、施工方案和相关工程现行国家计量规范及广西计量规范细则规定的工程量计算规则进行计量,与已标价工程量清单相应综合单价形式进行价款计算的项目。

安装工程单价措施项目费包括:

①吊装加固费:行车梁加固,桥式起重机加固及负荷试验、整体吊装临时加固、加固设施拆除、清理所需的费用。

②金属抱杆安装、拆除、移位费。

③平台铺设、拆除费。

④提升、顶升装置费。

⑤焊接工艺评定费。

⑥胎(模)具制作、安装、拆除费。

⑦防护棚制作、安装、拆除费。

⑧大型机械进出场及安拆费。

⑨二次搬运费。

⑩已完工程及设备保护费:竣工验收前,对已完工程及设备进行保护所需的费用。

⑪夜间施工增加费。

(2)总价措施项目费

总价措施项目费是指措施项目费中以总价计价的项目。此类项目在现行国家计量规范中无工程量计算规则,一般以总价(或计算基础乘费率)计算项目所发生的费用。

安装工程总价措施项目费包括:

①安全文明施工费:包括环境保护费、文明施工费、安全施工费、临时设施费。

②检验试验配合费。

③雨冬季施工增加费。

④暗室施工增加费。

⑤交叉施工补贴。

⑥特殊保健费。

⑦在有害身体健康的环境中施工增加费。

⑧优良工程增加费。

⑨提前竣工(赶工)费。

⑩脚手架搭拆费。

⑪高层建筑增加费。

⑫特殊地区施工增加费。

⑬安装与生产同时进行增加费。

⑭大型设备专用机具费。

⑮设备、管道施工的安全、防冻和焊接保护费。

⑯管道安拆后充气保护费。

⑰焦炉烘炉、热态工程增加费。

⑱行人行车干扰增加费。

3)其他项目费

(1)暂列金额

暂列金额是招标人在工程量清单中暂定并包括在合同价款中的一笔款项。用于工程合同签订时尚未确定或者不可预见的所需材料、设备、服务的采购,施工中可能发生的工程变更、合同约定调整因素出现时的合同价款调整以及发生的索赔、现场签证等确认的费用。

(2)暂估价

暂估价是招标人在工程量清单中提供的用于支付必然发生但暂时不能确定价格的材料以及专业工程的金额。暂估价包括材料设备暂估价、专业工程暂估价。

(3)计日工

计日工是在施工过程中,承包人完成发包人提出的工程合同范围以外的零星项目或工作,按合同中约定的单价计价的一种方式。计日工综合单价应包含除增值税进项税额以外的全部费用。

(4)总承包服务费

总承包服务费是总承包人为配合协调发包人进行的专业工程发包,对发包人自行采购的材料等进行保管以及施工现场管理、竣工资料汇总整理等服务所需的费用。总承包服务费一般包括总分包管理费、总分包配合费、甲供材料的采购保管费。

4)规费

定义同前。

5)增值税

定义同前。

1.3 工程造价的计价模式及步骤

1.3.1 工程造价的两种计价模式

工程造价有定额计价和工程量清单计价两种模式。目前,在我国,这两种计价模式并存,但有区别。与定额计价模式相比,工程量清单计价模式有一些重大区别,这些区别也体现了工程量清单计价模式的特点。

1)定价阶段

在不同经济发展时期有不同的定价主体、不同的价格形式和不同的价格形成机制。定额计价模式更多地反映了国家定价或国家指导价阶段。在这一模式下,工程价格直接由国家决定,或是由国家给出一定的指导性标准,承包商可以在该标准的允许幅度内实现有限竞争。例如,在我国的招投标制度中,严格限定了投标人的报价必须在限定标底的一定范围内波动,如超出此范围即为废标,这一阶段的工程招标投标价格即属于国家指导性价格,体现的是在国家宏观计划控制下的市场有限竞争。

清单计价模式反映了市场定价阶段。在该阶段中,工程价格是在国家有关部门间接调控和监督下,由工程承发包双方根据工程市场中建筑产品供求关系变化自主确定工程价格。其形成可以不受国家工程造价管理部门的直接干预,而此时的工程造价根据市场的具体情况,有竞争形成、自发波动和自发调节的特点,即价格的形成应由承发包双方根据工程自身的物质劳动消耗、供求状况等协商议定,它随着工程市场供求关系的不断变化而常处于上下波动之中,并通过价格波动自发调节建筑产品的品种和数量,以保证工程投资和工程生产能力的平衡。

2)价格形成指导思想

定额计价模式和工程量清单计价模式在价格形成的指导思想上是不同的,定额计价模式是静态的"量价合一"的指令性价格形成指导思想,而工程量清单计价模式是动态的"量价分离"的市场竞争性价格形成指导思想。

定额计价模式采用的是指令性计价模式,该计价模式体现了静态"量价合一"的基本特征。在量上,人工、材料、机械三要素的消耗水平是统一的,没有区分施工实物性损耗和施工措施性损耗,在价格上是定额规定的、静态的计划性价格。工程量清单计价模式采用的是市场竞争性计价模式。在指导思想上,实行"控制量、企业自主报价、市场竞争形成价格"的计价模式,它把施工措施与工程实体项目进行分离,突出了施工措施费用的市场性。工程量清单计价规范的工程量计算规则的编制原则一般是以工程实体的净尺寸计算,没有包含工程量合理损耗。这一特点也就是定额计价的工程量计算规则与工程清单计价规范的工程量计算规则的本质区别。

3)工程计价依据与性质

定额计价模式和工程量清单计价模式在确定建设工程造价时,其计价依据与性质是不同的。

定额计价模式的主要计价依据为国家、省、有关专业部门制定的各种定额,其性质为指导性。定额的项目划分一般按施工工序分项,每个分项工程项目所含的工程内容一般是单一的。

清单计价的主要计价依据为"清单计价规范",其性质是含有强制性条文的国家标准。清单的项目划分一般按"综合实体"进行分项,每个分项工程一般包含多项工程内容。

4)工程量计算

(1)工程量计算规则

在工程量计算时,工程量计算规则有原则性区别,主要体现在以下两个方面:

①在项目划分上的区别。工程量清单计价把施工措施与工程实体项目进行分离,实行措施项目单列,具体采取什么措施,由企业根据企业的施工组织设计,视具体情况而定,体现了施工措施费用的市场竞争性,有利于企业自主报价和市场公平竞争。而定额计价方式中

项目施工工艺与措施相结合,未区分施工实体性消耗和施工措施性损耗,竞争空间有限。

②在量的计算上的区别。清单项目的工程量以实体项目工程量为准,并按照实体的净值计算。而定额项目是以工序为项目划分的依据,定额中已经综合考虑了施工中的各种消耗,即定额计价模式工程量是按实物净值加上人为规定的预留量计算的。

（2）工程量编制主体

在定额计价中,建设工程的工程量由招标人和投标人分别按图计算。在清单计价中,工程量由招标人统一计算或委托有资质的工程造价咨询单位统一计算,工程量清单是招标文件的重要组成部分,各投标人根据招标人提供的工程量清单,结合自身的技术装备、施工经验、企业成本、施工定额、管理水平自主填写单价与合价。

（3）工程内容

工程量计算时涉及的工程内容含义不同。定额计价模式下,传统定额项目划分是以施工过程为对象,对施工工序进行划分,未对工程内容进行组合,仅仅是单一的工程内容。而工程量清单计价模式下,工程量清单的工程内容是参考规范所列项目,是按实际完成完整实体项目所需工程内容列项,是对完成工程实体的各道工序内容的组合,涵盖了主体工程项目及主体项目以外完成该综合实体的其他工程项目的全部工程内容。因此,定额计价模式和工程量清单计价模式的工程内容有本质的不同。

（4）计量单位

定额计价模式的计量单位,有时为扩大的物理计量单位,而不采用基本单位,如"100 kg","10 m","100 m²"等。但工程量清单计价模式下的大多数计量单位与相应定额子项的计量单位一致,一般采用基本物理计量单位,如 kg,m,t 等。

5）费用构成及计价方法

定额计价模式的费用由直接费、间接费、利润、税金 4 部分构成,而工程量清单计价模式下的费用由分部分项工程费、措施项目费、其他项目费、规费以及税金构成。

定额计价的单价由人工费、材料费和机械台班费构成,首先采用工料单价计算直接费,再以人工费(直接费)为基数计算间接费、利润、税金。清单计价采用综合单价形式,综合单价由人工费、材料费、机械使用费、管理费和利润构成,并考虑风险因素,以清单项目工程量为基础。

6）合同价调整方式

定额计价形成的合同,其价格的主要调整方式有变更签证、定额解释和政策调整。工程量清单计价在一般情况下综合单价是相对固定的,减少了在合同实施过程中的调整活口,通常情况下,如果清单项目的数量没有增减,那么合同价格基本没有调整,保证了其稳定性,也便于业主进行资金准备和筹划。

1.3.2 建筑设备安装工程定额计价方法

1）工程项目的过程计价

工程项目的建设,需要遵循基本建设项目的程序实施,即工程项目在建设过程中,建设的不同阶段对应不同的工程计价形式。工程项目建设与过程计价的关系见图1.3.1。

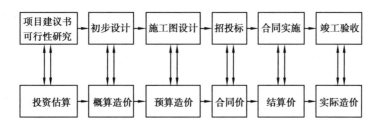

图 1.3.1 工程项目建设与过程计价的关系

首先,在项目建议书和可行性研究阶段需要投资估算。投资估算是指通过编制估算文件预先估算建设项目投资额的过程,在编制项目建议书和可行性研究阶段,对投资需要量进行估算是一项不可缺少的工作。投资估算是决策、筹资和控制造价的重要依据。而在初步设计阶段需要有概算造价,它是按照设计意图通过编制工程概算文件预先估算和限定的工程造价。估算造价控制了概算造价金额,但概算造价的准确性有所提高。

在项目建设的施工图阶段需要有预算造价。预算造价是按照施工图纸通过编制预算文件预先测算和限定的工程造价。与概算造价或修正概算造价相比,预算造价更为详尽和准确,但同样受前一阶段所限定的工程造价控制。在项目建设的招投标阶段需要确定合同价。合同价属于市场价格,由承发包双方根据市场行情共同议定并认可,是在工程招投标阶段通过签订总承包合同、建筑安装工程承包合同、设备材料采购合同、技术和咨询服务合同确定的价格,但合同价并不等同于实际工程造价。在项目建设的合同实施阶段需要确定结算价。结算价是在工程结算时按合同调价范围和调价方法对实际发生的工程量增减、设备和材料价差等进行调整后计算和确定的价格,它是该结算工程的实际价格。但在竣工验收阶段需要确定实际造价,实际造价是通过为建设项目编制竣工决算而最终确定的实际工程造价。

2)定额计价的原理

定额计价就是根据制定的工程定额对工程产品价格实行统一的有序的计价与管理。定额计价的方法是根据工程设计文件和有关计价依据,按工程定额划分的定额项目计算各分项工程量,乘以此分项工程的工料单价,计算出各分项工程直接工程费和技术性措施项目费,汇总各分项工程直接工程费即可得到该单位工程的直接工程费,再按照取费标准(费率)确定保障性措施项目费、间接费、利润和税金,即为建筑安装工程费。

3)定额计价的性质

定额计价是以概预算定额、各种费用定额为基础依据,按照规定的计算程序确定工程造价的特殊计价方法。我国建筑产品价格市场化经历了"国家定价—国家指导价—国家调控价"3个阶段。这3个阶段工程价格形成特点见表1.3.1。

第一阶段,国家定价阶段。在我国传统经济体制下,工程建设任务是由国家主管部门按计划统一分配,建筑业不是一个独立的物质生产部门,建筑产品在这一时期并不具有商品性质,建筑产品价格只是一个经济核算的工具而不是工程价值的货币反映。在这种工程建设管理体制下,建筑产品价格实际上是在建设过程的各个阶段利用国家或地区所颁布的各种定额进行投资费用的预估和计算,这种"价格"分为设计概算、施工图预算、工程费用签证和竣工结算。工程价格的水平完全由国家来决定,国家是这一价格形式的决策主体。第二阶段是国家指导价阶段。随着我国经济的快速发展,传统的建筑产品价格形式已经逐步为新的建筑产品价格形式所取代。这一阶段是国家指导定价,出现了预算包干价格形式和工程招标投标价格形式。但是预算包干价格对工程施工过程总费用的变动采取了一次包死的形式,对提高工程价格管理水平有一定作用。第三阶段是国家调控价阶段。国家调控的招标投标价格形成,是一种以市场形成价格为主的价格机制。它是在国家有关部门的调控下,由工程承发包双方根据工程市场中建筑产品供求关系变化自主确定工程价格。因此,利用工程建设定额计算工程造价就价格形成而言,介于国家指导价和国家调控价之间。

表 1.3.1　3个阶段工程价格形成特点

发展阶段	定价主体	价格形式	价格形成主要特征
第一阶段:国家定价	国家	概预算加签证(计划价格形式)	属于国家定价的价格形式
第二阶段:国家指导价	国家和企业	预算包干价格形式(计划价格形式)和工程招标投标价格形式(国家指导性价格形式)	计划调控性、国家指导性,指导下的竞争
第三阶段:国家调控价	承发包双方	承发包双方协商形成	自发形成、自发波动、自发调节

4) 定额计价的基本程序

定额计价形成工程价格,它首先是按预算定额规定的分部分项子目,逐项计算工程量,套用预算定额单价(或单位估价表)确定直接工程费,然后按规定的取费标准确定措施费、间接费、利润和税金,加上材料调差系数和适当的不可预见费,经汇总后即为工程预算。以定额单价法确定工程造价,是我国采用的一种与计划经济相适应的工程造价管理制度。定额计价实际上是国家通过颁布统一的计价定额或指标,对建筑产品价格进行有计划的管理,我国在很长一段时间内采用单一的定额计价模式形成工程价格,工程造价定额计价的基本程序如图 1.3.2 所示。

从图 1.3.2 可以看出,工程量计算和定额计价是编制建设工程造价最基本的两个过程。工程量计算均按照统一的项目划分和工程量计算规则计算。工程量确定以后,就可以按照一定的方法确定出工程的成本及盈利,最终就可以确定工程预算造价(或投标报价)。定额计价方法的特点就是量与价的结合。概预算的单位价格就是依据概预算定额所确定的消耗量与定额单价或市场价相乘。可以用下列公式表示定额计价基本方法和程序。

(1)单位工程概预算造价

对于每一计量单位产品,其直接工程费可以表示为:

$$直接工程费单价 = 人工费 + 材料费 + 机械使用费$$

$$单位工程直接费 = \sum(产品工程量 \times 直接工程费单价) + 措施费$$

$$单位工程概预算造价 = 单位工程直接费 + 间接费 + 利润 + 税金$$

其中

$$人工费 = \sum(定额人工消耗量指标 \times 人工工日单价)$$

$$材料费 = \sum(定额材料消耗量指标 \times 材料预算价格)$$

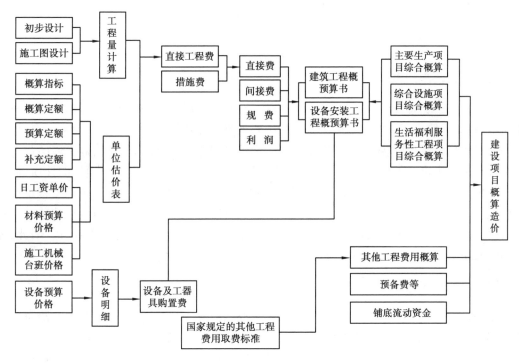

图1.3.2　工程造价定额计价程序示意图

$$机械费 = \sum (定额机械台班消耗量指标 \times 机械台班单价)$$

（2）单项工程概预算造价

$$单项工程概预算造价 = \sum 单位工程概预算造价 + 设备及工器具购置费$$

（3）建设项目概预算造价

$$建设项目概预算造价 = \sum 单项工程概预算造价 + 有关的其他费用 + 预备费$$

5）定额计价模式安装工程造价计算

根据《建筑工程施工发包和承包计价管理办法》（中华人民共和国住房和城乡建设部令第16号）的规定，发包和承包价的计算分为工料单价和综合单价，而定额计价模式一般采用的是工料单价计价程序，安装工程通常以人工费为基础，其计算程序见表1.3.2。

表1.3.2　安装工程造价计算程序

序号	费用项目	计算方法	备注
1	直接工程费	按预算表	$\sum$ 分项工程量 × 定额单价
2	措施费	按规定标准计算	
3	直接费小计	（1）＋（2）	
4	间接费	人工费 × 相应费率	
5	利润	人工费 × 相应利润率	
6	不含税造价合计	（3）＋（4）＋（5）	
7	含税造价	（6）×（1＋相应税率）	

1.3.3 工程造价的工程量清单计价方法

1) 工程量清单的概念

工程量清单是表现拟建工程的分部分项工程项目、措施项目、其他项目名称和相应数量的明细清单，是按照招标要求和施工设计图纸要求将拟建招标工程的全部项目和内容，依据统一的工程量计算规则、统一的工程量清单项目编制规则要求，计算拟建招标工程的分部分项工程数量的表格。工程量清单的描述对象是拟建工程，其内容涉及清单项目的性质、数量等。它由招标人按照"计价规范"附录中统一的项目编码、项目名称、计量单位和工程量计算规则进行编制。工程量清单包括分部分项工程量清单、措施项目清单、其他项目清单。工程量清单也是招标文件的组成部分，一经中标且签订合同，即成为合同的组成部分。因此，无论招标人还是投标人都应该慎重对待。

2) 工程量清单的内容

工程量清单作为招标文件的组成部分，其主要内容有工程量清单封面、工程量清单总说明、分部分项工程量清单、措施项目清单、其他项目清单、规费项目清单、税金项目清单、暂列金额明细表、专业工程暂估价明细表、总承包服务项目表、计日工表、材料及设备暂估价明细表等。工程量清单的编写应由招标人完成，除以上规定的工程量清单的内容外，招标人可根据具体情况进行补充。工程量清单作为招标文件的组成部分，一个最基本的功能是作为信息的载体，以便投标人能对工程有全面充分的了解。

3) 工程量清单的编制依据

工程量清单的编制依据包括：

①《建设工程工程量计算规范（GB 50854～50862—2013）广西壮族自治区实施细则》，以下简称"2013《计量规范广西实施细则（修订本）》"。

②广西壮族自治区建设主管部门颁布的相关定额和计价规定。

③建设工程设计文件及相关资料。

④与建设工程项目有关的标准、规范、技术资料。

⑤招标文件及其补充通知、答疑纪要。

⑥施工现场情况、地勘水文资料、工程特点及常规施工方案。

⑦其他相关资料。

4) 建筑设备安装工程工程量清单计价方法

(1) 分部分项工程量清单的编制

工程量清单是招标文件的组成部分，主要由分部分项工程量清单、措施项目清单和其他项目清单等组成，是编制标底和投标报价的依据，是签订工程合同、调整工程量和办理竣工结算的基础。

分部分项工程量清单应包括项目编码、项目名称、计量单位和工程量4个部分，应根据2013《计量规范广西实施细则（修订本）》附录中规定的项目编码、项目名称、计量单位和工程量计算规则进行编制，见表1.3.3。

表1.3.3 分部分项工程量清单

工程名称： 专业： 第 页 共 页

序号	项目编码	项目名称	计量单位	工程量

分部分项工程量清单的"项目编码"采用五级编码设置，一至四级编码应根据2013《计量规范广西实施细则（修订本）》附录中的规定设置；五级编码应按拟建工程的工程量清单项目名称由编制人设置。

分部分项工程量清单的计量单位应根据2013《计量规范广西实施细则（修订本）》附录中规定的计量单位确定。

具体操作如下：

①项目设置。工程量清单的项目设置是为了统一工程量清单项目名称、项目编号、计量单位和工程量计算而制定的，是编制工程量清单的依据。在2013《计量规范广西实施细则（修订本）》中，对工程量清单项目的设置做了明确的规定。

a.项目编码：以五级编码设置，用12位阿拉伯数字表示。一、二、三、四级编码统一；第五级编码由工程量清单编制人区分具体工程的清单项目特征而分别编码。各级编码代表的含义如下：

● 第一级表示分类码（2位）：建筑工程为01、装饰装修工程为02、安装工程为03、市政工程为04、园林绿化工程为05；

● 第二级表示专业工程顺序码（2位）；

● 第三级表示分部工程顺序码（2位）；

● 第四级表示分项工程顺序码（3位）；

● 第五级表示工程量清单项目名称（3位）。

b.项目名称：原则上以形成工程实体命名。假如项目名称有缺项，招标人可按相应原则进行补充，并报当地工程造价管理部门备案。

c.项目特征：项目特征是对项目的准确描述，是影响价格的因素，是设置具体清单项目的依据。项目特征按不同的工程部位、施工工艺或材料品种、规格等分别列项。凡项目特征中未描述的其他独有特征，由清单编制人根据项目具体情况确定，以准确描述清单项目为准。

d.计量单位：计量单位采用基本计量单位，即除各专业另有特殊规定外，应按照如下单位计量：

● 以质量计算的项目——吨或千克（t或kg）；

● 以体积计算的项目——立方米（m^3）；

● 以面积计算的项目——平方米（m^2）；

● 以长度计算的项目——米（m）；

● 以自然计量单位计算的项目——个、套、块、樘、组、台等；

● 没有具体数量的项目——系统、项等。

②分部分项工程量清单的计量。工程量的计算规则按主要专业划分,包括建筑工程、装饰装修工程、安装工程、市政工程和园林绿化工程5个专业。工程量主要通过工程量计算规则计算得到。工程量计算规则是指对清单项目工程量的计算规定。除另有说明外,所有清单项目的工程量应以实体工程量为准,并以完成后的净值计算;投标人投标报价时,应在单价中考虑施工中的各种损耗和需要增加的工程量。分部分项工程量清单的工程量应按2013《计量规范广西实施细则(修订本)》附录中规定的计量单位和工程量计算规则执行。工程量的精确度:

a. 以 t 为单位的,保留小数点后三位,第四位小数四舍五入;

b. 以 m³、m²、m 为单位的,保留小数点后两位,第三位小数四舍五入;

c. 以个、项、台为单位的,应取整数。

③分部分项工程量清单的补充。编制工程量清单出现计算规范中的缺项时,编制人应做补充清单项目,并报当地建设工程造价管理机构,当地建设工程造价管理机构定期汇总后再报自治区建设工程造价管理机构备案。

补充清单项目的编码由2013《计量规范广西实施细则(修订本)》的专业代码03与B和3位阿拉伯数字组成,并应从03B001起顺序编制,同一招标工程的项目不得重码,补充的工程量清单需附有补充项目的名称、项目特征、计量单位、工程量计算规则、工程内容。不能计量的措施项目,需附有补充项目的名称、工作内容及包含范围。

(2)措施项目清单的编制

措施项目清单是指为完成工程项目施工,发生于该工程施工准备和施工过程中的技术、生活、安全、环境保护等方面的非工程实体项目清单,包括单价措施项目和总价措施项目,具体应根据拟建工程的实际情况列项。

①单价措施项目。单价措施项目即措施项目清单中按分部分项工程项目清单的方式进行编制的项目,应载明项目编码、项目名称、项目特征、计量单位和工程量。

措施项目中以单价计价的项目,即根据工程施工图和2013《计量规范广西实施细则(修订本)》规定的工程量计算规则进行计算,以综合单价形式进行价款计算的项目。通用安装工程的单价措施项目见表1.3.4。

表1.3.4　单价措施项目

项目编码	项目名称	项目特征	计量单价	工程量计算规则
桂 0301301001	吊装加固	材料名称、材质、规格、连接方式	t	
桂 0301301002	金属抱杆安装、拆除、移位	抱杆型号、规格;移位距离		
桂 0301301003	平台铺设、拆除	平台材料名称;平台面积	座	按定额规则
桂 0301301004	提升、顶升装置	提升(顶升)方法、高度;设备容量		
桂 0301301005	焊接工艺评定	焊接工艺评定设计要求	台	

项目编码	项目名称	项目特征	计量单价	工程量计算规则
桂 0301301006	胎（模）制作、安装、拆除	名称；结构形式	个（台、t）	按定额规则
桂 0301301007	防护棚制作、安装、拆除	名称；结构形式；设备容量；防护棚尺寸	台	
桂 0301301008	二次搬运	材料种类、规格、型号；材料运距	元	按材料的实际搬运费用计算
桂 0301301009	已完工程及设备保护费	成品保护材料种类、规格	元	按实际发生的已完工程及设备保护费用计算
桂 0301301010	夜间施工增加费	夜间施工时间	工日	按夜间人数乘以相应工日数计算

②总价措施项目。总价措施项目即措施项目清单中采用总价项目的方式，以"项"为计量单位进行编制的项目，应列出项目的工作内容和包含范围。

措施项目中以总价计价的项目，即以类项目在2013《计量规范广西实施细则（修订本）》中无工程量计算规则，以总价（或计算基础乘系数）计量的项目。通用安装工程常用的脚手脚搭拆费、高层建筑增加费、安全文明施工费、暗室施工增加费等均属于总价措施项目。应注意的是，通用安装工程的操作高度增加费在分部分项综合单价中考虑，不应在措施项中列项，具体总价措施项目见表1.3.5。

表 1.3.5　总价措施项目摘选

项目编码	项目名称	工作内容及包含范围
桂 031401001	安全文明施工费	包括环境保护费、文明施工费、安全施工费、临时设施费
桂 031401002	检验试验配合费	指施工单位按规定进行建筑材料、构配件等试样的制作、封样、送检和其他保证工程质量进行的检验试验所发生的费用
桂 031401003	雨季施工增加费	在雨季施工期间增加的费用，包括防雨和排水措施、工效降低所产生的费用
桂 031401004	暗室施工增加费	在地下室（暗室）内进行施工时所发生的照明费、照明设备摊销费及人工降效费
桂 031401005	交叉施工增加费	设备安装工程与建筑装饰工程交叉作业而相互影响的费用
桂 031401006	特殊保健费	在有害有毒气体和有放射性物质区域范围内的施工人员的保障费，与建设单位职工受同等特殊保障津贴
桂 031401007	在有害身体健康的环境中施工增加费	在有害身体健康的环境中施工需要增加的措施费和施工降效费

续表

项目编码	项目名称	工作内容及包含范围
桂031401008	优良工程增加费	招标人要求承包人完成的单位工程质量达到合同约定为优良工程所必须增加的施工成本费
桂031401009	提前竣工（赶工）费	在工程发包时发包人要求缩短工期天数超过定额工期的20%或在施工过程中发包人要求缩短合同工程工期,由此产生的应由发包人支付的费用
桂031401010	脚手架搭拆费	施工需要的各种脚手架搭拆、运输费用及脚手架购置费的摊销（或租赁）费用
桂031401011	高层建筑增加费	高层建筑(6层或20 m以上的工业与民用建筑)施工应增加的人工降效及材料垂直运输增加的人工费用
桂031401012	安装与生产同时进行增加费	改扩建工程在生产车间或装置内施工,因生产操作或生产条件限制干扰了安装工程正常进行而导致降效增加的费用,不包括为了保证安全生产和施工所采用的措施项目费用

（3）其他项目清单的编制

其他项目清单应根据拟建工程的具体情况,参照表1.3.6编制。

表1.3.6　其他项目清单

工程名称:　　　　　　　　　　专业:　　　　　　　　　　　　　　　第　页　共　页

序号	项目名称	计量单位	工程数量	备注
一	招标人部分			
1	暂列金额			
2	暂估价			
2.1	专业工程暂估价			
2.2	材料、设备暂估价			
二	投标人部分			
3	总承包服务费			
4	计日工			

其中:

①暂列金额:由招标人在工程量清单中暂定并包括在合同价款中的一笔款项。暂列金额用于工程合同签订时尚未确定或不可预见的材料、服务的采购,施工中可能发生的工程变更、合同约定调整因素时的合同价款调整以及发生的索赔、现场签证等确认的费用。

②暂估价:招标人在工程量清单中提供的用于支付必然发生但暂时不能确定价格的材料以及专业工程的金额,包括材料设备暂估价、专业工程暂估价。

③总承包服务费:总承包人为配合协调发包人进行专业工程发包,对发包人自行采购的材料等进行保管及施工现场管理、竣工资料汇总整理等服务所需的费用,一般包括总分包管理费、总分包配合费、甲供材料的采购保管费。

④计日工:在施工过程中,承包人完成发包人提出的工程合同范围以外的零星项目或工作,按合同中约定的单价计价的一种方式。计日工综合单价应包含除增值税进项税额以外的全部费用。

5)工程量清单计价模式下安装工程费用

工程量清单计价的工程费用,由分部分项工程量清单计价合计费用、措施项目清单计价合计费用、其他项目清单计价合计费用、规费和税金构成。工程量清单计价模式下安装工程费用见表1.3.7。

表1.3.7 工程量清单计价模式下安装工程费用

序号	项目名称	计算程序
1	分部分项工程量清单及单价措施项目清单费用计价合计	$\sum$(分部分项工程量清单及单价措施项目清单工程量 × 相应综合单价)
1.1	其中:$\sum$人工费	$\sum$(分部分项工程量清单及单价措施项目清单定额子目工程量 × 相应消耗量定额人工费)
1.2	$\sum$材料费	$\sum$(分部分项工程量清单及单价措施项目清单定额子目工程量 × 相应消耗量定额材料费)
1.3	$\sum$机械费	$\sum$(分部分项工程量清单及单价措施项目清单定额子目工程量 × 相应消耗量定额机械费)
2	总价措施项目费	按有关规定计算
3	其他措施费	按有关规定计算
4	规费	<4.1> + <4.2> + <4.3>
4.1	社会保险费	<1.1> × 相应费率
4.2	住房公积金	<1.1> × 相应费率
4.3	工程排污费	[<1.1> + <1.2> + <1.3>] × 相应费率或 <1.1> × 相应费率
5	税前项目费	
6	增值税	[<1> + <2> + <3> + <4> + <5>] × 相应费率
7	工程总造价	<1> + <2> + <3> + <4> + <5> + <6>

其中综合单价组成见表1.3.8。

表1.3.8 工程量清单综合单价组成

序号	组成内容	计算单价法综合单价
		以"人工费 + 机械费"为计算基数
1	人工费	$\sum$分部分项工程量清单工作内容的工程量 × 相应消耗量定额中的人工费

续表

序号	组成内容	计算单价法综合单价
		以"人工费 + 机械费"为计算基数
2	材料费	$\sum$ 分部分项工程量清单工作内容的工程量 × 相应的消耗量定额中材料含量 × 相应材料除税单价
3	机械费	$\sum$ 分部分项工程量清单工作内容的工程量 × 相应的消耗量定额中机械含量 × 相应机械除税单价
4	管理费	(1 + 3) × 管理费费率
5	利润	(1 + 3) × 利润费率
小计		1 + 2 + 3 + 4 + 5

6)工程量清单计价方法

(1)工程量清单计价过程

工程量清单计价分为两段:工程量清单的编制和利用工程量清单来编制投标报价或标底价格。工程量清单计价过程见图 1.3.3。

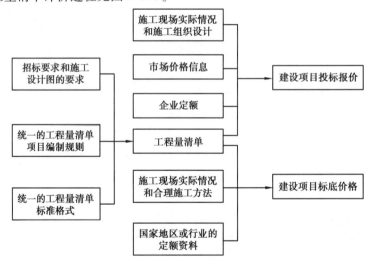

图 1.3.3　工程量清单计价过程

(2)工程量清单计价

工程量清单计价的工程费用由分部分项工程费用、措施项目费用、其他项目费用、规费和税金等构成。工程量清单计价方法采用综合单价计价方法,而综合单价是指完成单位工程所需直接工程费(人工费、材料费和机械费)、管理费和利润后的单价,即:

分部分项工程综合单价 = 人工费 + 材料费 + 机械费 + 管理费 + 利润

①分部分项工程费:完成在工程量清单列出的分部分项工程清单工程量所需费用。

②措施项目费:采取措施项目所发生的工程措施项目费的总和。

③其他项目费:招标人部分的预留金、材料购置费和投标人部分的总承包服务费、零星工作项目费的总和,工程量清单计价模式下安装工程费用计算程序见表 1.3.7。

（3）招标控制价的编制

①招标控制价编制依据。

a. 2013《计量规范广西实施细则（修订本）》。

b.《广西壮族自治区安装消耗量定额（2015）》（以下称"2015《广西安装消耗量定额》"）、《广西壮族自治区安装工程费用定额（2015）》（以下简称"2015《安装费用定额》"）、《广西壮族自治区建设工程费用定额（2016）》（以下简称"2016《费用定额》"）、《自治区住房城乡建设厅关于颁布2016年〈广西壮族自治区建设工程费用定额〉的通知》（桂建标〔2016〕16号）、《自治区住房城乡建设厅关于建筑业实施营业税改征增值税后广西壮族自治区建设工程计价依据调整的通知》（桂建标〔2016〕17号）、《自治区住房城乡建设厅关于调整建设工程定额人工费用及有关费率的通知》（桂建标〔2018〕19号）及《自治区住房城乡建设厅关于调整建设工程计价增值税税率的通知》（桂建标〔2019〕12号）。

c. 建设工程设计文件及相关资料。

d. 招标文件中的工程量清单及有关要求。

e. 与建设项目相关的标准、规范、技术资料。

f. 建设工程造价管理机构发布的工程造价信息，工程造价信息没有发布的参照市场价。

g. 施工图以外发生的特殊施工措施等费用根据施工现场条件、市场因素给予充分考虑。

h. 其他相关资料。

②分部分项工程项目和单价措施项目清单费用计算。

分部分项工程项目和单价措施项目，应根据招标文件和招标工程量清单项目中的特征描述及有关要求，按实施细则的规定确定综合单价计算。综合单价中包括招标文件中要求投标人承担的风险费用，招标文件提供了暂估单价的材料，按暂估的单价计入综合单价。

安装工程中有些单价措施项目费（如吊装加固、平台铺设拆除、焊接工艺评定等）与分部分项工程费的编制方法基本一致，即根据提供的单价措施清单项目套用有关定额并计算相应的管理费和利润即可。

a. 人工单价的确定：

· 人工单价按照自治区建设主管部门或其他授权的自治区工程造价管理机构发布的定额人工单价执行，材料费按各市工程造价管理机构公布的当时当地的市场材料单价计取，机械台班单价除人工费、燃料动力费可按相应规定调整外，其余均不得调整。

· 根据《自治区住房城乡建设厅关于调整建设工程定额人工费及有关费率的通知》（桂建标〔2023〕7号），自2023年5月25日起，2015《广西安装消耗量定额》的基价中的人工费乘以系数1.3。

· 操作高度增加费：安装工程中，各项目安装高度超过一定的定额高度后，应另行计算操作高度增加费。操作高度增加费全部为定额增加人工费，不作为总价措施列项，其费用在分部分项综合单价中计算。各专业工程操作高度增加费率摘选如下：

Ⅰ. 电气设备安装工程：安装高度距离楼面或地面超过5 m时，超过部分工程量按定额人工费乘以系数1.1计算。下列项目安装不计算操作高度增加费：

ⅰ. 滑触线及支架安装，安装标高在10 m以下不计算操作高度增加费，超过10 m计算操作高度增加费。

ⅱ. 竖直通道电缆敷设。

ⅲ. 避雷针、半导体少长针消雷装置安装。

ⅳ.10 kV 以下架空线路敷设。

ⅴ.装饰灯、路灯、投光灯、碘钨灯、氙气灯、烟囱和灯塔指示灯等安装。

ⅵ.电梯电气装置安装。

ⅶ.塔器照明配管。

Ⅱ.建筑智能化工程:安装高度按距离楼面或地面5 m考虑的,超出部分工程量按定额人工费乘以建筑智能化工程定额人工费系数(表1.3.9)计取。

表1.3.9 建筑智能化工程定额人工费系数

操作高度/m	≤10	≤30	≤50
超高系数	1.20	1.30	1.50

Ⅲ.通风空调工程:定额中操作高度按距离楼面或地面6 m考虑的,超出部分工程量按定额人工费乘以系数1.2计取。

Ⅳ.给排水、燃气工程:定额中操作高度均以3.6 m为界限,如超过3.6 m时,其超过部分工程量按定额人工费乘以给排水、燃气工程定额人工费系数(表1.3.10)计取。

表1.3.10 给排水、燃气工程定额人工费系数

操作高度/m	≤10	≤30	≤50
超高系数	1.10	1.20	1.50

Ⅴ.刷油、防腐蚀、绝热工程:定额以设计标高正负零为基准,当安装高度超过6.0 m时,超过部分工程量按定额人工、机械费乘以刷油、防腐蚀、绝热工程定额人工费系数(表1.3.11)计取。

表1.3.11 刷油、防腐蚀、绝热工程定额人工费系数

操作高度/m	≤10	≤30	≤50
超高系数	1.10	1.20	1.50

b.管理费和利润的计取一般按广西现行费用定额费率区间的平均值,即中间值计取管理费和利润。

③总价措施项目清单计价。

有些技术措施费没有定额可套,要按照定额的有关规定来计取人工、材料、机械费用并计算相应的管理费和利润,在编制招标控制价时作为总价措施项目清单,应按照安装定额规定的系数计算。安装工程常用总价措施项目有脚手架搭拆费、高层建筑增加费、安装与生产同时进行增加费、在有害身体健康的环境中施工增加费、安全文明施工费等。

安装工程采用系数计算总价措施项目,具体摘选如下:

a.脚手架搭拆费。除定额章节说明另有规定外,一般情况下无论实际是否搭拆,安装工程的脚手架搭拆费均可按各册规定计取。但独立承接的埋地敷设的给排水、燃气或工业管道安装工程以及埋地敷设的电缆(或电缆保护管)敷设工程,不计脚手架搭拆费。安装工程脚手架搭拆,均按简易脚手架考虑,同时考虑了各册专业工程交叉作业施工时,可以相互利用脚手架的因素。施工时使用土建的脚手架,则做有偿使用处理。表1.3.12 所示为安装工

程脚手架搭拆费系数。

表 1.3.12　安装工程脚手架搭拆费系数表

序号	专业名称	按人工费的百分比/%	备注
1	第四册 电气设备安装工程	5	10 kV 架空线路、路灯工程、独立承担的电缆埋地敷设工程不计算脚手架搭拆费
2	第五册 建筑智能化工程	5	
3	第七册 通风空调工程	3	
4	第九册 给排水、燃气工程	5	独立承包的埋地管道工程不计算脚手架搭拆费

b. 高层建筑增加费。高层建筑增加费是指在高层建筑(高度在 6 层或 20 m 以上的工业与民用建筑)施工应计算的人工降效费及材料垂直运输增加的人工费用,按各册有关规定计取。计算基数应包括 6 层或 20 m 以下全部工程的人工费(包括地下室部分,但地下室的层数及高度不包含在建筑物的层数及高度内)。同一建筑物有部分高度不同时,可分别按不同高度计算。高层建筑增加费全部为人工费。计算建筑物的层数和高度时,应注意如下问题:

- 地下室部分不能计算层数和高度。
- 层高不超过 2.2 m 时,不计层数。
- 屋顶单独水箱间、电梯间不能计算层数,也不计高度。
- 同一建筑物高度不同时,可按建筑物加权平均高度计算。
- 高层坡形顶建筑物,可按超过 6 层或 20 m 的平均高度计算。
- 顶层阁楼有居住功能的,则计算层数,其层高按平均高度计算。
- 建筑层数和高度两者满足其一即可计取,且按两者高值考虑。

安装工程中的电气设备安装工程,建筑智能化工程,通风空调工程,给排水、燃气工程以及通信设备工程的高层建筑增加费费率均相同,具体费率见表 1.3.13。

表 1.3.13　安装工程高层建筑增加费费率表

层数	9 层或30 m 以下	12 层或40 m 以下	15 层或50 m 以下	18 层或60 m 以下	21 层或70 m 以下	24 层或80 m 以下
按人工费的百分比/%	1	2	4	6	8	10
层数	27 层或90 m 以下	30 层或100 m 以下	33 层或110 m 以下	36 层或120 m 以下	39 层或130 m 以下	42 层或140 m 以下
按人工费的百分比/%	13	16	19	22	25	28
层数	45 层或150 m 以下	48 层或160 m 以下	51 层或170 m 以下	54 层或180 m 以下	57 层或190 m 以下	60 层或200 m 以下
按人工费的百分比/%	31	34	37	40	43	46

c. 安装与生产同时进行增加费。各册均按受影响部分的人工费的 10% 计算。安装与生产同时进行增加费是指改、扩建工程在生产车间或装置内施工,因生产操作或生产条件限制(如不准动火、不能连续施工等)干扰了安装工作正常进行而发生的降效费,但不包括为保证

安全生产和施工所采取的措施费用,如安装工作不受干扰,则不计取此项费用。

d. 在有害身体健康的环境中施工增加费。各册均按受影响部分的人工费的10%计算。此项费用是指在有关规定允许的前提下,改、扩建工程由于车间、装置范围内有害气体或高分贝噪声超过国家标准以致影响身体健康而增加的降效费用。不包括按劳动法条例规定应享受的工种保健费。

e. 地下室(暗室)施工增加费。安装工程的地下室(暗室)施工增加费按地下室建筑面积乘以各册定额说明中规定的地下室单位建筑面积计算,取费标准见表1.3.14。

表 1.3.14　安装工程的地下室(暗室)施工增加费取费标准(节选)

序号	专业名称	专业项目	取费标准
1	电气设备安装工程	城市轨道电气安装工程地下部分,单独承包的地下室电气安装工程	按地下室(暗室)施工的电气工程定额人工费×25%
		其他电气安装工程	1.5 元/m²
2	建筑智能化工程	城市轨道建筑智能化安装工程地下部分,单独承包的地下室(暗室)建筑智能化安装工程	按地下室(暗室)施工的建筑智能化工程定额人工费×25%
		其他地下室(暗室)建筑智能化安装工程	0.8 元/m²
3	给排水、燃气工程	城市轨道给排水、消防安装工程地下部分,单独承包的地下室(暗室)给排水、消防工程	按地下室(暗室)施工的给排水、消防工程定额人工费×25%
		其他地下室(暗室)给排水、消防工程	给排水工程:0.6 元/m²;消火栓及喷淋系统工程:1.8 元/m²
4	通风空调工程	城市轨道通风空调工程地下部分,单独承包的地下室(暗室)通风空调工程	按地下室(暗室)施工的通风空调工程定额人工费×25%
		其他地下室(暗室)通风工程	1.0 元/m²
		其他地下室(暗室)通风空调工程	1.2 元/m²

f. 其他措施项目费:

● 其他措施项目费:根据广西现行安装工程费用定额的计算基数及相应的费率计算。在编制控制价时,其他措施项目费费率有区间的一般按照中间值取定。

● 安全文明施工费:根据《广西壮族自治区建筑工程安全防护、文明施工措施费及使用管理细则》的规定,环境保护、文明施工、安全施工、临时设施措施项目费以及技术措施项目中有关安全方面的费用(如安全网、安全通道等)要汇总成一项安全文明施工费,并且要单独列出,按费用定额规定的安全文明施工费费率计算。

● 检验试验配合费、优良工程增加费,应根据分部分项及单价措施费(人工费＋机械费)合计数乘以规定的费率计算,费率有区间的一般按照中间值取定。

④其他项目费按下列规定计价：

a. 暂列金额按照招标人提供的金额列入。

b. 暂估价中的材料、工程设备单价应按招标人列出的暂估材料、工程设备单价计入相应清单的综合单价中；其他项目清单与计价汇总表合计中不包含材料、工程设备暂估价，仅在该表内列项而已。

c. 专业工程暂估价应按照招标人提供的金额列入。

d. 计日工应按招标工程量清单中列出的项目，根据工程特点和有关计价依据确定综合单价计算。

计日工包括计日工人工、材料和施工机械费用。计日工综合单价包含除增值税以外的所有费用。在编制招标控制价时，对计日工中的人工单价和施工机械台班单价按自治区建设主管部门或授权的工程造价管理机构公布的单价计算。材料价格按照工程造价管理机构《建材造价信息》上发布的市场信息计算，《建材造价信息》上未发布市场价格信息的材料，其价格应按市场调查确定的价格计算。

e. 总承包服务费包含甲供材料的采购保管费和配合管理费，应根据招标文件列出的内容和要求计算：

●有甲供材料或工程设备时，甲供材料（工程设备）的采购保管费按有关规定计算。

●有专业分包时，配合管理费按分包合同金额乘以规定的费率计算，一般按照中间值取定。

⑤规费和增值税计价。

⑥招标控制价的编制要求。招标控制价应按相关规定编制，不得上调或下浮。招标人应在发布招标文件时公布招标控制价的整套文件，同时应将招标控制价及有关资料报送工程所在地工程造价管理机构备查。

思考与练习

1. 工程造价有哪些特点及作用？

2. 工程造价有哪些职能？

3. 直接费和间接费由哪些费用组成？

4. 定额的概念及性质是什么？

5. 定额的作用与特点是什么？

6. 工程建设项目与工程造价之间有哪些联系？

7. 定额计价有哪些性质？

8. 定额计价法和工程量清单计价法的区别是什么？

9. 工程量清单的内容有哪些？它的编制依据是什么？

10. 简述工程量清单计价的程序。

第2章

JIPAISHUI GONGCHENG

给排水工程

【知识目标】

掌握给排水所用材料及其连接方式；掌握给排水系统的组成及给排水方式；能够识读给排水工程图，掌握给排水工程清单计量知识，利用清单规范及定额规则编制给排水工程造价文件。

【能力目标】

掌握给排水管道及附件施工工艺，掌握给排水工程清单计量知识，利用清单规范及定额规则编制给排水工程造价文件。

2.1 建筑给排水材料及附件

2.1.1 管材及连接方式

给排水安装工程中常用到的管材按材质不同可分为金属管和非金属管两类，金属管包括无缝钢管、焊接钢管、铸铁管、铜管、不锈钢管等；非金属管包括混凝土管、塑料管、复合管、承插水泥管、玻璃钢管等。

（1）无缝钢管

相比于焊接钢管，无缝钢管有较高的强度，主要用作输水、煤气、蒸气的管道和各种机械零件的坯料。由于用途不同，管子承受的压力也不同，对管壁厚度的要求差别很大，因此，无缝钢管的规格用"外径×壁厚"表示。其常用的连接方式有螺纹连接、焊接。

（2）焊接钢管

焊接钢管按形状分为直缝焊管和螺旋缝焊管，直缝焊管主要用于输送水、暖气、煤气和制作结构零件等，螺旋缝焊管可用于输送水、石油、天然气等。按壁厚分为厚壁钢管和薄壁钢管。常用的连接方式有螺纹连接、焊接、法兰连接、卡箍连接。

（3）铸铁管

铸铁管的特点是经久耐用、抗腐蚀性强，但性质较脆，主要用于市政、工矿企业给水、输气、输油等。铸铁管的连接形式有承插连接、法兰连接。

（4）铜管

铜管质地坚硬，不易腐蚀，耐高温、高压，是优良的管道材料。但因价位高，铜管接口处的连接对施工工艺要求较高，所以是高档水管，民用生活管道使用不普遍。常用的连接方式有螺纹连接、焊接。

（5）不锈钢管

不锈钢管是一种中空的长条圆形钢材，最适合作液体、气体和固体的输送管道，但因价格高，在普通生活给排水管道中应用较少。不锈钢管的连接形式有螺纹连接及焊接。

（6）混凝土管

混凝土管分为素混凝土管、普通钢筋混凝土管、自应力钢筋混凝土管和预应力混凝土管4类，用于输送水、油、气等流体。钢筋混凝土管可以代替铸铁管和钢管输送低压给水管，也可作为建筑室外排水的主要管道。混凝土管按内径的不同，可分为小直径管（内径小于400 mm）、中直径管（内径400～1 400 mm）和大直径管（内径大于1 400 mm）；按管子承受水压能力的不同，可分为低压管和压力管；按管子接头形式的不同，又可分为平口式管、承插式管和企口式管，其接口形式有水泥砂浆抹带接口、钢丝网水泥砂浆抹带接口、水泥砂浆承插和橡胶圈承插等。

（7）塑料管

在非金属管路中，应用最广泛的是塑料管。塑料管分为热塑性塑料管和热固性塑料管两大类。塑料管的主要优点是耐蚀性能好、质量轻、形成方便、加工容易；缺点是强度较低，耐热性差。常用的塑料管有聚氯乙烯（PVC）管、聚乙烯（PE）管、聚丙烯（PP）管等。三型聚丙烯（PPR）管安装快捷、经济适用、无毒、耐热性能好，因此常用于采暖和给水管道，加强型聚氯乙烯（UPVC）管具有内壁光滑、耐腐蚀、强度较高等特点，广泛用于排水管道。PE管材无毒、质量轻、韧性好，低温性能和耐久性比UPVC管好，主要用作饮水管、雨水管、气体管道等，但PE管强度较低，耐热性能不好，不能作为热水管。塑料管常用连接形式有焊接、热熔、黏结和螺纹连接。

（8）复合管

复合管是以金属管为基础，内、外焊接聚乙烯、交联聚乙烯等非金属材料成形，具有金属管和非金属管的优点。目前安装工程中常用的有铝塑复合管、钢塑复合管、铜塑复合管、涂塑复合管、钢骨架PE管等。复合管通常采用螺纹连接、法兰连接和卡箍连接等。

（9）承插水泥管

承插水泥管是用水泥和钢筋为材料，常作为城市建设的下水管道用于排污水、防汛排水，也用于一些特殊厂矿使用的给水管，水泥管通常采用承插连接形式。

图2.1.1—图2.1.6所示为部分管材的连接方式。

图2.1.1　钢管焊接

图2.1.2　复合钢管沟槽连接

图2.1.3　塑料管热熔连接

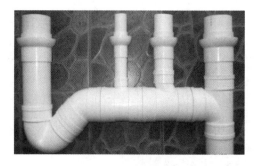

图2.1.4　塑料管承插连接

图2.1.5　铸铁管承插连接

图2.1.6　钢管焊接法兰连接

2.1.2　管件

管件是将管子连接成管道的零件,包括管箍、弯头、弯管、三通、四通、异径管箍、异径弯头、活接头、封头、盲板、管堵等,见图2.1.7。管件按用途可分为以下几种:

①用于管道互相连接的管件:管箍、活接头等。

②改变管道走向的管件:弯头、弯管。

③使管路变径的管件:异径管箍、异径弯头等。

④管路分支的管件:三通、四通。

⑤用于管路密封的管件:管堵、盲板、封头。

2.1.3　管道附件及水表节点

(1)管道附件定义

管道附件是安装在管道及设备上的启闭和调节装置的总称,一般分为配水附件和控制附件两大类。配水附件是指装在卫生器具和用水点的各式水龙头,控制附件用来调节水量、水压、关断水流、控制输送介质的流动,如各种阀门等。

(2)阀门的分类及作用

阀门按结构形式和作用分类,主要分为闸阀、截止阀、止回阀、旋塞阀、安全阀、调节阀、球阀、减压阀、蝶阀等;按连接形式分类,可分为螺纹阀门和法兰阀门。一般公称直径小于等于50 mm采用螺纹阀门,公称直径大于50 mm采用法兰阀门。

①闸阀:闸阀通过启闭件闸板开启和关闭管道中的水流。特点:结构简单、阻力小,但不易关严,闸阀允许双向流水,如图2.1.8—2.1.10所示。

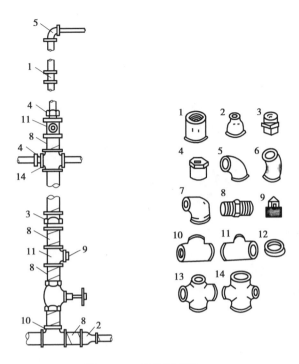

图 2.1.7 管件示意图

1—管箍;2—异径管箍;3—活接头;4—补心;5—90°弯;6—45°弯;7—异径弯头;

8—内管箍;9—管塞;10—等径三通;11—异径三通;12—根母;13—等径四通;14—异径四通

图 2.1.8 法兰闸阀

图 2.1.9 螺纹闸阀

图 2.1.10 沟槽闸阀

②截止阀:启闭水流,关闭严密,对水流阻力大。安装时使水低进高出,不允许装反,水流方向用箭头表示在外壳上,如图 2.1.11 所示。

③止回阀:介质按规定方向流动阀芯开启,反之关闭。注意按规定方向安装。止回阀只允许水流朝一个方向流动,反方向流动时会自动关闭,如图 2.1.12 所示。

④旋塞阀:类似于球阀,只不过启闭件为金属塞状物,如图 2.1.13 所示。

图 2.1.11 截止阀

图 2.1.12 止回阀

图 2.1.13 旋塞阀

⑤安全阀:一种安全装置,当管路系统或设备中介质的压力超过规定数值时,便自动开启阀门排气降压,以免发生爆破危险,如图 2.1.14 所示。

⑥减压阀:又称调压阀,用于管路中降低介质压力,其原理是介质通过阀瓣通道小孔时阻力大,经节流造成压力损耗从而达到减压目的,如图 2.1.15 所示。

⑦蝶阀:蝶阀的蝶板安装于管道的直径方向,圆盘形蝶板绕着轴线旋转以启闭水流。蝶阀阻力小,严密性较差,用于较大管径,如图 2.1.16 所示。

图 2.1.14　安全阀　　　　图 2.1.15　减压阀　　　　图 2.1.16　蝶阀

2.1.4　水表

水表即流量仪表,分为容积式水表和速度式水表。典型的速度式水表包括旋翼式水表(图 2.1.17)和螺翼式水表(图 2.1.18)。旋翼式水表宜用于测量小流量;螺翼式水表宜用于测量大流量,是一种大口径水表。建筑物给水引入管上的水表通常安装在室外水表井、地下室或专用房间。家庭用小水表明装于每户进水总管上,水表前设阀门。水表连接形式:DN ≤50 mm 时,采用螺纹连接;DN >80 mm 时,采用法兰连接。

图 2.1.17　旋翼式水表　　　　　　图 2.1.18　螺翼式水表

2.1.5　其他附件

其他附件包括 Y 形过滤器(图 2.1.19)、橡胶软接头(图 2.1.20)、波形补偿器(图 2.1.21)、吸水喇叭口(图 2.1.22)。

图 2.1.19　Y 形过滤器　　　　图 2.1.20　橡胶软接头

图 2.1.21　波形补偿器

图 2.1.22　吸水喇叭口

2.2　给排水系统的组成及给水方式

2.2.1　给排水系统的组成

给排水系统包括给水和排水两个系统。给水系统的主要任务是将市政给水通过管网输送到建筑物内、外各用水点，从而满足人们生活和生产的需要。排水系统的主要任务是将人们生活、生产中产生的污水、废水以及雨雪水迅速收集后排入城市市政排水管网。两个系统既相互独立，又形成一个整体。给排水系统可分为室外给排水系统和室内给排水系统两个部分。

1）室外给排水系统

室外给排水系统包括室外给水工程和室外排水工程。

（1）室外给水系统的组成

室外给水系统的任务是将市政给水管网中的水从市政给水配水点通过管网送到各用水点。以某学校为例，市政给水管网与室外给水系统以及与室内（建筑物内）给水系统的分界、室外给水系统的组成如图2.2.1所示。从学校给水管与市政供水管碰头点起至所有市政供水管属市政给水管网，从碰头点开始至阀门井，阀门井至建筑物及以内属室内给水管网。

（2）室外排水系统的组成

室外排水系统是将建筑物、构筑物或用水点产生的污水、废水、雨雪水汇集输送到市政排水管网中去的管网系统，由室外排水管网、市政排水管网和室内（建筑物内）排水系统的分界、室外排水系统组成。以图2.2.1为例，从学校排水管与市政排水管碰头点起至所有市政排水管属市政排水管网，室外排水系统系指检查井以外的至市政排水管与某学校排水管的碰头点，室内排水管系统指检查井以内的排水管系统。

2）室内给排水系统

室内给排水系统的主要任务是将室外给水系统输配的洁净水供给室内各用水点，并将污水排到室外排水系统中。室内给排水系统主要分为给水系统、污水系统、雨水系统。

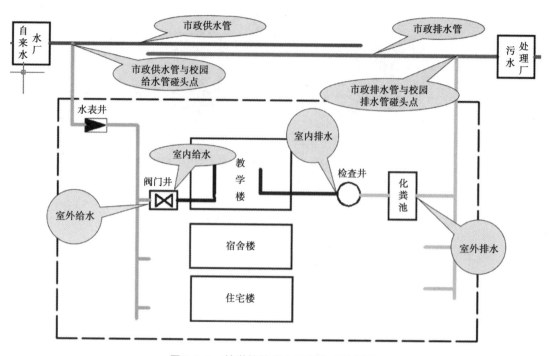

图 2.2.1　某学校给排水系统组成示意图

（1）室内给水系统组成

室内给水系统包括给水引入管、水表节点、管道系统、给水附件、升压和贮水设备,如图2.2.2 所示。

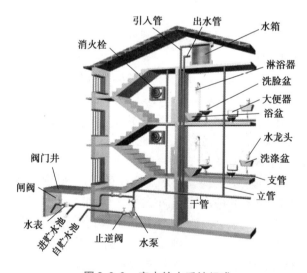

图 2.2.2　室内给水系统组成

①引入管(也称进户管):建筑物的总进水管,是城市给水管网(配水管网)与建筑给水系统的连接管道。

②水表节点:水表。

③给水管道:由干管、立管、支管组成,其中干管是水平管道,连接引入管和各个立管;立管是向各楼层供水的垂直管道;支管是立管后续的各楼层的水平水管及家庭立管,直接供各用水点的用水。

④给水附件：调节水量、水压，控制水流方向，以及关断水流，如各种阀门、水龙头。

⑤加压和储水设备：如水池、水箱、水塔等。

（2）室内排水系统组成

室内排水系统主要由卫生器具、排水管道、水封装置、通气管道、清通设备、抽升设备、局部处理构筑物组成，如图2.2.3所示。

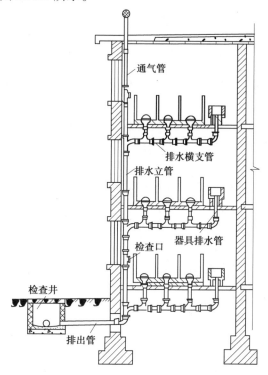

图2.2.3　室内排水系统组成

其中：

①卫生器具：用来收集污废水的器具，生产中指的是污废水收集器，生活中指的是卫生器具。

②排水管道：用来输送污废水的通道，分为排水支管、排水立管和排出管。

③水封装置：在排水设备和排水管道之间的一种存水设备，其作用是阻挡排水管道中产生的臭气，使其不致逸到室内，以免恶化室内环境，一般有存水弯。

④通气管道：用于排出管道中产生的臭气，同时保证排水管道与大气相通，以免在排水管中因局部满流形成负压，产生抽吸作用致使排水设备下的水封被破坏。

⑤清通设备：清通排水管道，一般有检查口、清扫口和检查井。

⑥抽升设备：在民用和公共建筑物的地下室、人防建筑与工业建筑内部标高低于室外排水管道的标高，其污废水一般难以自流排出室外，需要抽升排泄。一般采用各种潜水泵、空气扬水器、水射器抽升。

⑦局部处理构筑物：当建筑物内的污水水质不符合排放标准时，需要在排入市政排水系统前进行局部处理，一般有检查井、化粪池等。

2.2.2 给水方式

1）直接给水方式

特点：系统简单，投资省，可充分利用外网水压。但是一旦外网停水，室内立即断水。
适用场所：水量、水压在一天内均能满足用水要求的用水场所。

2）设水箱给水方式

特点：系统简单，投资省，可充分利用外网水压，但是水箱容易二次污染，水箱容积的确定要慎重。
适用场所：室外给水管网供水水压偏高或不稳定的用水场所。

3）设水泵给水方式

特点：系统简单，供水可靠，无高位水箱；但耗能多。
适用场所：水压经常不足，用水较均匀，且不允许直接从管网抽水的用水场所。

4）设水泵和水箱给水方式

特点：水泵能及时向水箱供水，可缩小水箱的容积，供水可靠；但投资较大，安装和维修都比较复杂。
适用场所：室外给水管网水压低于或经常不能满足建筑内部给水管网所需水压，且室内用水不均匀的用水场所。

5）气压给水方式

特点：供水可靠，无高位水箱，但水泵效率低、耗能多。
适用场所：外网水压不能满足所需水压，用水不均匀，且不宜设水箱的用水场所。

6）分区给水方式

特点：可以充分利用外网压力，供水安全；但投资较大，维护复杂。
适用场所：供水压力只能满足建筑下层供水要求的用水场所。

7）分质给水方式

特点：根据不同用途所需的不同水质，设置独立的给水系统的建筑供水。
适用场所：小区中水回用等用水场所。

2.3 给排水施工图识图

2.3.1 给排水施工图的组成及识读

建筑给排水施工图一般由图纸目录、设计说明、主要设备材料表及图例、系统图（轴测图)、平面图、施工详图等组成。

1)设计说明、主要设备材料表、图例

用工程绘图无法表达清楚的给水、排水、热水供应、雨水系统等所需管材,防腐、防冻的做法;难以表达的管道连接、验收要求、施工中必须遵守的技术规程规定等,均可在图纸中用文字表达。工程选用的主要设备材料表,应列明材料类别、规格、数量,设备品种、规格和主要尺寸。

2)系统图

(1)定义

系统图是一种立体图,又称为轴测图。它能在一个图面上反映出管线的空间走向,帮助人们想象管线在空间的布置情况。系统图有时也能代替管道立面图或剖面图。给排水系统及采暖系统采用的是45°正斜轴测图,通常称为系统图或原理图。某教学楼给排水系统原理图如图2.3.1所示。

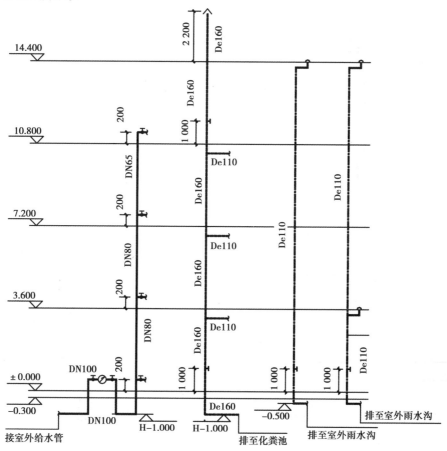

图2.3.1 某教学楼给排水系统原理图

(2)系统图识读

以图2.3.1为例,该项目从左边接室外给水管DN100管道(管道埋深-1 m)进入教学楼,管道从埋深1 m接至地面以上0.5 m,接闸阀及水表后,继续管道从0.5 m高程接至地面以下 1 m,然后从地面以下 1 m,接立管 DN80JL-1 至一、二楼及三楼,从三楼支管处开始 JL-1 管径变成 DN65,各楼层从 JL-1 立管中离楼层地面 0.5 m 处接支管,由支管将水引至各楼层用水点。

3)平面图

(1)定义

平面图反映的是给水、排水管线和设备的平面布置情况。在各层平面图上,各种管道、立管应编号标明,如图 2.3.2 所示。

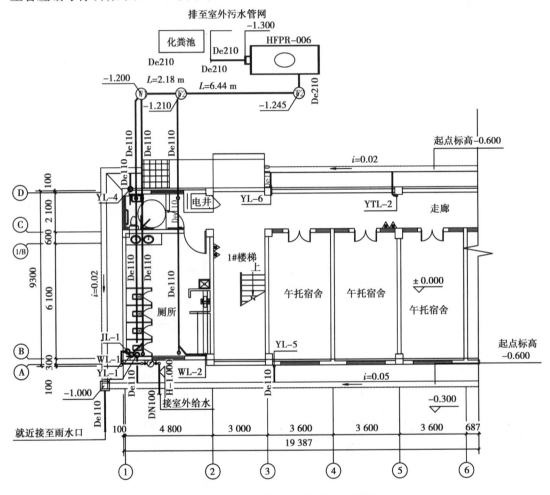

图 2.3.2　某教学楼一层给排水平面图

(2)平面图识图

以某教学楼一层给排水平图中给水管道识读示例,如图 2.3.2 所示,在图中左下角处①轴交②轴间给水管 DN100 由室外给水管网从地下 1 m 处接至Ⓐ轴左边立管,经由 2 个闸阀及水表后,从Ⓐ轴右边立管沿Ⓐ轴接至Ⓑ轴到立管 JL-1,由 JL-1 立管接至各楼层卫生间。

4)施工详图

(1)定义

凡平面图、系统图中局部构造因受图面比例限制而表达不完整或无法表达的,必须绘出施工详图。如卫生器具、排水检查井、雨水检查井、阀门井、水表井、局部污水处理构筑物等均需绘制施工详图。

（2）施工详图识读

以某教学楼一层卫生间详图中给水管道为例，如图2.3.3、图2.3.4所示，从一层卫生间 JL-1 立管离地面0.2 m接出支管 DN65，向①轴北向分别接截止阀、4个蹲便器，2个台式洗脸盆，1个坐便器，1个柜式洗脸盘，管道管径由主立管出来接 DN65 支管，途经3个蹲便器后变成 DN50，在蹲便器附近的三通管径变成 DN25，分别接洗脸盘及坐便器。从主立管 JL-1 的右边接 DN25 管至洗脸盆及拖把池。

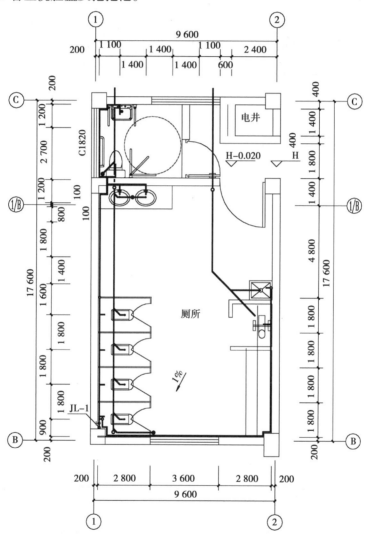

图2.3.3　某教学楼一层卫生间施工平面图

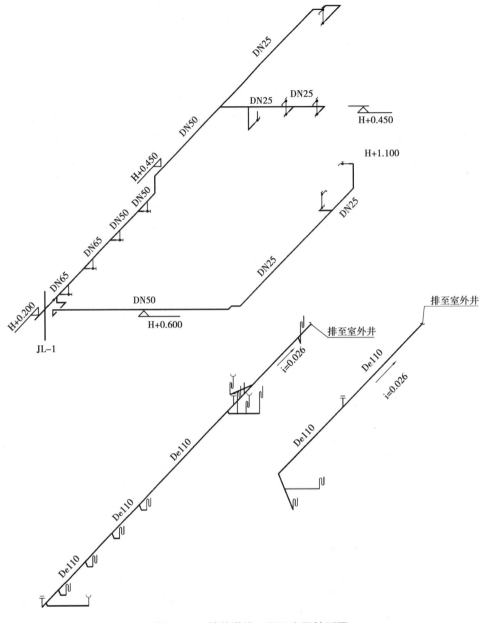

图 2.3.4　某教学楼一层卫生间轴测图

2.3.2　给排水施工图常用图例

给排水施工图中一般都附有图例表,部分设计图内没有的图例按照《给排水制图标准》(GB/T 50106—2010)绘制。给排水施工图常用图例如表 2.3.1 所示。

表2.3.1　给排水施工图常用图例

(1)给排水工程图形符号		图例	说明	图例	说明
			截止阀	$n \times m$	圆翼形散热器
图例	说明		止回阀		
	给水管		排水管	n	柱形散热器
	室外消火栓（地下）		地漏		散热器放气阀
	室外消火栓（地上）		清扫口		暖风机
	室内消火栓（单口）		检查口		压力表
	室内消火栓（双口）		淋喷头		变径管
	洗脸盆	(2)采暖工程图形符号			调压板
	拖把池		蒸汽管热水管		弹簧安全阀
	蹲式便器		凝结、回水管		重锤安全阀
	斗式小便器		地沟内管道		自动放气阀
	自动冲洗水箱		保护套管		混合器
	妇女卫生盆		固定支座		丝堵三通
	坐式便器		活动支座	$l=$	管道坡度
	透气帽	R	减压阀（组）		流量表
	检查井		方形伸缩器		手摇泵
	洗涤盆		套管伸缩器	$-I-I-$	蒸汽管
	浴盆		保温管道	$-n-n-$	凝结水管
	水表（井）		埋地管道	$-×-×-$	热水管
	水泵		立式集气罐	$-×-×-$	热水回水管
	水嘴		卧式集气罐	$-×-×-$	温度计
	闸阀		除污器		疏水器装置
		$n \times l \times d$	光面散热器		
		nA	方翼形散热器		

2.3.3 给排水施工图的识读方法

①阅读主要图纸之前,应当先看设计说明、图例表、主要设备材料表,然后以系统图为线索深入阅读平面图及施工详图。

②看给水系统图时,可由建筑的给水引入管开始,沿水流方向经干管、立管、支管到用水设备。

③看排水系统图时,可由排水设备开始,沿排水方向经支管、横管、立管、干管到排出管。

2.4 给排水工程计量与计价

2.4.1 给排水管道工程列项与算量

1)工程量清单项目设置

给排水工程工程量清单项目设置如表2.4.1所示。

表2.4.1 给排水工程工程量清单项目设置

项目编码	项目名称	项目特征	计量单位	工程量计算规则
031001001	镀锌钢管	1. 安装部位 2. 介质 3. 材质、规格及压力等级 4. 连接形式	m	按设计图示管道中心线(不扣除阀门、管件及各种组件所占长度)以"m"计算
031001002	钢管			
031001003	不锈钢管			
031001004	铜管			
031001005	铸铁管			
031001006	塑料管			
031001007	复合管			

注意:①塑料管安装适用于UPVC、PVC、PP-C、PP-R、PE、PB管等管材。

②复合管安装适用于钢塑复合管、铝塑复合管、钢丝网骨架复合管等。

2)工程量清单工程名称及项目特征描述

编制清单的人员必须根据拟建工程,结合实际情况,将需要发生的工作内容在管道安装的清单中描述清楚,方便投标人报价。给排水管道按安装部位、介质、材质、规格、接口材料(铸铁管)、压力等级、连接形式进行描述。其中:

①安装部位是指管道安装在室内或室外。

②输送介质是指给水、排水、中水、雨水、热媒体、燃气、空调水等。

③材质、规格是指管道材料及型号。

④压力等级是指压力大小。

⑤连接形式应指接口形式,如螺纹连接、焊接、承插、卡接、热熔、黏结等。

3)清单项目工程量计算

①管道安装清单项目工程量按设计图示管道中心线(不扣除阀门、管件及各种组件所占长度)以"m"计算,方形补偿器以其所占长度按管道安装工程量计算。

②化粪池前的室外排水管道安装以"延长米"计算,应扣除各种井类所占的长度:检查井规格为φ700时,扣除长度为0.4 m;检查井规格为φ1000时,扣除长度为0.7 m。

③管沟回填土工程量计算应扣除管径大于DN200以上的管道、基础、垫层和各种构筑物所占的体积。

4)工程量清单项目计价

工程量清单项目套定额计价时,应注意以下问题:

①本章适用于室内生活用给水、燃气、排水、雨水、消防、套管、伸缩器等的安装。

②界线划分:

a.给水、燃气管道:给水管道与市政管道划分以建筑物入口处阀门(水表井)为界,阀门以内执行安装工程定额,阀门以外的小区给水、燃气管网执行市政工程定额。

建筑物入口处无总阀门(总水表井)的,以设计施工图为准,设计施工图上配套于该建筑物范围内的给水管道执行安装工程定额,以外的小区给水管网执行市政工程定额。

b.排水管道:排水管道与市政管道的划分以化粪池为界,化粪池以内执行安装工程定额,化粪池以外的小区排水管网执行市政工程定额。

c.雨水管道与市政管道划分:设计施工图上配套于该建筑物范围内的雨水管道执行安装工程定额,以外的小区雨水管网执行市政工程定额。

d.喷泉工程的管道、附件安装执行安装工程定额。

③民用建筑物内的生活泵房、空调机房的管道、管件、阀门、法兰、支架等执行本册相应项目。

④本章定额包括以下工作内容:

a.管道及接头零件安装。

b.工序内的水压试验或灌水试验、通球试验、冲水、消毒、清理。

c.给水管道均含管卡安装工作内容,但在立管、楼板下固定管道用的支架制作与安装需另行计算。

d.铸铁排水管、雨水管及塑料排水管、塑料雨水管均包括管卡、臭气帽制作与安装,但在立管、楼板下固定管道用的支架制作与安装需另行计算。

⑤本章定额不包括以下工作内容:

a.管道沟土方、凿槽刨沟及所凿沟槽恢复。管道沟土方、凿槽刨沟及所凿沟槽恢复执行《电气设备安装工程》相应项目。

b.管道安装中不包括阀门及伸缩器的制作安装,按相应项目另行计算。

c.钢管安装定额未含支吊架制作与安装,需另行计算。

⑥PPR稳态管(热熔连接)执行塑料给水管(热熔连接)安装项目,人工乘以系数1.2。

⑦塑料排水(雨水)通气立管执行塑料直通雨水管安装项目,人工乘以系数1.3。

⑧在地下室或架空层敷设的雨水横管、承接阳台地漏排水管道执行过阳台雨水管安装项目。

⑨化粪池前连接各检查井的室外埋地敷设塑料排水管道,执行本章相应塑料排水管项目,人工乘以系数0.6,且每10 m管道的管件数量按3个管箍计算。

⑩铝合金衬塑给水管(热熔连接)执行塑料给水管(热熔连接)安装项目,人工乘以系数1.3。

⑪所有给排水管道、套管安装均包括预留孔洞工作内容,不得另行计算。只做预留而不安装管道的项目,预留孔洞执行《电气设备安装工程》相应项目。

⑫给水管道安装不包含孔洞封堵工作内容,孔洞封堵在套管制作安装子目中考虑。排水管道安装已包含孔洞封堵工作内容,不得另行计算。单独封堵孔洞工作按电气工程中相应项目执行。

⑬附录中的各种管件含量表是按各种工程类型综合考虑的,除特殊工程外,一般不进行调整。

5)定额子目工程量计算规则

定额子目工程量计算规则以2015《广西安装消耗量定额》为准。

①各种管道均按施工图所示中心长度,以"m"为计量单位,不扣除阀门、管件(包括减压器、疏水器、水表、伸缩器等组成安装)所占的长度。

②钢管(焊接)安装已含管件安装内容,DN300以内的钢管(焊接)安装定额已含管件费用,管径大于DN300的管件主材费需另行计算。

③不锈钢管、铜管安装已包含管件安装内容,但管件费用需按实际数量另行计算。

④化粪池前的室外排水管道安装以"延长米"计算,应扣除各种井类所占的长度:检查井规格为φ700时,扣除长度为0.4 m;检查井规格为φ1000时,扣除长度为0.7 m。

⑤管沟回填土工程量计算应扣除管径大于DN200以上的管道、基础、垫层和各种构筑物所占的体积。

⑥室内给排水管道与卫生器具连接的分界线:

a.给水管道工程量计算至卫生器具(含附件)前与管道系统连接的第一个连接件(角阀、冲洗阀、三通、弯头、管箍等)。

b.排水管道工程量自卫生器具出口处的地面或墙面的设计尺寸算起;与地漏连接的排水管道自地面设计尺寸算起,不扣除地漏所占的长度。

6)计算实例

图2.4.1中,标高以m计,其余以mm计。给水管采用PPR塑料给水管,热熔连接,明敷;排水管采用UPVC管,粘接。阀门为铜质球阀,脸盆为立柱式配单嘴龙头,坐便器为联体式。给水管道安装完毕且在隐蔽前需做压力试验,安装完后要按照规范要求消毒冲洗,排水管道隐蔽前需做灌水试验。

①JL-S1给水管和PL2排水管立管部分不用计算。

②工程量计算尺寸在图纸中按比例(1:100)量取。

③编制管道分部分项工程量清单,列出工程量计算过程,并在分部分项清单下面列出计算该清单项目综合单价时所套用的定额编号、定额名称、定额单位、定额工程量。工程量计算表见表2.4.2。

分部分项工程量清单综合单价分析表见表2.4.3。

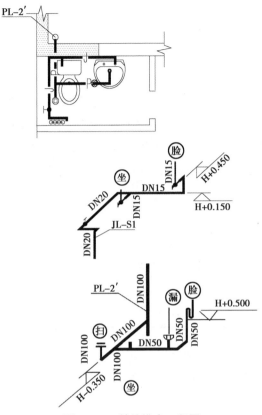

图 2.4.1 某给排水工程图

表 2.4.2 工程量计算表

序号	项目名称及规格	单位	计算式
1	PPR 塑料给水管 DN15	m	水平 2.70 + 竖向 0.15 + 0.45 = 3.30
2	PPR 塑料给水管 DN20	m	水平 1.0 + 3.2 + 0.8 = 5.00
3	PVC 塑料排水管 DN50	m	水平 2.2 + 0.75 + 竖向 0.35 × 3 = 4.00
4	PVC 塑料排水管 DN100	m	水平 3.5 + 0.8 = 4.30

表 2.4.3 分部分项工程量清单综合单价分析表

序号	项目编码	项目名称及项目特征描述	单位	工程量
1	031001006001	PPR 塑料给水管明敷 DN15，热溶连接	m	3.3
	B9-0113	PPR 塑料给水管明敷 DN15	10 m	0.33
2	031001006002	PPR 塑料给水管明敷 DN20，热溶连接	m	5
	B9-0114	PPR 塑料给水管明敷 DN20	10 m	0.5
3	031001006003	PVC 塑料排水管 DN50，粘接	m	4
	B9-0149	PVC 塑料排水管 DN50	10 m	0.4
4	031001006004	PVC 塑料排水管 DN100，粘接	m	4.3
	B9-0150	PVC 塑料排水管 DN100	10 m	0.43

2.4.2 给排水支架及其他列项算量

1）工程量清单项目设置

给排水支架及其他列项工程工程量清单项目设置如表2.4.4所示。

表2.4.4 给排水支架及其他列项工程工程量清单项目设置

项目编码	项目名称	项目特征	计量单位	工程量计算规则
031002001	管道支架	材质	kg	按设计图示以质量计算
031002002	设备支架			
031002003	套管	1. 名称、类型 2. 材质、规格 3. 填充材质	个	按设计图示以数量计算
桂031002004	支架减振器	1. 名称、类型 2. 规格		

注意：①单件支架质量100 kg以上的管道支架执行设备吊架制作安装。

②成品支架安装执行相应管道支架或设备支架项目,不再计取制作费,支架本身价值含在综合单价中。

③套管制作安装,适用于穿基础、墙、楼板等部位,防水套管、填料套管、无填料套管及防火套管等,应分别列项。

2）清单项目工程量计算

①管道支架制作安装工程量按设计图示以质量计算。

②套管制作安装工程量设计图示以个数计算。

3）工程量清单项目计价

工程量清单项目套定额计时,应注意以下问题：

①管道支架制作安装项目,适用于室内管道支架和室外管沟内管道支架。管道支架制作、安装所占比例为：

  a. 人工费：制作占70%,安装占30%。

  b. 辅材费：制作占96%,安装占4%。

  c. 机械费：制作占98%,安装占2%。

②木弹簧式管架执行管道支架项目,弹簧减振器费用另行计算。

③垫式支架执行管道支架项目,人工乘以系数1.1,木垫费用另行计算。

④套管制作、安装：

  a. 套管安装已包含堵洞所用人工、材料。

  b. 柔性、刚性防水套管适用于穿水箱、水池、地下室外墙壁、屋面等有防水要求的管道套管制作、安装。

  c. 一般过墙套管制作、安装,执行过楼板套管制作、安装相应项目,定额乘以系数0.5。

  d. 保温管道穿墙、板采用套管时,按保温层外径尺寸执行相应套管项目。

  e. 防水套管、过楼板钢(塑料)套管长度,定额按0.3m/个编制,套管实际长度不同时,可按实际调整。

⑤补孔洞仅适用于单独封堵预留孔洞工作。

⑥管道消毒、冲洗和压力试验适用于管道安装中发生二次或二次以上消毒、冲洗和压力试验时使用。所有给排水管道安装定额已含一次管道消毒、冲洗和压力试验,无特殊要求,不得另行计算。

4)定额子目工程量计算规则

定额子目工程量计算规则以2015《广西安装消耗量定额》为准。

①管道支架制作安装以"kg"为计量单位。

②柔性和刚性防水套管制作、安装,按所穿的管道直径以"个"计算。

③一般穿楼板、穿墙钢套管和塑料套管制作、安装,按设计要求(设计无具体规定的,按比所穿越的管道大一级或二级的管径)以"个"计算。

④阻火圈按敷设管道的管径,按设计图示数量以"个"为计量单位。

⑤补孔洞按敷设管道的管径,以"个"为单位计量。

⑥设计和规范中有要求的,管道单独的消毒、冲洗、压力试验,均按管道长度以"m"为计量单位,不扣除阀门、管件所占的长度。

5)计算实例

某写字楼给水干管采用DN100的衬塑钢复合管,贴梁底敷设,低层干管长151 m,采用U形吊架固定,立管从1楼敷设到5楼,采用L形支架,支架样式如图2.4.2所示。请计算该管道支架工程量,并列工程量清单套价表(注:支架材料采用∟40×4角钢)。

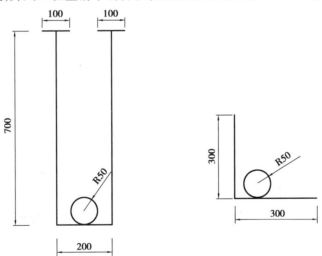

图2.4.2 支架样式图

管道支架工程量计算思路:

①根据规范要求管道计算支架个数:DN100衬塑钢复合管水平敷设可取3 m一个支架,立管每层1个支架。

U形吊架个数:151÷3≈50.33,取整数50个;

L形支架每层设置1个,故L型支架为5个。

②根据管道支架的样式计算型钢的长度。

U 形吊架角钢长度 = $(0.7 \times 2 + 0.2 + 0.1 \times 2) \times 50 = 99$ m

L 形支架角钢长度 = $(0.3 + 0.3) \times 5 = 3$ m

③查《五金手册》可确定，∟40×4 角钢延长米质量为：2.422 kg/m，故：

支架质量 = $(99 + 3) \times 2.422 = 247.044$ kg

④列分部分项工程量清单综合单价分析表，见表 2.4.5。

表 2.4.5　分部分项工程量清单综合单价分析表

序号	项目编码	项目名称及项目特征描述	单位	工程量
1	031002001001	管道支架，∟40×4 角钢	kg	247.044
	B9-0208	管道支架制作、安装 管道支架	100 kg	0.247

2.4.3　给水附件列项算量

1)工程量清单项目设置

给水附件列项工程工程量清单项目设置见表 2.4.6。

表 2.4.6　给水附件列项工程工程量清单项目设置

项目编码	项目名称	项目特征	计量单位	工程量计算规则
031003001	螺纹阀门	材质	kg	按设计图示以质量计算
031002002	螺纹法兰阀门			
031002003	套管	1. 名称、类型 2. 材质、规格 3. 填充材质	个	按设计图示以数量计算
桂 031002004	支架减振器	1. 名称、类型 2. 规格		

2)工程量清单工程名称及项目特征描述

编制工程量清单时，应明确描述相应材料的类型、材质、型号、规格及连接方式等特征，如阀安装在铸铁管道上，则应明确描述阀门是否带甲乙短管；保温阀门和不保温阀门应分别设置清单项目。

①阀门安装如仅为一侧法兰连接，应在项目特征中描述。

②塑料阀门连接形式需注明热熔连接、黏结、热风焊接等方式。

③减压器规格按高压侧管道规格描述。

④减压器、疏水器、水表等项目以"组"为单位计算时，项目特征应根据设计要求描述附件配置情况。

⑤吸水喇叭口，其口径规格按下口公称直径描述。

3）清单项目工程量计算

①各种阀门安装均以"个"为计量单位。

②减压器、疏水器组成安装以"个（组）"为计量单位，减压器安装按高压侧的直径计算。

③浮球阀安装包括联杆及乳球的安装，不得另行计算。

④各种伸缩器制作安装，均以"个"为计量单位。方形伸缩器的两臂，按臂长的两倍合并在管道长度内计算。

⑤法兰安装，以"副（片）"为计量单位。法兰阀门安装包括法兰连接，不得另计。

⑥螺纹水表安装以"组"为计量单位。法兰水表安装以"个"为计量单位，阀门用量按设计要求另行计算。

⑦浮标液面计、水位标尺是按国家标准编制的，如设计与国家标准不符，可做调整。

4）工程量清单项目计价

工程量清单项目套定额计时，应注意以下问题：

①螺纹阀门安装适用于各种内外螺纹连接的阀门安装。

②液压式水位控制阀安装不含浮球阀及连接浮球阀的管道安装，浮球阀及连接浮球阀的管道安装另行计算。

③法兰阀门安装适用于各种法兰阀门的安装，如仅为一侧法兰连接时，定额中的法兰、带帽螺栓及钢垫圈数量减半，其他不变。

④法兰阀门（沟槽连接）执行焊接法兰阀门项目，扣除电焊条材料费和电焊机机械台班费用，平焊法兰按沟槽法兰换算，同时增加 2 个卡箍材料费用。除此以外，其他不变。

⑤在塑料管道上安装的塑料阀门（热熔连接），阀门两端采用法兰套连接时，法兰套主材费另行计算。

⑥电动二通阀套用相应规格阀门安装项目，人工乘以系数 1.1。电动二通阀电气接线及调试，执行《电气设备安装工程》相应项目。

⑦减压器、疏水器组成与安装是按《采暖通风国家标准图集》N108 编制的，如实际组成与此不同时，阀门和压力表数量可按实际调整，其余不变。

⑧过滤器以及单独安装的减压器、疏水器安装，执行相应阀门安装项目。

⑨各种法兰连接用垫片均按石棉橡胶板计算。如用其他材料，不作调整。

⑩智能水表安装执行螺纹水表项目，人工乘以系数 1.2。

⑪浮标液面计 FQ-Ⅱ型安装是按《采暖通风国家标准图集》N102-3 编制的。

⑫水塔、水池浮漂水位标尺制作安装，是按《全国通用给水排水标准图集》S318 编制的。

2.4.4 卫生器具列项算量

1）工程量清单项目设置

卫生器具列项工程工程量清单见表 2.4.7。

表2.4.7　卫生器具列项工程工程量清单

项目编码	项目名称	项目特征	计量单位	工程量计算规则
031004001	浴缸	1. 材质 2. 型号、规格 3. 组装形式 4. 附件名称、材质、规格	套	按设计图示算量计算
031004002	净身盆			
031004003	洗脸盆			
031004004	洗涤盆			
031004005	化验盆			
031004006	大便器			
031004007	小便器			
031004008	其他成品卫生器具			
031004009	烘手器	1. 材质 2. 型号、规格	个	
031004010	淋浴器	1. 材质 2. 型号、规格 3. 附件名称、材质	套	
031004011	淋浴间			
031004012	桑拿浴房			
031004013	大、小便槽自动冲洗水箱	1. 材质、类型 2. 规格 3. 水箱配件 4. 支架形式及做法 5. 器具及支架除锈、刷油设计要求	套	
031004014	给水、排水附(配)件	1. 材质 2. 型号、规格 3. 安装方式	个 (组)	
031004015	小便槽冲洗管	1. 材质 2. 型号、规格	m	按设计图示以长度计算
031004016	蒸汽-水加热器	1. 类型 2. 型号、规格 3. 安装方式	套	按设计图示算量计算
031004017	冷热水混合器			
031004018	饮水器			
031004019	隔油器	1. 类型 2. 型号、规格 3. 安装部位		
桂031004020	水龙头	1. 材质 2. 型号、规格	个	
桂031004021	地漏			
桂031004022	扫除口			
桂031004023	雨水斗			

工程量清单工程名称及项目特征描述清单项目设置时,必须明确以下特征:

①浴盆:材质(搪瓷、铸铁、玻璃钢、塑料)、规格、组装形式(冷水、冷热水、冷热水带喷头)。

②洗脸盆:型号(托架式、立式、挂式、台式)、规格、组装形式(冷水、冷热水)、开关种类(如脚踏式)、进水连接管的材质、角形阀的规格型号或品牌、水龙头的规格型号或品牌。

③淋浴器的组装形式(莲蓬喷头、成套淋浴器、成套淋浴房)。

④大便器规格型号(蹲式、坐式)、开关及冲洗形式(低水箱冲洗、高水箱冲洗、脚踏阀冲洗、自闭式冲洗、感应式冲洗)、材质、冲洗管的材质及规格等。

⑤小便器规格型号(挂式、落地式)、开关及冲洗形式(自闭式冲洗、感应式冲洗)、冲洗短管的材质(规格、型号或品牌)、存水弯的材质等。

⑥水箱的形状(圆形、方形)、材质(普通钢板、不锈钢)。

⑦水龙头的材质、种类、直径规格等。

⑧排水栓的类型、口径规格等。

⑨地漏、地面扫除口、大便器冲洗管的材质、口径规格等。

⑩开水炉、电热水器、电开水炉、容积式热交换器、蒸汽-水加热器、冷热水混合器、消毒锅、饮水器的类型等。

⑪消毒器的类型(湿式、干式)、尺寸等。

2)清单项目工程量计算

各种卫生器具安装工程量按设计图示以数量计算。由于其计量单位是自然单位,故工程量的计算较为简单,只需按设计数量统计即可,应注意卫生器具组内所包括的阀门、水龙头、冲洗管等不能再另列清单计算。

计算时应注意室内给排水管道与卫生器具连接的分界线:

①给水管道工程量计算至卫生器具(含附件)前与管道系统连接的第一个连接件(角阀、冲洗阀、三通、弯头、管箍等)止。

②排水管道工程量自卫生器具出口处的地面或墙面的设计尺寸算起;与地漏连接的排水管道自地面设计尺寸算起,不扣除地漏所占长度。

③仅安装给水管管道而不安装卫生器具的项目,给排水管道工程量按管道实际预留标高计算。

3)工程量清单项目计价

①本章所有卫生器具安装项目,均参照《全国通用给水排水标准图集》中有关标准图集计算,除以下说明者外,设计无特殊要求均不做调整。

②化验盆安装中的鹅颈水嘴、化验单联水嘴、二联水嘴、三联水嘴适用于成品件安装。

③脚踏开关安装包括弯管和喷头的安装人工和材料。

④淋浴器安装适用于各种成品淋浴器安装,由水管组成的淋浴器只计莲蓬喷头安装,其他按管道安装计。

⑤高(无)水箱蹲式大便器、低水箱坐式大便器安装,适用于各种型号。

⑥管道、卫生器具末端封堵的堵头安装,执行水龙头安装项目。

⑦小便槽冲洗管制作安装定额中,不包括阀门安装,可按相应项目另行计算。

⑧卫生器具安装已含存水弯安装工作内容及材料费。如实际不安装卫生器具,仅预留

存水弯的,存水弯材料费另行计算。

⑨地漏安装定额不含存水弯。地漏安装带存水弯的,存水弯材料费另行计算。

⑩沉箱(有凹坑的卫生间)内地漏安装执行地面扫除口安装相应项目。

⑪冷热水混合器安装项目中包括了温度计安装,但不包括支座制作安装,可按相应项目另行计算。

⑫饮水器安装不含阀门和脚踏开关安装,可按相应项目另行计算。

⑬容积式水加热器安装,定额内已按标准图集计算了其中的附件,但不包括安全阀安装、本体保温、刷油和基础砌筑。

4)计算实例

以图2.4.1为例,编制管道附件、卫生器具分部分项工程量清单,列出工程量计算过程,并在分部分项清单下面列出计算该清单项目综合单价所套用的定额编号、定额名称、定额单位、定额工程量。

①工程量计算结果如表2.4.8所示。

表2.4.8　工程量计算表

序号	项目名称及规格	单位	计算式
1	洗脸盆	个	1
2	扫除口	个	1
3	地漏	个	1
4	坐便器	组	1
5	钢质球阀	个	1

②根据清单规范及定额规定,计算结果如表2.4.9所示。

表2.4.9　分部分项工程工程量清单综合单价分析表

序号	项目编码	项目名称及项目特征描述	单位	工程量
1	031004003001	立柱式洗脸盆安装(单嘴)	组	1
	B9-0538	立柱式洗脸盆安装(单嘴)	10组	0.1
2	31004006001	坐便器安装	组	1
	B9-0557	坐便器安装	10组	0.1
3	桂0310040022001	扫除口安装 DN50	个	1
	B9-0605	扫除口安装 DN50	10个	0.1
4	桂031004021001	地漏安装 DN50	个	1
	B9-0589	地漏安装 DN50	10个	0.1
6	31003001001	球阀安装 DN20	个	1
	B9-0327	球阀安装 DN20	10个	0.1

2.4.5 给排水附属项目列项算量

1)工程量清单项目设置

给排水附属项目列项工程工程量清单项目设置见表2.4.10。

表2.4.10 给排水附属项目列项工程工程量清单项目设置

项目编码	项目名称	项目特征	计量单位	工程量计算规则
桂030413013	土方开挖	1.土壤类别 2.挖土深度	m^3	按设计图示尺寸以体积计算,因工作面(或支挡土板)和放坡增加的工程量并入土方工程量计算
桂030413014	土方(砂)回填	填方材料品种	m^3	按设计图示回填体积计算,应扣除管径在200 mm以上的管道、基础、垫层和各种构筑物所占的体积
030413002	凿(压)槽及恢复	1.名称 2.规格 3.类型	m	按设计图示尺寸以长度计算
030413002	打洞(孔)及恢复		个/m^3	按设计图示尺寸以体积或个数计算

2)清单项目工程量计算

(1)土方工程量计算

①根据2013《计量规范广西实施细则(修订本)》,管沟土方执行桂030413013清单项目,管沟回填执行桂030413014清单项目。

②管道挖土方根据其土壤类别及挖土深度决定是否需要计算放坡,即一类、二类土挖方在1.2 m内,三类土挖方在1.5 m内,不考虑放坡(注:设计图示未标明土壤类别的,一般按三类土考虑)。

土方计算公式为:

$$V = SL$$

不放坡:

$$V = bhl$$

式中 b——沟底宽,为管道直径加上管道两边工作面宽度,工作面宽度见表2.4.11;

h——沟深;

l——沟长。

考虑放坡:

$$V = h(b + kh)l$$

式中 k——放坡系数,根据土的性质确定,人工开挖一般可取0.3。

注:管沟土方挖填工程量计算,施工图纸有具体规定的,按设计图纸要求尺寸计算,施工图纸无规定,按以上公式计算,管沟宽度的工作面参照表2.4.11执行。

表 2.4.11 管沟施工每侧所需工作面宽度计算表

单位：mm

管道结构宽	混凝土管道基础≤90°	混凝土管道基础>90°	金属管道	塑料管道
300 以内	300	300	200	200
500 以内	400	400	300	300
1 000 以内	500	500	400	400
2 500 以内	600	500	400	500
2 500 以上	700	600	500	600

注:管道结构宽,有管座按管道基础外缘计算,无管座按管道外径计算,构筑物按基础外缘计算。

3)计算实例

根据图 2.4.3,计算 WJ-01—WJ-03 之间的管道土方,列清单项并套定额,污水管为 HDPE 塑料管(注:该项目污水检查井已建成)。

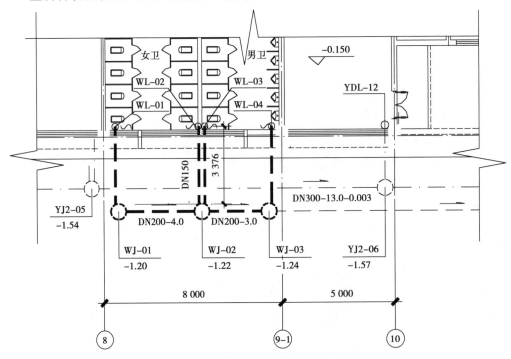

图 2.4.3　某给排水工程一层平面图

工程量计算:

土方开挖:

$$V_{WJ-01} = SL = (0.2 + 0.2 \times 2) \times 1.21 \times 4 = 2.904 \ m^3$$

$$V_{WJ-02} = (0.2 + 0.2 \times 2) \times 1.23 \times 3 = 2.214 \ m^3$$

$$V = 2.904 + 2.214 = 5.118 \ m^3$$

土方回填:

$$V_{回填} = 5.118 \ m^3$$

分部分项工程量清单综合单价分析表见表 2.4.12。

表 2.4.12　分部分项工程量清单综合单价分析表

序号	项目编码	项目名称及项目特征描述	单位	工程量
1	桂 030413013	土方开挖,三类土	m³	5.118
	B4-0782	人工挖填沟槽 人工挖沟槽 一般土	10 m³	0.5118
2	桂 030413014	土方回填,原土回填	m³	5.118
	B4-0786	人工挖填沟槽 人工回填沟槽 土方	10 m³	0.5118

2.5　工程实例

2.5.1　给排水工程设计说明

以某门卫室为例进行给排水工程设计说明:

①图 2.5.1—图 2.5.4 中,除管径以 mm 计,其余均以 m 计。

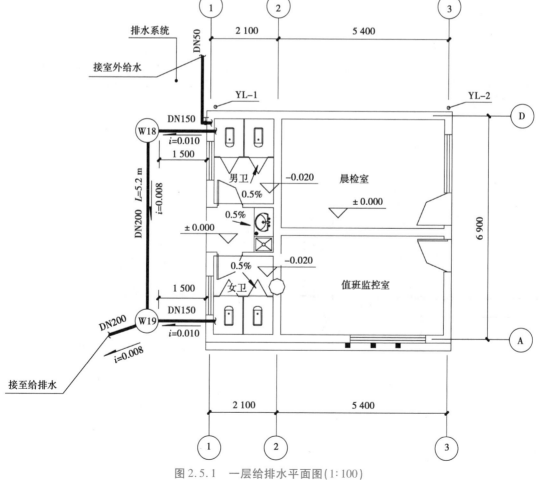

图 2.5.1　一层给排水平面图(1:100)

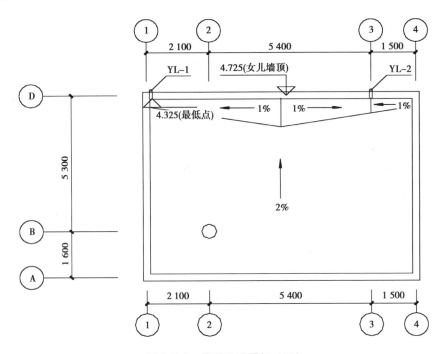

图 2.5.2 屋顶平面图(1:100)

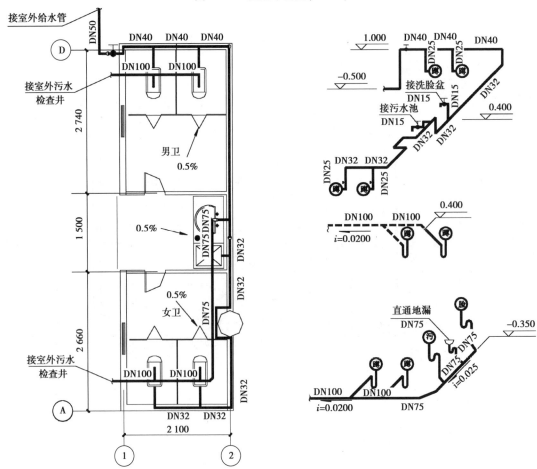

图 2.5.3 门卫室卫生间给排水平图及系统图

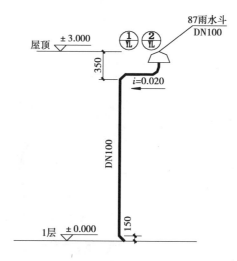

图 2.5.4 门卫室雨水系统图

②给水管采用 PPR 管,热熔接,1.0 MPa 级,排水管道采用 UPVC 管,胶黏结。

③天面地沟和露台末端应设置紧急溢流口,采用 DN100 塑料管,管口伸外 60 mm,其设置高度一般高出天沟和露台流水面 25 mm,但应保证溢流排水不得危害建筑设施和行人安全。

1)任务一:列项并计算各清单项工程量

依据图 2.5.1—图 2.5.4 列清单项并计算各项工程量,计算结果如表 2.5.1 所示。

表 2.5.1 工程量计算表

编号	工程量计算式	单位	工程量
031001	给排水、采暖、燃气管道		
031001006001	PPR 给水塑料管 DN50,热熔连接,品牌不低于"联塑"	m	3.20
	→1.696 + ↑1 + 0.5		3.20
031001006002	PPR 给水塑料管 DN40,热熔连接,品牌不低于"联塑"	m	14.25
	→0.621 + 0.256 + 4.168 + 5.865 + 2.138 + ↑0.6×2		14.25
031001006003	PPR 给水塑料管 DN32,热熔连接,品牌不低于"联塑"	m	10.02
	→1.987 + 0.56 + 1.154 + 0.603 + 2.673 + 3.046		10.02
031001006004	PPR 给水塑料管 DN15,热熔连接,品牌不低于"联塑"	m	0.60
	↑0.6		0.60
031001006005	PVC 塑料排水管 DN100,胶黏结,品牌不低于"联塑"	m	21.55
	→0.451×2 + 2.149 + 0.25 + 11.52 + 3.62 + 0.503×2 + ↑0.35×6		21.55
031001006006	PVC 塑料排水管 DN75,胶黏结,品牌不低于"联塑"	m	0.52
	→0.169 + ↑0.35		0.52
031001006007	PVC 塑料雨水管 DN100,胶黏结,品牌不低于"联塑"	m	6.00
YL1、YL2	↑3×2		6.00

续表

编号	工程量计算式	单位	工程量
031001006008	PVC 塑料排水管 DN100(溢流管),胶黏结,品牌不低于"联塑"	m	0.60
	(0.06 + 0.24)×2		0.60
031002	支架及套管		
031002003001	DN50 穿墙套管	个	1
	1		1
031003001001	螺纹截止阀门 DN40	个	1
	1		1
031004	卫生器具		
031004003001	立式洗脸盆	套	1
	1		1
031004006001	大便器	套	4
	4		4
031004008001	成品污水池	套	1
	1		1
桂 031004020001	水龙头(污水池)	个	1
	1		1
桂 031004021001	地漏	个	1
	1		1
桂 031004023001	87 雨水斗 DN100	个	2
	2		2

2)任务二:确定各项清单单价

以广西 2015 年安装工程定额确定各项清单单价分析,管理费及利润按中间值取费,计算结果如表 2.5.2 所示。

工程名称：某门卫室给排水安装工程

表 2.5.2 计算结果

序号	项目编码	项目名称及项目特征描述	单位	工程量	综合单价/元	综合单价					其中：暂估价
						人工费	材料费	机械费	管理费	利润	
		分部分项工程									
	031001	给排水、采暖、燃气管道									
1	031001006001	PPR 给水塑料管 DN50,热熔连接,品牌不低于"联塑"	m	3.20	41.64	14.85	19.82	0.18	4.63	2.16	
	B9-0117 换	塑料给水管（热熔连接）安装 公称外径（mm 以内）50	10 m	0.320	416.42	148.53	198.23	1.77	46.26	21.63	
2	031001006002	PPR 给水塑料管 DN40,热熔连接,品牌不低于"联塑"	m	14.25	34.94	12.63	16.41	0.13	3.93	1.84	
	B9-0116 换	塑料给水管（热熔连接）安装 公称外径（mm 以内）40	10 m	1.425	349.39	126.31	164.09	1.33	39.29	18.37	
3	031001006003	PPR 给水塑料管 DN32,热熔连接,品牌不低于"联塑"	m	10.02	28.91	12.63	10.37	0.14	3.93	1.84	
	B9-0115 换	塑料给水管（热熔连接）安装 公称外径（mm 以内）32	10 m	1.002	288.99	126.31	103.67	1.35	39.29	18.37	
4	031001006004	PPR 给水塑料管 DN15,热熔连接,品牌不低于"联塑"	m	0.60	23.67	11.15	7.34	0.10	3.46	1.62	
	B9-0113 换	塑料给水管（热熔连接）安装 公称外径（mm 以内）20	10 m	0.060	236.59	111.50	73.35	0.95	34.61	16.18	
5	031001006005	PVC 塑料排水管 DN100,胶黏结,品牌不低于"联塑"	m	21.55	51.22	19.72	22.51	0.05	6.09	2.85	

续表

序号	项目编码	项目名称及项目特征描述	单位	工程量	综合单价/元	综合单价					其中:暂估价
						人工费	材料费	机械费	管理费	利润	
	B9-0150换	承插塑料排水管(黏结连接) 公称外径(mm以内)110	10 m	2.155	512.09	197.22	225.07	0.49	60.86	28.45	
6	031001006006	PVC塑料排水管DN75,胶黏结,品牌不低于"联塑"	m	0.52	42.98	17.69	17.23	0.05	5.46	2.55	
	B9-0149换	承插塑料排水管(黏结连接) 公称外径(mm以内)75	10 m	0.052	429.77	176.87	172.29	0.50	54.59	25.52	
7	031001006007	PVC塑料雨水管DN100,胶黏结,品牌不低于"联塑"	m	6.00	34.61	11.05	18.48	0.06	3.42	1.60	
	B9-0166换	塑料直通雨水管安装 公称外径(mm以内)110	10 m	0.600	346.08	110.53	184.77	0.59	34.20	15.99	
8	031001006008	PVC塑料排水管DN100(溢流管),胶黏结,品牌不低于"联塑"	m	0.60	49.09	19.72	20.38	0.05	6.09	2.85	
	B9-0150换	承插塑料排水管(黏结连接) 公称外径(mm以内)110	10 m	0.060	490.79	197.22	203.77	0.49	60.86	28.45	
	B9-0274换	过楼板塑料套管制作,安装 公称外径(mm以内)50{水泥防水砂浆(加防水粉5%)1:2.5}	个	0.6	18.17	9.34	4.62		2.87	1.34	
	031003	管道附件									
10	031003001001	螺纹截止阀门DN40	个	1	111.58	16.10	88.20		4.96	2.32	
	B9-0317换	螺纹阀门安装 螺纹阀 公称直径(mm以内)40	个	1	111.58	16.10	88.20		4.96	2.32	

			单位	数量					
	031004	卫生器具							
11	031004003001	立式洗脸盆	套	1	393.67	33.44	345.13	10.29	4.81
	B9-0538 换	立式洗脸盆 立式洗脸盆 冷水	10套	0.1	3936.75	334.41	3451.29	102.93	48.12
12	031004006001	大便器	套	4	275.16	61.22	186.29	18.84	8.81
	B9-0556	蹲式大便器安装 蹲式 自闭式冲洗 25	10套	0.4	2751.55	612.15	1862.89	188.42	88.09
14	桂031004020001	水龙头(污水池)	个	1	23.63	2.32	20.27	0.71	0.33
	B9-0578 换	水龙头安装 公称直径(mm以内)15	10个	0.1	236.32	23.19	202.65	7.14	3.34
15	桂031004021001	地漏	个	1	88.45	33.94	39.17	10.45	4.89
	B9-0590	地漏安装 地漏 75{水泥防水砂浆(加防水粉5%) 1:2.5}	10个	0.1	884.47	339.44	391.70	104.48	48.85
16	桂031004023001	87 雨水斗 DN100	个	2	70.45	31.88	24.17	9.81	4.59
	B9-0599 换	雨水斗安装 雨水斗 100{水泥防水砂浆(加防水粉 5%)1:2.5}	10个	0.2	704.51	318.83	241.66	98.14	45.88

2.5.2 给排水工程量算量与计价技巧

①注意给排水管道与市政管道的界线划分。

②注意给排水管道与卫生器具的界线划分。

③计算时,根据平面图或大样图计算水平管长度,根据系统图计算立管长度。

④管道穿过楼板或墙体时,要安装套管。当有防水要求时,安装防水套管;当没有防水要求时,安装普通套管。

⑤工程量计算易错、易漏项分析:

a.目前的管清单计算规则及定额计算规则基本一致,管道工作内容包括了工序内消毒、冲洗、试压,无须另行计算。

b.定额中卫生器具的组成安装已按标准图综合了卫生器具与给水管、排水管连接的人工与材料用量,无须另行计算。

⑥清单组价重点、难点剖析:

a.工程量清单综合单价分析表中的管理费和利润按广西安装费用定额执行。

如果该清单项目所对应的定额中包含未计材料的,在处理综合单价时,主要材料按信息价计入,在采用主材信息价时,有信息显示管材的按管材及管件的组合价计入,无组合价的管材及管件,分别计入管材价及管件单价。

b.在清单组价过程中,实际采用的材料与定额中的材料不符时,要对定额进行换算。

思考与练习

1.简述给排水系统中给水系统的组成和排水系统的组成。

2.给排水管材常用材料有哪些? 连接形式有哪些?

3.给排水管件有哪些?

4.给排水管管道工程项目清单分别要描述哪些内容?

5.给排水管道支架如何确定?

6.给排水套管有哪些? 分别如何确定规格?

7.清单组价时重点及难点有哪些?

⊕ **第 3 章** | XIAOFANG GONGCHENG

消防工程

【知识目标】

掌握消防工程基本知识,了解消防工程的组成及应用,利用清单规范及定额规则编制消防工程工程造价文件。

【能力目标】

掌握消防工程的组成及施工工艺,掌握消防工程清单计量知识,利用清单规范及定额规则编制消防工程造价文件。

3.1 消防工程概述

3.1.1 水灭火系统概述

水灭火系统即以水为介质的消防系统,是使用最广泛的灭火系统。水灭火系统有消火栓系统和自动喷淋灭火系统两大类。

1)消火栓系统

消火栓系统是最常用以及最普遍的灭火方式,主要由消防水池、消防水泵、高位水箱、室内外消火栓、水泵接合器、管网、阀门等构成。

2)自动喷淋灭火系统

自动喷淋灭火系统根据适用范围不同可分为以下几种:

(1)湿式喷水灭火系统

湿式喷水灭火系统由闭式喷头、管道系统、湿式报警阀、报警装置和供水设施等组成。正常情况下系统报警阀的前后管道内始终充满着压力水,发生火灾时,喷头受热自动打开喷水。该系统救火速度快,施工管理方便,适合室温 4~7 ℃的场合,湿式喷水灭火系统原理图如图 3.1.1 所示。

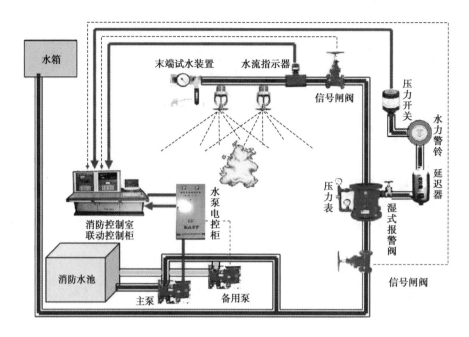

图 3.1.1 湿式喷水灭火系统原理图

（2）干式喷水灭火系统

干式喷水灭火系统由闭式喷头、管道系统、干式报警阀、报警装置、充气设备、排水设备和供水设备等组成。其管路和喷头内平时没有水,只处于充气状态,发生火灾时喷头受热后先排气后再喷水,喷水速度较慢。该系统不受外界温度的影响,适用于环境温度低于 4 ℃ 和高于 70 ℃ 的建筑物和场所。

（3）预作用喷水灭火系统

预作用喷水灭火系统也是一种干式灭火系统,由火灾探测报警系统、闭式喷头、预作用阀、充气设备、管道系统、控制组件等组成,详见图 3.1.2。平时管道内充有压缩气体,所不同的是,附加一套火灾自动报警系统,在火灾初期,报警控制器预先开启排气阀,排除管网内的压缩气体,并开启预作用阀门,使压力水流进管网变成湿式喷水系统,同时,发出水流报警信号。此时,管道内的闭式喷头尚未爆裂,所以不会立刻喷水。值守人员得到报警信号后,可以采取适当行动进行灭火,如一些小火可以用手提灭火器扑灭,喷水系统的喷水动作得以免除。在探测器误动作或管道式喷头漏气而导致预作用阀误开启的情况下,值守人员也可采取措施,制止误喷水。当火灾使环境温度高于闭式喷头设定温度时,喷头爆裂喷水。

（4）雨淋喷水灭火系统

雨淋喷水灭火系统采用开式洒水喷头、雨淋报警阀组,由配套使用的火灾自动报警系统或传动管联动雨淋报警阀,由雨淋报警阀控制水源的开启,属开式系统（图 3.1.3）。

（5）水幕喷水灭火系统

水幕喷水灭火系统包括防火分隔水幕和冷却防护水幕两种类型,属于开式系统。防火分隔水幕利用密集喷洒形成的水墙或水帘阻火挡烟而起到防火分隔作用;而冷却防护水幕则利用水,对防火卷帘门、防火玻璃等分隔物进行冷却。

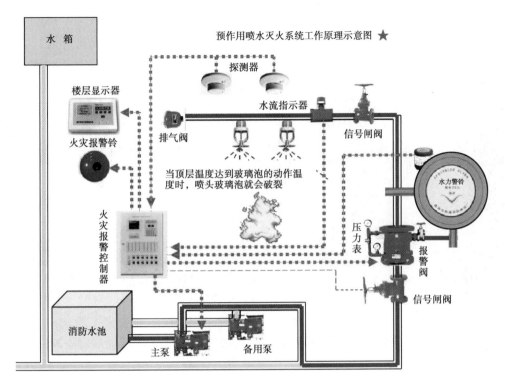

图 3.1.2 预作用喷水灭火系统原理图

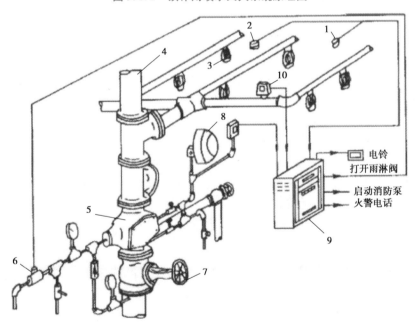

图 3.1.3 雨淋喷水灭火系统原理图

1—感烟火灾探测器;2—感温火灾探测器;3—开式喷头;4—供水管路;5—雨淋阀;
6—电磁阀;7—水源闸阀;8—水力警铃;9—火灾报警控制器;10—压力开关

水幕喷水灭火系统由水幕喷头、雨淋报警阀组或感温雨淋阀、供水与配水管道、控制阀及水流报警装置等组成。该系统不直接扑灭火灾,主要起阻火、冷却、隔离作用,适用于建筑物内需要保护和防火隔断的部位。

图 3.1.4　水炮现场喷射

（6）水炮灭火系统

水炮灭火系统由水源、消防泵组、管道、阀门、水炮、动力源和控制装置等组成，适用于扑灭一般固体可燃物火灾，主要用于高度较高（大于 8 m）、自动喷水灭火系统难以有效探测、扑灭及控制火灾的大空间场所（如展览厅、体育馆、歌剧院、购物中心、博物馆、候机大厅、仓库、厂房等）以及室外场所。水炮现场喷射如图 3.1.4 所示。

3.1.2　气体灭火系统

气体灭火系统是指用气体灭火剂进行灭火的系统，一般由灭火剂储存瓶组、液流单向阀、气流单向阀、自锁压力开关、选择阀（组合分配系统）、阀驱动装置、喷头、集流管、管网及报警灭火控制器、感烟火灾探测器、感温火灾探测器、指示发生火灾的火灾声光报警器、指示灭火剂喷放的火灾声光报警器（带有声警报的气体释放灯）、紧急启停按钮、电动装置等组成。气体灭火系统常用于图书馆、档案馆、电子计算机房、通信室、喷漆室、变配电室、变压器室、浸渍油槽等场合。相关规范规定，气体灭火系统必须具有自动、手动、机械应急启动 3 种启动方式。

3.1.3　干粉灭火系统

干粉灭火系统是由干粉供应源通过输送管道连接到固定的喷嘴上，通过喷嘴喷放干粉的灭火系统。以氮气为动力，推动干粉罐内的干粉灭火剂，通过管路输送到干粉炮、干粉枪或固定喷嘴喷出，以达到扑救易燃、可燃液体，可燃气体和电气设备火灾的目的。一般为火灾自动探测系统与干粉灭火系统联动。一些可燃易燃液体火灾、可燃气体火灾使用干粉（有碳酸氢钠、碳酸氢钾和氨基干粉灭火剂）灭火系统。这种系统主要设备为干粉储罐、出粉管、进气阀、安全阀和干粉灭火剂等，采用氮气作驱动压力。常见的 ABC 干粉（磷酸铵盐干粉）灭火器则属于无管网干粉灭火。

3.1.4　泡沫灭火系统

泡沫灭火系统是指通过泡沫比例混合器将泡沫灭火剂与水按比例混合成泡沫混合液，经过泡沫产生装置形成空气泡沫后实施灭火的灭火系统。它由消防水泵、消防水源、泡沫灭火储存装置、泡沫比例混合装置、泡沫产生装置及管道组成。按泡沫灭火剂的不同，泡沫灭火设备分为化学泡沫灭火设备和空气泡沫灭火设备。由于化学泡沫液的灭火性能、稳定性及适用安全性能较差，反应设备不宜操作，目前基本不使用，现行泡沫灭火系统均采用空气泡沫灭火系统。根据泡沫液发泡倍数不同，泡沫灭火系统可分为高、中、低 3 种系统。

泡沫灭火系统主要用于甲、乙、丙类液体储罐区及其液体流淌火、飞机库、停车场、化工厂、燃油锅炉房、船舶等场所的灭火。

3.2 消防设备安装工程材料和设备简述

消防工程常用材料和设备为管道材料、管道配件、消防设备等。

3.2.1 消防工程常用的材料

消防给水管常用的管材有球墨铸铁管、焊接钢管、无缝钢管。

球墨铸铁管主要用于自动喷淋水灭火系统报警阀前的埋地管道及消火栓系统的埋地管道。

焊接钢管分普通焊接钢管、热浸镀锌焊接钢管,适用于埋地及架空管道。埋地时应按要求做好防腐处理。

无缝钢管具有较好的承压能力,因此输送流体用的无缝钢管常用于消防给水系统,作为主干管或系统下部工作压力较高部位的管道。

消防工程给水管材与管件的材质、规格与给水工程一致。具体可参考第 2 章给排水工程的相应内容。

3.2.2 消防工程常用的设备

1)压力开关

压力开关(图 3.2.1)是消防喷淋系统中的主要部件,安装在消防喷淋系统的湿式报警阀中。压力开关的作用是当消防喷淋管道里的压力小于供水端压力时,压力开关会自动动作,并且将动作信号反馈回火灾报警系统主机上,控制主机收到信号启动消防喷淋泵进行加压。

图 3.2.1　压力开关

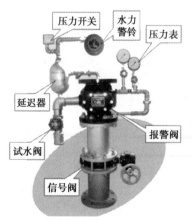

图 3.2.2　湿式报警阀

2)湿式报警阀

湿式报警阀能开启和关闭管网的水流,将报警信号传送至消防控制中心并启动水力警铃直接报警。

湿式报警阀由压力开关、水力警铃、压力表、报警阀、信号阀、延迟器、试水阀等组成,如图3.2.2所示。

3)雨淋报警阀

雨淋报警阀由传动管远程开启。报警阀通常自带压力开关和水力警铃,开启时压力开关向报警系统传递火灾信号,水力警铃发出报警铃声。雨淋报警阀含有压力开关、水力警铃、压力表,如图3.2.3所示。

图3.2.3 雨淋报警阀

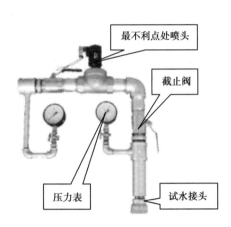

图3.2.4 末端试水装置

4)末端试水装置

末端试水装置安装在系统管网或分区管网的末端,具有检测系统启动、报警及联动等功能,组成如图3.2.4所示。

末端试水装置的作用:

①检查湿式系统的可靠性,测试系统能否在开放一只喷头的最不利条件下可靠报警并正常启动,还可以检查干式系统和预作用系统充水时间。

②测试水流指示器、报警阀、压力开关、水力警铃的动作是否正常。

③配水管道是否畅通。

④测试最不利点处的喷头工作压力。

5)喷头

喷头是灭火系统的终端,负责喷水或雾化,可分为开式喷头和闭式喷头,如图3.2.5所示。

喷头中玻璃球充液为红色的是用于温度不超过68 ℃的场所,喷头中玻璃球充液为绿色的是用于温度高于68 ℃的场所,如厨房等高温场所。

6)消防水炮

消防水炮是以水作介质,远距离扑灭火灾的设备,消防水炮分为自动扫描射水高空水炮、自动消防水炮、固定手动消防水炮、固定电动消防水炮。固定手动消防水炮和固定电动消防水炮如图3.2.6所示。

（a）开式喷头　　　　　　　　　　　　　（b）闭式喷头

图3.2.5　喷头

（a）固定手动消防水炮　　　　　　　　（b）固定电动消防水炮

图3.2.6　消防水炮

7）消火栓

消火栓分室内消火栓、试验消火栓和室外消火栓，如图3.2.7所示。

（a）室内消火栓　　　　　　（b）试验消火栓　　　　　　（c）室外消火栓

图3.2.7　消火栓

室内消火栓由开启阀门和出水口组成，并配有水带和水枪，通常装配于带玻璃门的箱体内（称"消火栓箱"）。箱内通常还配置一个按钮，用于启泵或向火灾自动报警系统传递火灾信息。

试验消火栓通常设置在建筑屋顶，用于检测消火栓管网的水压力和水流量，可以不配置水带和水枪，但须安装压力表。

室外消火栓分地上型和地下型，至少配备一个DN100（或DN125）或两个DN65口径的出水口，供消防车取水用。

8）水泵接合器

水泵接合器是水灭火系统的第三供水水源,安装在室外适合消防车接驳的位置,且附近应配置有室外消火栓或消防水池。火灾时由消防车通过水泵接合器将水泵入室内消防管网灭火。

为防止消防车加压过高破坏室内消防管网及部件,水泵接合器应装有安全阀和泄水阀。

9）消防水泵机组

消防水泵机组(图3.2.8)由水泵、驱动器(电动机)和控制箱组成,同一消防给水系统一般设两至三套机组,一备一用或二备一用。

图3.2.8　消防水泵机组

消防水泵采用自灌式吸水,吸水管不少于两条,出水管上设置DN65的试水管,与泵相连的管道应安装减振器(橡胶接头)。吸水管及出水管穿越水池和外墙时,应采用防水柔性套。

10）减压及节流装置

在高层消防系统中,低层管道和设备承受的压力较大,通常采用减压阀、减压孔板或节流管等装置来均衡,其原理是减小水流的截面尺寸。

减压阀安装在报警阀入口前,减压孔板在法兰内的安装应设置在直径不小50 mm的水平管段上,孔口直径不应小于安装管段直径的50%,孔板应安装在水流转弯处下游一侧的直管段上,与弯管的距离不应小于设置管段直径的两倍。采用节流管时,其长度不宜小于1 m。

11）水流指示器

水流指示器一般安装在每层的水平分支干管或消防分区的分支干管。当管内水流动时,桨片转动使机械开关动作,通过导线向火灾自动报警系统传回信号。水流指示器应水平立装,倾斜度不宜过大,保证桨片活动灵敏。

水流指示器按安装方式分为法兰型和马鞍型,如图3.2.9所示。

12）消防稳压设备

消防稳压设备(图3.2.10)用于维持消防给水系统侍应工作状态的压力,通常由离心泵和气压罐(也称稳压泵)及配套阀门组成。气压罐容积不小于消防给水管网的正常泄漏量和系统自动启动流量,且应防止稳压泵频繁启停。

(a)法兰型　　　　(b)马鞍型

图 3.2.9　水流指示器　　　　　　　　图 3.2.10　消防稳压设备

13)高位消防水箱

采用临时高压给水的自动喷水灭火系统,应设高位消防水箱。高位消防水箱可以用钢筋混凝土捣制,也可以采用金属材料制品。

3.3　消防工程基础知识与识图

消防工程常见系统有消火栓系统和自动喷淋系统,本节只对这两个系统进行介绍。消防工程的管道安装基础知识与给水工程相同,详见第 2 章。

3.3.1　消防管道支架安装基础知识与识图

消防管道给水管道支架的敷设,管道支架现场的做法有好几种(图 3.3.1),预算时可以参照以往工程的做法或图集《室内管道支架及吊架》(03S402),结算时可以根据现场按实际发生结算。水平管道安装间距按规范执行。

消防管道支架在施工图纸上一般只在说明中有相关说明,有些项目没有,需要造价人员根据自己的工作经验去理解与计算。

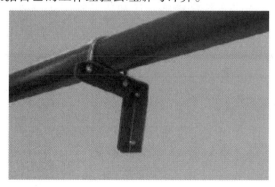

图 3.3.1　消防管道支架示意图

3.3.2 消火栓系统基础知识与识图

1)消火栓系统基础知识

消火栓系统一般由消火栓干管、立管、支管、消火栓、蝶阀、穿楼板套管、支架、水泵适配器、管道除锈刷油、试验消火栓(带压力表、泄水阀)组成,分为室内消火栓系统和室外消火栓系统。室内消火栓系统是指设置于建筑物内的消火栓系统。根据建筑物高度、室外管网压力、流量和室内消防流量、水压要求,室内消火栓灭火系统又分为无加压泵和水箱消火栓系统、有水箱消火栓系统、有加压泵和水箱消火栓系统三类。

(1)无加压泵和水箱消火栓系统

无加压泵和水箱消火栓系统一般用于低层建筑,且室外给水管网压力和流量完全能满足室内最不利点消火栓的设计水压和流量要求。无加压泵和水箱消火栓系统示意图如图3.3.2所示。

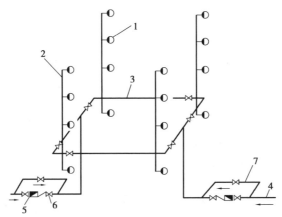

图 3.3.2 无加压泵和水箱消火栓系统示意图
1—消火栓;2—消防立管;3—干管;4—进户管;
5—水表;6—止回阀;7—旁通管及阀门

(2)有水箱消火栓系统

有水箱消火栓系统常用于低层建筑且水压变化较大的城市或居住区,当生活、生产用水量达到最大时,室外管网不能保证室内最不利点消火栓的设计水压和流量要求,而当生活、生产用水量达到最小,管外管网的压力又较大时,常设水箱调节生活、生产用水量,同时储存10 min 的消防用水量。有水箱消火栓系统示意图如图3.3.3 所示。

(3)有加压泵和水箱消火栓系统

有加压泵和水箱消火栓系统一般用于低层建筑或高度不超过50 m 的高层建筑,且室外管网压力经常不能满足室内消火栓给水系统的水压和水量要求。这种系统的水泵应满足室内管网最不利点消火栓的设计水压和流量要求,同时水箱应储存10 min 的消防用水量。超过50 m 的建筑,当室内消火栓的静压力超过80 m 水柱时,应采用分区消防给水,有加压泵和水箱消火栓系统示意图如图3.3.4 所示。

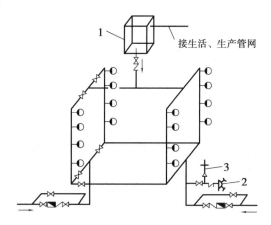

图 3.3.3　有水箱消火栓系统示意图

1—水箱;2—水泵接合器;3—安全阀

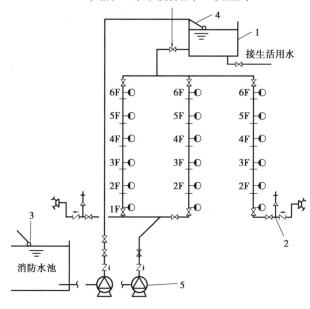

图 3.3.4　有加压泵和水箱消火栓系统示意图

1—高水位箱;2—水泵接合器附件;3,4—浮球;5—水泵

2)消火栓系统识图

(1)消火栓系统整体识图

识读管道系统首先要对整个系统的供水方式进行宏观把握,也就是说要整体了解管道系统的走向和连通关系。消火栓系统工程通常由两个水源供水,进入建筑物后由立管供给各层消火栓,需要特别注意的是消火栓系统在建筑物顶层会由一根干管连通所有立管,可以看出,消火栓系统在立面上形成一个环形的供水回路。因此,识读消火栓系统图应从流水方向进行识读,即供水水源→底层干管→立管→各层支管→顶层干管。从图 3.3.5 可以了解到,拟建建筑物北面⑬、⑭轴附近有两个供水水源,分别由两根引入管引入,引入管接自2#楼消火栓给水管网。图纸标注,引入管的管径为 DN100,埋地敷设,埋深为 -1.0 m(图3.3.6)。干管分别在 1/01 轴、⑦轴接入立管 XL-1、XL-3、XL-4 在一层中使用。管径均为 DN100(图3.3.5)。在⑥轴交Ⓔ轴接入立管 XL-1,分别穿越各层供给 1—9 层的消火栓使用。

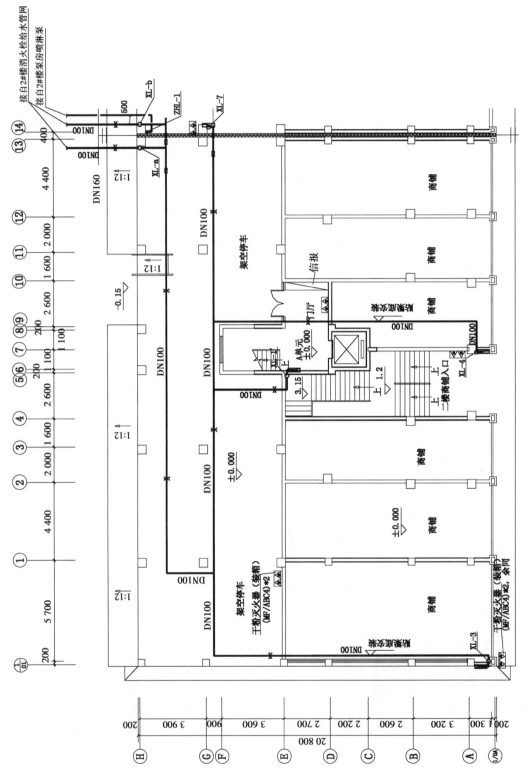

图3.3.5 某项目一层消火栓平面布置图

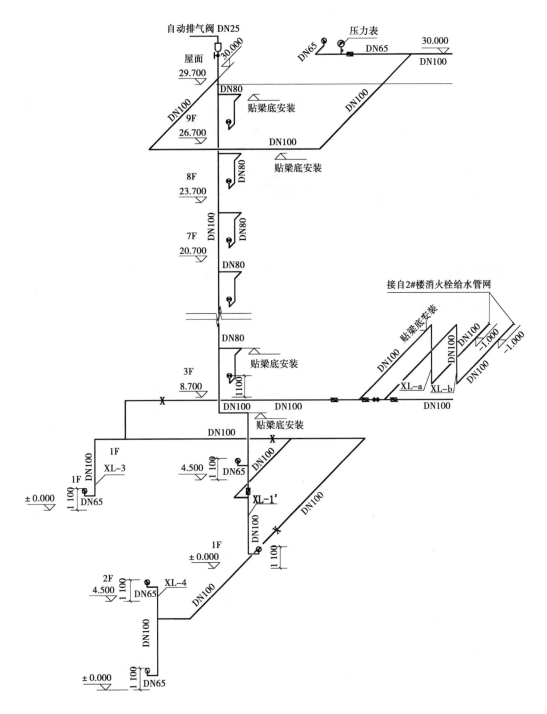

图 3.3.6 某项目消火栓系统图

（2）干管识图

消火栓系统最大的特点是底层、顶层都会有一根干管将各立管相互连通。因此，要准确地识读。

消火栓施工图，底层干管、顶层干管是系统中水平管道的识图要点。底层干管安装高度贴梁底安装，管径DN100，连通XL-3至XL-4以及B单元的XL-2（图幅有限，系统图与平面图不显示B单元的管道布置）；顶层干管安装高度29.7 m，管径DN100，连通XL-1至B单元的XL-2。

（3）立管识图

从图3.3.6中可以看到，本次项目显示的立管有XL-1、XL-3、XL-4，贴梁底安装，终点距楼地面1.1 m。

（4）支管识图

消火栓系统中的支管相对于生活给排水较简单。本项目需要注意的是在一层的3个消火栓支管中，XL-1、XL-3、XL-4立管需从一层梁下向下引入该层消火栓，如图3.3.6所示。

3.3.3 自动喷淋灭火系统基础知识与识图

1）自动喷淋灭火系统基础知识

自动喷淋灭火系统是当今世界上公认的较有效的自动灭火设施之一，是应用广泛、用量较大的自动灭火系统。自动喷淋灭火系统利用固定管网、喷头自动喷水灭火，并同时发出火警信号，该系统使用安全可靠，经济实用，扑灭火灾成功率高，特别对扑灭初期火灾有很好的效果。

自动喷淋灭火系统的类型较多，其中用得最多的是湿式自动喷淋灭火系统。

湿式自动喷淋灭火系统由闭式洒水喷头、水流指示器、湿式报警阀组以及管道和供水设施等组成（图3.3.7）。平时管道内始终充满压力水，由消防水箱、稳压泵或气压给水设备等稳压设施维持管道内水的压力，发生火灾时，闭式洒水喷头受热爆裂喷水，水流指示器报告起火区域，消防水箱出水管上的流量开关、消防水泵出水管上的压力开关或报警阀组的压力开关输出信号，启动消防水泵，持续向喷头供水灭火。

湿式自动喷淋灭火系统适合在温度不低于4 ℃且不高于70 ℃的环境中使用，绝大多数的常温场所采用此类系统。

2）自动喷淋灭火系统识图

（1）自动喷淋灭火系统整体识图

自动喷淋灭火系统的水通常来源于水泵房的自动喷淋泵，连通湿式报警阀组输送至需要安装自动喷淋的楼层，需要特别注意的是自动喷淋灭火系统通常是一个自动喷淋阀组对应一根喷淋立管，进入楼层后支管延伸至各个喷淋头。

自动喷淋灭火系统的识读重点应放在安装自动喷淋的楼层。识读自动喷淋灭火系统施工图应从流水前进方向开始识读，即供水水源→湿式报警阀组→立管→各层支管→末端试水装置。

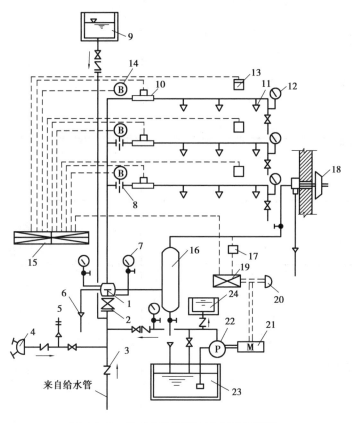

图 3.3.7 湿式自动喷淋灭火系统示意图

1—湿式报警阀;2—闸阀;3—单向阀;4—水泵接合器;5—安全阀;6—排水漏斗;7—压力表;
8—节流孔板;9—高位水箱;10—水流报警器;11—闭式喷头;12—压力表;13—感烟探测器;
14—火灾报警装置;15—消防控制柜;16—延迟器;17—压力继电器;18—水力报警器;
19—电气自控箱;20—按钮;21—电动机;22—水泵;23—水箱;24—水泵充水箱

（2）立管识图

从图 3.3.8 自动喷淋平面布置图中可以看出,由供水至 ZHL-1 管（埋地进入）,然后在图 3.3.9 中通过立管 ZHL-1 至二层喷淋系统。引入管的管径为 DN150,经过安全信号阀、水流指示器由支管分配到该层各个喷淋头。

从平面图可以了解到,本栋楼的自动喷淋灭火系统只有一套湿式报警阀组,因此该系统管只有一个 ZHL-1,如图 3.3.8、图 3.3.9 所示,在⑭轴与⑪轴相交处,起点标高为 -1.0 m,延伸至二层梁板下,连通湿式报警阀组形成经过一段 DN150 水平管后引出支管分配到该层各个喷淋头。

（3）支管识图

自动喷淋灭火系统的支管延伸至各喷头,因此楼层中支管的识读是自动喷淋灭火系统的重点。从图 3.3.8 中可以看到各支管沿流水方向与各喷淋头连接,因此只需要沿水流方向逐个识读支管管径、延伸方向以及喷头数量即可。

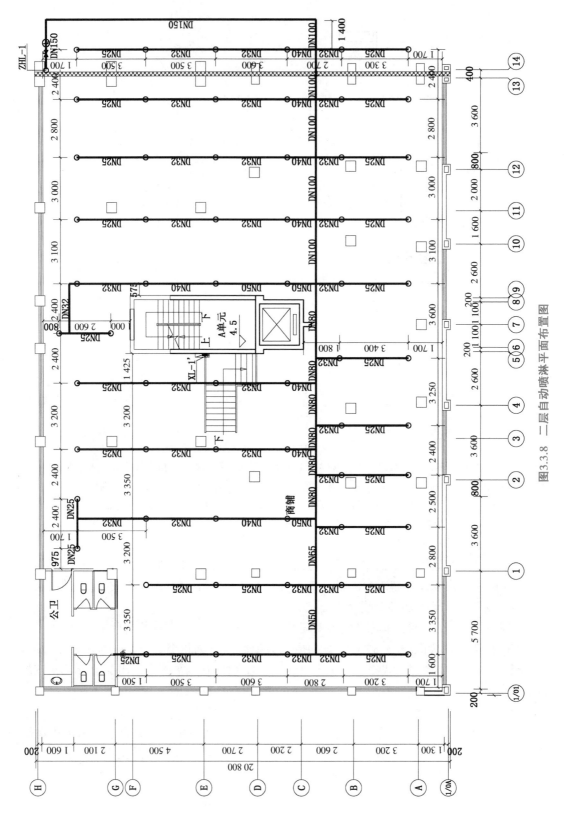

图3.3.8 二层自动喷淋平面布置图

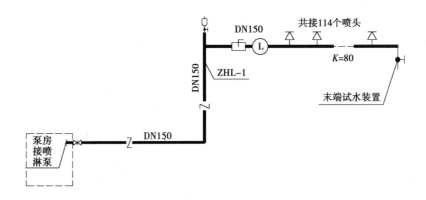

图 3.3.9 某项目自动喷淋系统图

3.4 消防工程列项与算量

3.4.1 水灭火系统安装工程

1）水灭火系统安装工程工程量清单设置

水灭火系统安装工程工程量清单编码为030901，项目见2013《计算规范广西实施细则（修订本）》"附录J.1 消防工程"，详见表3.4.1。

表 3.4.1 水灭火系统安装工程工程量清单（编码：030901）

项目编码	项目名称	项目特征	计量单位	工程量计算规则	工程内容
030901001	水喷淋钢管	1.安装部位 2.材质、规格 3.连接形式 4.钢管镀锌设计要求 5.压力试验及冲洗要求 6.管道标识设计要求	m	按设计图示管道中心线以长度计算	1.管道及管件安装 2.钢管镀锌 3.压力试验 4.冲洗
030901002	消火栓钢管				
030901003	水喷淋（雾）喷头	1.安装部位 2.材质、型号、规格 3.连接形式 4.装饰盘设计要求	个	按设计图示数量计算	1.安装 2.装饰盘安装 3.严密性试验
030901004	报警装置	1.名称 2.型号、规格	组		1.安装 2.电气接线 3.调试
030901005	温感式水幕装置	1.型号、规格 2.连接形式			

续表

项目编码	项目名称	项目特征	计量单位	工程量计算规则	工程内容
030901006	水流指示器	1. 材质、规格 2. 连接形式	个	按设计图示数量计算	1. 安装 2. 电气接线 3. 调试
030901007	减压孔板	1. 材质、规格 2. 连接形式			
030901008	末端试水装置	1. 规格 2. 组装形式	组		
030901009	集热板制作安装	1. 材质 2. 支架形式	套		1. 制作、安装 2. 支架制作、安装
030901010	室内消火栓	1. 安装方式 2. 型号、规格 3. 附件材质、规格			1. 箱体及消火栓安装 2. 配件安装
030901011	室外消火栓				1. 安装 2. 配件安装
030901012	消防水泵接合器	1. 安装部位 2. 型号、规格 3. 附件材质、规格	套	按设计图示数量计算	1. 安装 2. 附件安装
030901013	灭火器	1. 形式 2. 型号、规格	具（组）		设置
030901014	消防水炮	1. 水炮类型 2. 压力等级 3. 保护半径	台		1. 本体安装 2. 调试

（1）清单设置的相关说明

①相关计算注意内容按《通用安装工程工程量计算规范》（GB 50586—2013）中的规定进行计算及列项。

②清单子目主要包括消防栓系统和自动喷淋灭火系统，包括的项目有管道安装、系统组件安装（喷头、报警装置、水流指示器）、其他组件（减压孔板、末端试水装置、集热板）、消火栓（室内、外消火栓，水泵接合器）等。

（2）工程量清单项目设置应该注意的问题

①民用建筑中泵房内喷淋管道、消火栓管道、管件、阀门、法兰等安装执行第八册《给排水、燃气工程》相应定额子目，但该部分内容的工程量清单按2013《计算规范广西实施细则（修订本）》"附录 J.1 消防工程"相应清单子目编制。

②各种消防泵、稳压泵安装工程量清单按2013《计算规范广西实施细则（修订本）》"附录 A.9 泵安装"有关项目编制。

③各种仪表及带电信号的阀门、水流指示器、压力开关安装清单不包括接线、校线工作内容，应按《电气设备安装工程》"附录 D.6 微型电机、电加热器"检查接线（030406009）编码列项。

④灭火器应区分挂墙式、放置式、悬挂式、推车式单设清单子目。

⑤消防稳压设备按稳压给水设备编码列项。

⑥消火栓按钮不包含在室内消火栓箱成套产品中,应按2013《计算规范广西实施细则(修订本)》"附录J.4 按钮"清单另设清单子目。

2)水灭火系统安装工程工程量定额设置

消防管道及配件的安装参考第2章给排水工程相关定额规定执行。

(1)有关水灭火系统安装工程的定额说明

①喷头、报警装置及水流指示器安装定额均按管网系统试压、冲洗合格后安装考虑的,定额中已包括丝堵、临时短管的安装、拆除及其摊销。

②其他报警装置适用于雨淋、干湿两用及预作用报警装置,其安装执行湿式报警装置定额,其人工乘以系数1.2,其余不变。

③温感式水幕装置安装定额中已包括给水三通至喷头、阀门间的管道、管件、阀门、喷头等全部安装内容。但管道的主材数量按设计管道中心长度另加损耗计算;喷头数量按设计数量另加损耗计算。

④隔膜式气压水罐安装定额中地脚螺栓按设备带有考虑的,定额中包括指导二次灌浆用工,但二次灌浆费用另计。

⑤室内消火栓组合卷盘安装,执行室内消火栓安装项目,定额乘以系数1.2。箱式、柜式室内消火栓箱(带灭火器),执行室内消火栓安装项目,定额乘以系数1.5,灭火器安装不再另行计算。

⑥各种支吊架制作安装定额中包括了支架、吊架及防晃支架。执行2015《广西壮族自治区安装工程消耗量定额》常用册第二章相应项目。

⑦放置式灭火器安装,是指不需要安装、固定,直接放置于某个指定位置的灭火器安装。

⑧本章不包括以下工作内容:

a.阀门、法兰安装,各种套管的制作安装。

b.管道安装及水箱制作安装。

c.各种消防泵、稳压泵安装及设备二次灌浆等。

d.各种仪表的安装及带电信号的阀门、水流指示器、压力开关的接线、校线。

e.各种设备支架的制作安装。

f.管道、设备、支架、法兰焊口除锈刷油。

g.系统调试。

(2)水灭火系统安装工程工程量计算规则

①室外消火栓安装,区分不同规格、工作压力和覆土深度以"套"为计量单位。

②末端试水装置按标准图集以"组"计算,已包含压力表安装。

③喷头安装按有吊顶、无吊顶、隐蔽式分别以"个"为计量单位。

④报警装置安装按成套产品以"组"为计量单位。

⑤水流指示器、减压孔板安装,按不同规格均以"个"为计量单位。

⑥室内消火栓安装,区分单栓和双栓以"套"为计量单位,带有消防按钮的安装另行计算。

⑦消防水泵接合器安装,区分不同安装方式和规格以"套"为计量单位。如设计要求用

短管时,其本身价值可另行计算,其余不变。

⑧各种管道、阀门、法兰安装、套管、消防泵、稳压泵、仪表等项目执行2015《广西壮族自治区安装工程消耗量定额》相关章节内容。

3.4.2 气体灭火系统安装

1)气体灭火系统安装工程工程量清单设置

气体灭火系统主要包括管道安装、系统组件安装(选择阀、气体喷头、储存装置、检漏装置等)等项目。气体灭火系统安装工程工程量清单项目设置、项目特征、计量单位、工程量计算规则及工作内容见表3.4.2。

表 3.4.2 气体灭火系统安装工程工程量清单(编码:030902)

项目编码	项目名称	项目特征	计量单位	工程量计算规则	工作内容
030902001	无缝钢管	1. 介质 2. 材质、压力等级 3. 规格 4. 焊接方法 5. 钢管镀锌设计要求 6. 压力试验及冲洗要求 7. 管道标识设计要求	m	按设计图示管道中心线以长度计算	1. 管道安装 2. 管件安装 3. 钢管镀锌 4. 压力试验 5. 吹扫 6. 管道标识
030902002	不锈钢管	1. 材质、压力等级 2. 规格 3. 焊接方法 4. 充氩保护方式、部位 5. 压力试验及吹扫设计要求 6. 管道标识设计要求			1. 管道安装 2. 焊口充氩保护 3. 压力试验 4. 吹扫 5. 管道标识
030903003	不锈钢管管件	1. 材质、压力等级 2. 规格 3. 焊接方法 4. 充氩保护方式、部位	个	按设计图示数量计算	1. 管件安装 2. 管件焊口充氩保护
030903004	气体驱动装置管道	1. 材质、压力等级 2. 规格 3. 焊接方法 4. 压力试验及吹扫设计要求 5. 管道标识设计要求	m	按设计图示管道中心线以长度计算	1. 管道安装 2. 压力试验 3. 吹扫 4. 管道标识
030902005	选择阀	1. 材质 2. 型号、规格 3. 连接形式	个	按设计图示数量计算	1. 安装 2. 压力试验
030902006	气体喷头				喷头安装

项目编码	项目名称	项目特征	计量单位	工程量计算规则	工程内容
030902008	贮存装置	1. 介质、类型 2. 型号、规格 3. 气体增压设计要求	套	按设计图示数量计算	1. 贮存装置安装 2. 系统组件安装 3. 气体增压
030901009	称重检漏装置	1. 型号 2. 规格			1. 安装 2. 调试
030901010	无管网气体灭火装置	1. 类型 2. 型号、规格 3. 安装部位 4. 调试要求			

(1)清单设置的相关说明

相关计算注意内容按《通用安装工程工程量计算规范》(GB 50586—2013)中的规定进行计算及列项。

(2)清单设置应注意的问题

①气体灭火系统的管道、管件、法兰、阀门、管道支架等的安装及管道系统水冲洗、强度试验、严密性试验等执行《工业管道工程》相应项目。

②选择阀安装及系统组件试验等均适用于卤代烷 1211 和 1301 灭火系统,二氧化碳灭火系统按卤代烷灭火系统相应定额乘以系数 1.2。

③喷头安装定额中包括管件安装及配合水压试验安装、拆除丝堵的工作内容。

④贮存装置的安装定额包括灭火剂储存容器和驱动气瓶的安装固定、支框架、系统组件(集流管、容器阀、气单向阀、液单向阀、高压软管)、安全阀等储存装置和阀驱动装置的安装及氮。

⑤二氧化碳储存装置安装时,不须增压,执行定额时,扣除高纯氮气,其余不变。

2)气体灭火系统安装工程工程量定额设置

(1)有关气体灭火系统安装工程的定额说明

①本节定额中的选择阀安装及系统组件试验等均适用于卤代烷 1211 和 1301 灭火系统,二氧化碳灭火系统按卤代烷灭火系统相应定额乘以系数 1.2。

②喷头安装定额中包括管件安装及配合水压试验安拆丝堵的工作内容。

③贮存装置安装,定额中包括灭火剂贮存容器和驱动气瓶的安装固定、支框架、系统组件(集流管,容器阀,气、液单向阀,高压软管),安全阀等贮存装置和阀驱动装置的安装及氮气增压。

④二氧化碳称重检漏装置包括泄漏报警开关、配重及支架。

⑤管网系统包括管道,选择阀,气、液单向阀和高压软管组件,管网系统试验工作内容包括充氮气,但氮气消耗量另行计算。

⑥气体灭火系统的管道、管件、阀门、支吊架的制作、安装等均执行《工业管道工程》相应项目。

（2）气体灭火系统安装工程工程量计算规则

①喷头安装均按不同规格以"个"为计量单位。

②选择阀安装按不同规格和连接方式分别以"个"为计量单位。

③贮存装置安装中包括灭火剂贮存容器和驱动气瓶的安装固定和支框架、系统组件（集流管、容器阀、单向阀、高压软管）、安全阀等贮存装置和阀驱动装置的安装及氮气增压。

④贮存装置安装按贮存容器和驱动气瓶的容量以"套"为计量单位。

⑤二氧化碳贮存装置安装时，不须增压，执行定额时应扣除高纯氮气，其余不变。

⑥二氧化碳称重检漏装置包括泄漏报警开头、配重、支架等，以"套"为计量单位。

3.4.3 消防系统调试工程

1）消防系统调试工程工程清单内容

消防系统调试工程主要按灭火系统的点数、名称、规格等不同特征进行清单项目设置，包括的项目有自动报警系统调试、水灭火控制装置调试、防火控制装置调试、气体灭火系统装置调试、火灾事故广播、消防通信系统调试、超音速干粉灭火器调试。

消防系统调试工程工程量清单项目设置、项目特征、计量单位、工程量计算规则及工作内容如表3.4.3所示。

表3.4.3 消防系统调试工程工程量清单（编码:030905）

项目编码	项目名称	项目特征	计量单位	工程量计算规则	工作内容
030905001	自动报警系统调试	1.点数 2.线制	系统	按系统计算	系统调试
030905002	水灭火控制装置调试	系统形式	点	按控制装置的点数计算	调试
030905003	防火控制装置调试	1.名称 2.类型	个（部）	按设计图示数量计算	调试
030905004	气体灭火系统装置调试	1.试验容器规格 2.气体试喷	点	按调试、检验和验收所消耗的试验容器总数计算	1.模拟喷气试验 2.备用灭火器贮存容器切换操作试验 3.气体试喷

（1）清单设置的相关说明

①相关计算内容按《通用安装工程工程量计算规范》（GB 50586—2013）中的规定进行计算及列项。

②系统调试是指消防报警和灭火系统安装完毕，并达到国家有关消防施工验收规范、标准后进行的全系统检测、调试和试验。

③定额中不包括气体灭火系统调试试验时的安全措施，相关安全措施费用应另行计算。

（2）清单设置应注意的问题

消防系统调试定额是按施工单位安装完毕且连通，并达到国家有关消防施工验收规范、标准后进行的全系统的检测、调整和试验。必须委托有资质的消防检测机构进行检测的，其费用不含在该定额范围内。

2）消防系统调试工程量定额设置

（1）消防系统调试的定额说明

①消防系统调试执行2015《广西安装工程消耗量定额》常用册中册第八章相应项目。

②消防系统调试是指消防报警和灭火系统安装完毕，并达到国家有关消防施工验收规范、标准后进行的全系统检测、调试和试验。

③定额中不包括气体灭火系统调试试验时的安全措施，相关安全措施费用应另行计算。

（2）消防系统调试工程工程量计算规则

①自动喷水灭火系统按水流指示器、湿式报警阀水力开关数量以点（支路）计算；消火栓灭火系统按消火栓启泵按钮数量以点计算；消防水炮系统按水炮数量以点计算。

②气体灭火系统装置调试按调试、检验和验收所消耗的试验容量总数，以"点"计算。气体灭火系统调试，是由七氟丙烷、IG541、二氧化碳等组成的灭火系统，按气体灭火系统装置的瓶头阀以"点"计算。

③超音速干粉灭火器调试，区分每一防火分区内超音速干粉灭火器的数量，以"防火分区"计算。

④自动报警系统是由各种探测器、报警器、报警按钮、报警控制器、消防广播、消防电话等组成的报警系统；按不同点数以系统计算。其点数按具有地址编码的器件数量计算。其点数以工程实际应用点数计算。

⑤火灾事故广播、消防通信系统调试，包括广播喇叭及音箱、电话插孔、通信分机等调试。

3）工程实例

（1）图纸

相关图纸如图3.3.5—图3.3.9所示。

（2）设计说明

①火灾初期室内消防用水水源由位于本小区2#楼屋顶的消防水箱提供，屋顶消防水箱有效贮水量为18 m³，可以满足初期10 min的用水量。火灾时室内消防用水水源由位于2#楼架空层的消防水池或通过水泵接合器由城市消防车提供。消防水池有效容量为231.52 m³，能满足2 h室内消防用水量和1 h喷淋用水量。

②管材和接口，采用热镀锌钢管，管径小于100 mm时，采用螺纹连接，管径大于等于100 mm时，采用沟槽连接，道外刷红丹漆二遍。

③室内消火栓系统为环状布置，竖向不分区供水。本工程与2#楼共用一个消火栓系统。

④消火栓箱配置：设置单出口与双出口铝合金玻璃门室内消火栓箱，箱内配有DN65室内消火栓，DN70涤纶衬胶水龙带（L=25 m），φ65×19水枪各一套，箱内设有消防水泵启动按钮。当发生火灾时，可向消防控制中心报警，同时可直接启动消火栓系统消防水泵。箱体外形尺寸（长、高、宽）为700 mm×1 000 mm×180 mm（双栓），800 mm×650 mm×180 mm

（单栓），消火栓箱配置及安装详见图集 04S202。

　⑤自动喷淋喷头：采用吊顶型玻璃球（$K = 80$）喷头、动作温度为 68 ℃。

　⑥本工程属 A 类火灾，一层架空停车场、商铺及二层商铺按中危险级配置灭火器，住宅部分按轻危险级配置灭火器。每处设 2 具 4 kg 手提式磷酸铵盐干粉灭火器。

　A. 工程量计算公式：

　a. 消火栓系统工程量计算如表 3.4.4 所示。

表 3.4.4　消火栓系统工程量计算

工程名称：某 1#楼消火栓安装工程

编号	工程量计算	单位	合计
030901	水灭火系统（消火栓系统）		
030901002	消火栓镀锌钢管 DN100，法兰连接	m	174.61
一层	→4.309 + →1.511 + 24.035 + 2.762 + 29.44 + 16.224 + 5.034 + 16.923		100.24
二层	→2.256		2.26
屋顶层	→20.737 + 6.871		27.61
XL-a	4.5 + 1 − 0.7		4.8
XL-1′	8.7 − 1.1 + 0.3 − 0.7		7.2
XL-1	30 − 8.7 + 0.7		22
XL3	4.5 − 0.7 − 1.1 + 0.3		3
XL-4	4.5		4.5
XL-7	4.5 − 0.7 − 1.1 + 0.3		3
030901002	消火栓镀锌钢管 DN80，螺纹连接	m	27.38
接 XL-1 消火栓支管	→((1.113 + 0.698) + ↑(3 − 0.7 − 1.1 + 0.3) + 0.6) ×7		27.38
030901002	消火栓镀锌钢管 DN65，螺纹连接	m	10.41
接 XL-1′消火栓支管	(→0.6 + ↑0.3) ×2		1.8
接 XL-4 消火栓支管	→0.6 + ↑0.3 + →0.75 + ↑0.3		1.95
接 XL-7 消火栓支管	→0.6 + ↑0.3		0.9
接 XL-3 消火栓支管	→0.73↑ + 0.3		1.03
接试验消火栓支管	→4.43 + ↑0.3		4.73
030901013	4 kg 手提式磷酸铵盐干粉灭火器 MF/ABC4，箱内设置	具	14
030901010	铝合金玻璃门室内消火栓，单栓 DN65，箱尺寸 800 mm × 650 mm ×180 mm，嵌墙安装	套	6
030901010	铝合金玻璃门室内消火栓，双栓 DN65，箱尺寸 700 mm × 1 000 mm ×180 mm，嵌墙安装	套	7

编号	工程量计算	单位	合计
桂030901016	试验消火栓,DN65单栓,明装	套	1
031003003	蝶阀DN100,沟槽法兰连接	个	3
031003001	蝶阀DN65,螺纹连接	个	1
031003001	自动排气阀DN25,螺纹连接	个	1
031003009	补偿器DN100	个	3
031002001	DN100消火栓管道支架	kg	159.19
横管支架	$(100.24+2.26+27.61)\times1.116$		145.2
立管支架	$(4.8+7.2+22+4.5+3)\times0.337$		13.99
031002003	穿板普通钢套管DN110	个	9
031002003	穿板刚性防水套管DN100	个	1
030905002	水灭火控制装置调试	点	13
031201001	管道油漆	m²	63.83
	$174.61\times3.14\times0.1+27.38\times3.14\times0.08+10.41\times3.14\times0.065$		63.83

消火栓管道工程工程量计算时注意事项:

● 消火栓支管的确定。从消防立管出来的横支管,设计图中有设计时按设计图确定;设计图中无时,横支管一般取0.6 m,横支管至消火栓口取0.3 m。

● 支管的长度等于水平段长度与竖直段长度之和。

● 计算时该项目梁高均按0.7 m计。

● 管道油漆工程量按管道展开面积计算。

$$S=\pi\times D\times L$$

式中　S——刷油面积,m²;

　　　D——管道外径,m;

　　　L——管道长度,m。

● 管道支架按2015《广西安装消耗量定额》中册附录18,即室内钢管、铸铁管、塑料管支架用量参考表确定计算。

b.消防喷淋系统工程量计算见表3.4.5。

表3.4.5　消防喷淋系统工程量计算

工程名称:某1#楼喷淋安装工程

编号	工程量计算	单位	合计
030901	水灭火系统(喷淋系统)		
030901001	水喷淋镀锌钢管DN150,法兰连接	m	31.12
引水管	→6.169		6.17

续表

编号	工程量计算	单位	合计
ZHL-1	1+8.7-0.7		9
二层	←2.394+13.555		15.95
030901001	水喷淋镀锌钢管 DN100,法兰连接	m	12.7
二层	←12.7		12.7
030901001	水喷淋镀锌钢管 DN80,螺纹连接	m	11.35
二层	←11.35		11.35
030901001	水喷淋镀锌钢管 DN65,螺纹连接	m	3.2
二层	←3.2		3.2
030901001	水喷淋镀锌钢管 DN50,螺纹连接	m	9.8
二层	←3.35+5.025+1.425		9.8
030901001	水喷淋镀锌钢管 DN40,螺纹连接	m	12.05
二层	←1.425×6+3.5		12.05
030901001	水喷淋镀锌钢管 DN32,螺纹连接	m	76.46
二层	←6.4+2.7+1.275×9+7.0+7.1×6+6.289		76.46
030901001	水喷淋镀锌钢管 DN25,螺纹连接	m	73.7
二层	←4.716+7.1+2.4+3.5×6+2.18+3.3×11		73.7
031003001	自动排气阀 DN25,螺纹连接	个	1
030901003	下喷闭式喷头 DN15,公称动作温度为 68 ℃直立型	个	63
桂 030901015	安全信号阀 DN150,沟槽法兰连接	个	1
030901006	水流指示器 DN150,沟槽法兰连接	个	1
030901008	末端试水装置	组	1
031002001	管道支架	kg	114.67
DN150 支架	1.46×3.12		4.56
DN100 支架	1.116×12.7		14.17
DN80 支架	1.098×11.35		12.46
DN65 支架	1.089×3.2		3.49
DN50 支架	0.837×9.8		8.2
DN40 支架	0.455×12.05		5.48
DN32 支架	0.446×76.46		34.1
DN25 支架	0.437×73.7		32.21
031002003	穿板钢套管 DN110	个	1
桂 030413013	土方开挖		3.39

编号	工程量计算	单位	合计
引水管	$6.169 \times 0.55 \times 1$		3.39
桂030413014	土方(砂)回填		3.39
引水管	3.39		3.39
030905002	水灭火控制装置调试	点	2
031201001	管道油漆	m^2	38.71
	$3.14 \times 0.15 \times 31.2 + 3.14 \times 0.1 \times 12.7 + 3.14 \times 0.08 \times 11.35 +$ $3.14 \times 0.065 \times 3.2 + 3.14 \times 0.05 \times 9.8 + 3.14 \times 0.04 \times 12.05 +$ $3.14 \times 0.032 \times 76.46 + 3.14 \times 0.025 \times 73.7$		38.71

消防喷淋系统工程量计算时注意事项：

● 立管工程量用标注高程差计算。

● 支管工程量计算：支管的长度等于水平段长度与竖直段长之度和,依据平面图及系统图确定喷头安装朝向。支管的安装,有设计图纸按设计图纸,无设计图纸参照图3.4.1执行。

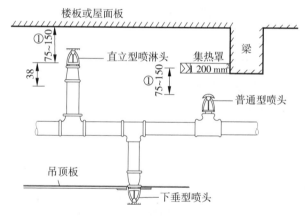

图3.4.1 自动喷淋安装布置图

该项目为吊顶式普通型喷头,因此接入喷头支管不计长度。

● 喷淋管道油漆及支架工程量计算同消火栓系统。

B. 消防工程清单计价

a. 以广西安装工程消耗量定额为例,消火栓系统工程清单计价如表3.4.6所示。

b. 以广西安装工程消耗量定额为例,消防自动喷淋系统工程清单计价如表3.4.7所示。

表 3.4.6　消火栓工程清单计价表

序号	项目编码	项目名称及项目特征描述	单位	工程量	综合单价/元	综合单价/元					
						人工费	材料费	机械费	管理费	利润	其中：暂估价
	030901	水灭火系统（消火栓系统）									
1	030901002001	消火栓镀锌钢管 DN100，沟槽连接	m	174.61	109.63	25.78	71.10	0.33	8.46	3.96	
	B9-0038 换	钢管（沟槽连接）安装 公称直径（100 mm 以内）	10 m	17.461	1 096.32	257.83	711.04	3.29	84.60	39.56	
2	030901002002	消火栓镀锌钢管 DN80，螺纹连接	m	27.38	103.62	29.68	58.71	0.76	9.86	4.61	
	B9-0007 换	钢管（螺纹连接）安装 公称直径（80 mm 以内）	10 m	2.738	1 036.30	296.81	587.11	7.62	98.64	46.12	
3	030901002003	消火栓镀锌钢管 DN65，螺纹连接	m	10.41	86.24	25.66	47.30	0.73	8.55	4.00	
	B9-0006 换	钢管（螺纹连接）安装 公称直径（65 mm 以内）	10 m	1.041	862.37	256.61	472.97	7.30	85.51	39.98	
4	030901013001	4 kg 手提式磷酸铵盐干粉灭火器 MF/ABC4，箱内设置	具	14	200.93	17.22	175.52		5.58	2.61	
	B9-0855 换	灭火器箱放置置装 放置式 箱半周长 1 m 以外	10 个	1.4	2 009.27	172.17	1 755.24		55.78	26.08	
5	030901010001	铝合金玻璃门室内消火栓，单栓 DN65，箱尺寸 800 mm×650 mm×180 mm，嵌墙安装	套	6	1 063.99	148.14	844.57	0.57	48.18	22.53	
	B9-0832 换	室内消火栓安装（暗装）公称直径（65 mm 以内）单栓	套	6	1 063.99	148.14	844.57	0.57	48.18	22.53	
6	030901010002	铝合金玻璃门室内消火栓，双栓 DN65，箱尺寸 700 mm×1 000 mm×180 mm，嵌墙安装	套	7	1 266.89	189.37	986.10	0.93	61.66	28.83	

序号	定额编号	项目名称	单位	工程量						
7	B9-0833 换	室内消火栓安装（暗装）公称直径（65 mm以内）双栓	套	7	1 266.89	189.37	986.10	0.93	61.66	28.83
	桂030901016001	试验消火栓,DN65 单栓,明装	套	1	629.91	60.55	539.73	0.57	19.80	9.26
	B9-0830 换	室内消火栓安装（明装）公称直径（65 mm以内）单栓	套	1	629.91	60.55	539.73	0.57	19.80	9.26
8	031003003001	蝶阀 DN100,沟槽法兰连接	个	3	477.74	59.90	389.36		19.41	9.07
	B9-0346 换	蝶阀 DN100,沟槽法兰连接{换:卡箍DN100}	个	3	477.74	59.90	389.36		19.41	9.07
9	031003001001	蝶阀 DN65,螺纹连接	个	1	232.59	23.83	197.43		7.72	3.61
	B9-0319 换	螺纹阀门安装 螺纹阀 公称直径（65 mm以内）	个	1	232.59	23.83	197.43		7.72	3.61
10	031003001002	自动排气阀 DN25,螺纹连接	个	1	119.25	17.39	93.60		5.63	2.63
	B9-0324 换	螺纹阀门安装 自动排气阀,手动排风阀 自动排气阀 公称直径（25 mm以内）	个	1	119.25	17.39	93.60		5.63	2.63
11	031003009001	补偿器 DN100	个	3	409.11	61.83	293.88	16.27	25.30	11.83
	B9-0448 换	焊接法兰套筒伸缩器安装 公称直径（100 mm以内）	个	3	409.11	61.83	293.88	16.27	25.30	11.83
12	031002001001	DN100 消火栓管道支架	kg	159.19	17.65	5.48	8.41	0.78	2.03	0.95
	B9-0208	管道支架制作、安装 管道支架	100 kg	1.5919	1 764.80	548.39	840.97	77.72	202.86	94.86
13	031002003001	穿板普通钢套管 DN110	个	9	127.97	51.53	51.05	0.60	16.89	7.90
	B9-0264	过楼板钢套管制作、安装 公称直径（150 mm以内）{水泥防水砂浆（加防水粉5%）1:2.5}	个	9	127.97	51.53	51.05	0.60	16.89	7.90

续表

序号	项目编码	项目名称及项目特征描述	单位	工程量	综合单价/元	综合单价/元					其中：暂估价
						人工费	材料费	机械费	管理费	利润	
14	031002003002	穿板刚性防水套管 DN100	个	1	317.48	115.46	112.74	23.30	44.96	21.02	
	B9-0237	刚性防水套管制作 公称直径（100 mm以内）	个	1	205.92	66.46	78.26	20.06	28.03	13.11	
	B9-0253	刚性防水套管安装 公称直径（150 mm以内）	个	1	111.56	49.00	34.48	3.24	16.93	7.91	
15	030905002001	水灭火控制装置调试	点	13	81.05	48.48	1.13	5.68	17.55	8.21	
	B5-1390	水灭火控制装置调试 消火栓灭火系统	点	13	81.05	48.48	1.13	5.68	17.55	8.21	
16	031201001001	镀锌钢管道刷油,刷红丹漆二遍	m²	63.83	10.41	6.84	1.22		1.64	0.71	
	B11-0001	手工除锈 管道 轻锈	10 m²	6.383	40.90	26.09	5.84		6.26	2.71	
	B11-0051	管道刷油 红丹防锈漆 第一遍	10 m²	6.383	31.78	21.13	3.38		5.07	2.20	
	B11-0052	管道刷油 红丹防锈漆 第二遍	10 m²	6.383	31.42	21.13	3.02		5.07	2.20	

表 3.4.7 消防自动喷淋工程清单计价表

序号	项目编码	项目名称及项目特征描述	单位	工程量	综合单价/元	人工费	材料费	机械费	管理费	利润	其中：暂估价
	030901	水灭火系统（喷淋系统）									
1	030901001	水喷淋镀锌钢管 DN150,沟槽连接	m	31.12	147.82	31.35	101.17	0.27	10.24	4.79	
	B9-0040 换	钢管（沟槽连接）安装 公称直径（150 mm以内）	10 m	3.112	1 478.11	313.48	1011.66	2.65	102.43	47.89	
2	030901001	水喷淋镀锌钢管 DN100,沟槽连接	m	12.7	109.70	25.78	71.10	0.38	8.48	3.96	
	B9-0038 换	钢管（沟槽连接）安装 公称直径（100 mm以内）	10 m	1.27	1 097.08	257.83	711.00	3.83	84.78	39.64	
3	030901001	水喷淋镀锌钢管 DN80,螺纹连接	m	11.35	103.76	29.68	58.71	0.85	9.89	4.63	
	B9-0007 换	钢管（螺纹连接）安装 公称直径（80 mm以内）	10 m	1.135	1 037.57	296.81	587.09	8.50	98.92	46.25	
4	030901001	水喷淋镀锌钢管 DN65,螺纹连接	m	3.2	86.37	25.66	47.30	0.82	8.58	4.01	
	B9-0006 换	钢管（螺纹连接）安装 公称直径（65 mm以内）	10 m	0.32	863.60	256.61	472.95	8.15	85.78	40.11	
5	030901001	水喷淋镀锌钢管 DN50,螺纹连接	m	9.8	70.38	23.10	35.21	0.74	7.72	3.61	
	B9-0005 换	钢管（螺纹连接）安装 公称直径（50 mm以内）	10 m	0.98	703.87	230.97	352.14	7.41	77.24	36.11	
6	030901001	水喷淋镀锌钢管 DN40,螺纹连接	m	12.05	61.28	22.26	27.48	0.65	7.42	3.47	
	B9-0004 换	钢管（螺纹连接）安装 公称直径（40 mm以内）	10 m	1.205	612.76	222.60	274.80	6.45	74.21	34.70	
7	030901001	水喷淋镀锌钢管 DN32,螺纹连接	m	76.46	52.39	19.85	22.26	0.57	6.62	3.09	

续表

序号	项目编码	项目名称及项目特征描述	单位	工程量	综合单价/元	综合单价/元					
						人工费	材料费	机械费	管理费	利润	其中:暂估价
8	B9-0003换	钢管(螺纹连接)安装 公称直径(32 mm以内)	10 m	7.646	523.92	198.51	222.59	5.71	66.17	30.94	
	030901001	水喷淋镀锌钢管 DN25,螺纹连接	m	73.7	46.85	19.21	17.90	0.41	6.36	2.97	
	B9-0002换	钢管(螺纹连接)安装 公称直径(25 mm以内)	10 m	7.37	468.49	192.07	179.01	4.12	63.57	29.72	
9	031003001	自动排气阀 DN25,螺纹连接	个	1	34.25	17.39	8.60		5.63	2.63	
	B9-0324换	螺纹阀门安装 自动排气阀,手动放风阀 自动排气阀(公称直径(25 mm以内)	个	1	34.25	17.39	8.60		5.63	2.63	
10	030901003	下喷闭式喷头 DN15,公称动作温度为68 ℃直立型	个	63	28.19	12.50	8.55	0.81	4.31	2.02	
	B9-0800换	喷头安装 公称直径15 mm以内 有吊顶	10个	6.3	281.75	124.96	85.45	8.08	43.10	20.16	
11	桂030901015	安全信号阀 DN150,法兰连接	个	1	932.74	135.26	701.93	21.17	50.68	23.70	
	B9-0815换	安全信号阀门安装 法兰连接 公称直径(150 mm以内)	个	1	932.74	135.26	701.93	21.17	50.68	23.70	
12	030901006	水流指示器 DN150,法兰连接	个	1	522.74	135.26	291.93	21.17	50.68	23.70	
	B9-0815换	水流指示器安装 法兰连接 公称直径(150 mm以内)	个	1	522.74	135.26	291.93	21.17	50.68	23.70	
13	030901008	末端试水装置	组	1	658.38	97.26	511.15	2.52	32.33	15.12	
	B9-0827换	末端试水装置安装 公称直径(25 mm以内)	组	1	658.38	97.26	511.15	2.52	32.33	15.12	

序号	定额编号	项目名称	单位	数量						
14	031002001	管道支架	kg	114.67	17.93	5.48	8.41	0.97	2.09	0.98
	B9-0208	管道支架制作、安装 管道支架	100 kg	1.1467	1793.46	548.39	840.64	97.37	209.23	97.83
15	031002003	穿板钢套管 DN110	个	1	128.07	51.53	50.90	0.77	16.95	7.92
	B9-0264	过楼板钢套管制作、安装 公称直径（150 mm以内）｛水泥防水砂浆（加防水粉5%）1:2.5｝	个	1	128.07	51.53	50.90	0.77	16.95	7.92
16	桂030413013	土方开挖		3.39	56.61	38.37			12.43	5.81
	B4-0782	人工挖填沟槽 人工挖沟槽 一般土	10	0.339	566.14	383.69			124.32	58.13
17	桂030413014	土方（砂）回填		3.39	11.19	6.15		1.43	2.46	1.15
	B4-0786	人工挖填沟槽 人工回填沟槽 土方	10	0.339	111.92	61.52		14.33	24.58	11.49
18	030905002	水灭火控制装置调试	点	2	141.89	78.31	2.60	16.09	30.59	14.30
	B5-1391	水灭火控制装置调试 自动喷水灭火系统	点	2	141.89	78.31	2.60	16.09	30.59	14.30
19	031201001	管道刷油	m²	38.71	10.41	6.84	1.22		1.64	0.71
	B11-0001	手工除锈 管道 轻锈	10 m²	3.871	40.90	26.09	5.84		6.26	2.71
	B11-0051	管道刷油 红丹防锈漆 第一遍	10 m²	3.871	31.78	21.13	3.38		5.07	2.20
	B11-0052	管道刷油 红丹防锈漆 第二遍	10 m²	3.871	31.42	21.13	3.02		5.07	2.20

思考与练习

1. 简述消防工程中消火栓系统的组成、自动喷淋灭火系统的组成。

2. 消防管材常用材料有哪些？连接形式有哪些？

3. 自动喷淋灭火系统包括哪些形式？

4. 消防工程管道工程项目清单分别要描述哪些内容？

5. 消防管道支架如何确定？

6. 消防管道中套管有哪些？分别如何确定规格？

7. 消防调试项目有哪些？工程量如何确定？

8. 消防管道油漆工程量如何计算？如何计价？

9. 清单组价时重点及难点有哪些？

第4章 | TONGFENG KONGTIAO GONGCHENG

通风空调工程

【知识目标】

掌握通风空调工程基本知识,了解通风工程及空调工程的组成及应用,掌握通风空调工程识图的基本技能,掌握通风工程清单规范、计量知识及定额规则。

【能力目标】

能够理解通风空调工程的基础知识,掌握通风空调工程的施工图纸识图技巧,掌握通风空调工程的组成及施工工艺,能利用清单规范、计量知识及定额规则编制通风空调工程造价文件。

4.1 概　述

4.1.1 通风工程

通风就是将室外的新鲜空气经适当处理(如净化、加热)后送进室内,把室内的废气(经消毒除害)排至室外,从而保持室内空气的新鲜和洁净。

1)通风工程的分类

通风工程按不同的方式可有不同的分类方法。

(1)按通风工程的动力分类

①自然通风(图4.1.1):利用自然风压即室外气流(风力)引起的室内、外空气压差或热压的作用使空气流动,从而达到建筑物通风的目的。

②机械通风(图4.1.2):依靠机械动力强制空气流动达到通风目的。

(2)按通风工程的作用范围分类

①全面通风:在房间内全面进行通风换气。

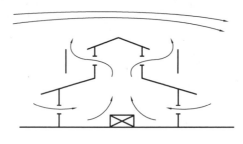

图 4.1.1 自然通风

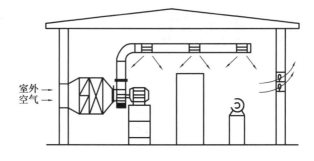

图 4.1.2 机械通风

②局部通风:可分为局部排风和局部送风两种。局部排风如图 4.1.3 所示,是在有害物产生的地方将其就地排走,使有害气体不致在房间内扩散,污染室内的空气。局部送风如图 4.1.4 所示,一般用于高温车间内工作地点的夏季降温,送风系统送出经过处理的冷却空气,使操作地点保持良好的工作环境。

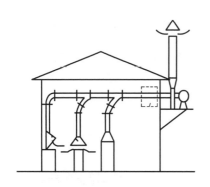

图 4.1.3 局部排风系统图

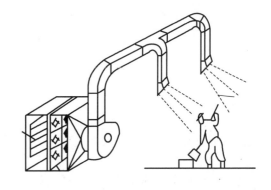

图 4.1.4 局部送风系统图

2)通风工程的组成

送(给)风系统一般由进新风口、空气处理室、通风机、送风管、回风管、送(出)风口和吸(回、排)风口、管道配件、管道部件组成。

排风系统一般由排风口、排风管、排风机、风帽、除尘器、其他管件和部件组成。

4.1.2 空调工程

空调,即空气调节,是指人为地对建筑物内的温度、湿度、气流速度、细菌、尘埃、臭气和有害气体等进行控制,为室内提供足够的新鲜空气。

1)空调工程的分类

(1)根据空调系统空气处理设备的集中程度分类

①集中式空调系统(图4.1.5):将空气处理设备和风机等设置在空调机房内,通过送、回风管道与被调节的空调场所相连,对空气进行集中处理和分配。

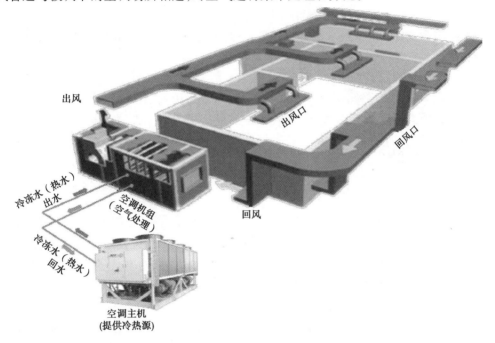

图4.1.5 集中式中央空调系统

②半集中式空调系统(图4.1.6):除了设有集中空调机房外,在空调房间内还设有空气处理装置,如风机盘管等。

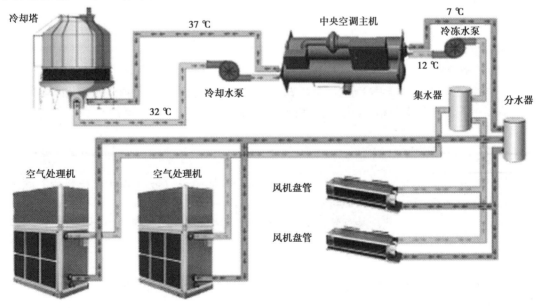

图4.1.6 半集中式中央空调系统图

③分散式空调系统:把冷(热)源、空气处理设备和空气输送装置都集中在一个空调机内的空调系统。该系统不需要集中机房。

（2）根据负担室内热(冷)湿负荷所用介质分类

根据负担室内热(冷)湿负荷所用介质分类,空调工程可以分为全空气空调系统、全水空调系统、水-空气空调系统和冷剂空调系统。

（3）根据空调系统处理的空气来源不同分类

根据空调系统处理的空气来源不同分类,空调工程可以分为封闭式空调系统、直流式空调系统和混合式空调系统。

（4）根据冷却方式分类

①风冷式中央空调系统:用风(空气)来冷却(带走热量),来产生冷水。

②水冷式中央空调系统:用水来冷却(带走热量),来产生冷水。

2）空调系统的组成

空调系统由空气处理设备及部件,空气输送设备、管道及部件,电气控制部分及空调冷热源系统等组成。

（1）空气处理设备及部件

空气处理设备包括表面换热器、空气加湿设备、空调过滤器以及风机盘管等,设备部件包括与设备相连或相关的密封闭、金属壳体等。空气处理设备对空气进行净化过滤和湿热处理,可将进入空调房间的空气处理到所需要的送风状态。

（2）空气输送设备、管道及管道部件

空气输送设备包括送风机、排风机。空气输送管道包括各种类型的通风管道,如碳钢风管、净化风管、不锈钢风管等,管道中常设置导流叶片、风管检查孔以及温度、风量检查孔等级配件。管道部件包括各类调节阀、风口、风帽、风罩以及消声器、静压箱等。经过处理后的空气依靠通风机提高气休压力进行管道内的传送,并到达各空调房间。

（3）电气控制部分

电气控制部分包括各种选择开关、电子温控器以及各种仪表和控制系统的线、管等。在编制工程量清单时,该部分列入相应的电气设备安装工程中。

（4）空调冷热源系统

空调冷热源系统通常由冷水机组、冷却塔、外部热交换系统以及膨胀水箱和补水泵构成。提供冷热源的设备包括制冷机组和供热锅炉等。

4.1.3　通风空调设备及空调部件

通风设备包括通风机、卫生间通风器;空调设备包括制冷设备、热泵(风冷机组)、冷却塔、空调器、分段组装式空调器、风机盘管。

空调部件:空调器为实现某种特定的功能的部件,这种部件一般视功能而另外加配。

1）通风空调设备

关于通风设备和空调设备,本章主要介绍通风机、空调器和风机盘管。

（1）通风机

通风机包括离心式通风机和轴流式通风机。

①离心式通风机:由叶轮、机壳和入口组成,借助叶轮随轴旋转时叶片间的气体产生离心力,从而获得动能,使气体压强增高,通过导向口排出。

②轴流式通风机:由机壳、叶轮、扩压器、电动机组成。叶轮具有斜面形状,当叶轮转动时,空气随叶转动,气体沿着风机轴向推进,风机进风和出风均沿轴向。

工程中常用风机如图4.1.7所示。

消防高温排烟风机	高效混流风机	离心风机
低噪声轴流风机	低噪声屋顶风机	斜流风机
专用风机	管道风机	诱导风机

图4.1.7　常用各类风机图

（2）空调器

空调器(图4.1.8)包括新风机、空气处理机、分段组装式空调器、整体式空调机组等。新风机、空气处理机由风机和蒸发器两部分组成,它们整合在同一箱体内。分段组装式空调器除了有风机和蒸发器外,还有过滤器、消声器、加湿器、除湿器等,每一部分都有独立的箱体,它们根据要求通过法兰自由组合,整体式空调机组将压缩机、冷凝器、蒸发器、通风机、加湿器、加热器、空气过滤器,自动调节和电气控制等装置组装在一个箱内。设备安装时,坐标位置应正确,并对设备找正、找平。设备与管道不能采用刚性连接,与水管连接应采用软接头,与风管连接应采用帆布或人造革制作的接头。吊装的设备,其支、吊架应刷防锈漆,明装的设备支、吊架应刷调和漆。

送风

进风

图4.1.8　空调器

（3）风机盘管

风机盘管是一种半集中式空调系统，它作为系统的末端装置设置在每个房间内。风机盘管机组由小型风机和换热盘管组成，一般分为立式或卧式两种，前者常安装于窗下，后者则布置于顶棚下。

2）空调部件

钢板密闭门、挡水板、溢水盘、电加热器外壳、金属空调器外壳、设备支架等都属于空调设备部件。

4.2　通风空调工程材料及识图

4.2.1　通风空调工程常用材料

1）金属风管材料

金属风管材料是制作风管及其部件的主要材料，通常有普通薄钢板、不锈钢板、铝板、塑料复合钢板，这些金属板材料规格通常以"短边×长边×厚度"表示。

（1）普通薄钢板

普通薄钢板分镀锌薄钢板（俗称白铁皮）和非镀锌薄钢板（俗称黑铁皮），具有良好的可加工性，可制成圆形、矩形及各种管件，操作简单，安装方便，质轻并具有一定的机械强度及良好的防火性能，密封效能好，有良好的耐腐蚀性能。但普通薄钢板的保温性能差，运行时噪声较大，防静电差。镀锌薄钢板不易锈蚀，表面光洁，宜用作空调及洁净系统的风道材料。

（2）不锈钢板

不锈钢板在空气、酸性及碱性溶液或其他介质中有较高的化学稳定性，多用于化学工业中输送含有腐蚀性气体的通风系统。由于不锈钢板的机械强度比普通钢板高，因此选用时板厚可以小一些。

（3）铝板

铝板以铝为主，加入铜、镁、锰等制成铝合金，使其强度得到显著提高，塑性和耐腐蚀性也很好，摩擦时不易产生火花，常用于通风工程中的防爆系统。

（4）塑料复合钢板

塑料复合钢板是在普通钢板表面上喷一层 0.2 ~ 0.4 mm 厚的塑料层。这种复合钢板强度大、耐腐蚀，常用于防尘要求较高的空调系统和温度在 −10 ~ 70 ℃ 耐腐蚀系统的风道制作。

2）非金属风道材料

（1）硬聚氯乙烯塑料板

硬聚氯乙烯塑料板具有较强的耐酸碱性质，内壁光滑，易于加工，导热性能和热稳定性较差，在过低温度下又会变脆断裂。硬聚氯乙烯塑料板多用于输送含有腐蚀性气体的通风系统。

（2）玻璃钢板

玻璃钢板是以合成树脂为黏合剂，以玻璃纤维及制品（如玻璃布、玻璃毡等）为增强材料，通过人工或机械方法制成的，具有质轻、耐腐蚀性能好、工厂预制、强度高、抗冻融等优点。玻璃钢板常用于制作输送含有腐蚀性介质和潮湿空气的通风管道。

（3）砖、混凝土风道

在通风工程中，当在多层建筑中垂直输送气体时，可采用砖砌风道或混凝土风道。这类风道具有良好的耐火性能，常用于正压送风或防排烟系统。

3）常用金属型材

（1）角钢

角钢是通风空调工程中应用广泛的型钢，如用于制作通风管道法兰盘、各种箱体容器设备框架、各种管道支架等。角钢的规格以"边宽×边宽×厚度"表示，并在规格前加符号"L"，单位为 mm（如L 50×50×6），工程中常用等边角钢，其边宽为 20～200 mm、厚度为 3～24 mm。

（2）槽钢

槽钢在供热空调工程中主要用来制作箱体框架、设备机座、管道及设备支架等。槽钢的规格以号（高度）表示，单位为 mm。槽钢分为普通型和轻型两种，工程中常用普通型槽钢。

（3）扁钢

扁钢在通风空调工程中主要用来制作风管法兰、加固圈和管道支架等。扁钢常用普通碳素钢热轧而成，其规格以"宽度×厚度"表示，单位为 mm（如 30×3）。

（4）圆钢

在管道和通风空调中，常用普通碳素钢的热轧圆钢（直条），直径用"ϕ"表示，单位为 mm（如 ϕ5.5）。圆钢适用于加工制作 U 形螺栓和抱箍（支、吊架）等。

4）辅助材料

通风空调工程所用材料一般分为主材与辅材两类。主材主要指板材和型钢，辅材指螺栓、铆钉、垫料等。

4.2.2 通风空调工程识图

1）通风空调工程图的组成及内容

通风空调工程图，一般由平面图、剖面图、系统轴测图、原理图和详图组成。此外，与安装工程图一样，还有设计说明、主要设备材料表等。

（1）图纸说明

①设计说明。设计说明包括计算参数、设备的选择、负荷指标、噪声的控制等。

②施工说明。施工说明包括设备安装要求、风管材质、制作与安装要求等。

图例。设计图中一般附有图例，常见的通风空调工程图例如表 4.2.1 所示。如设计图中无图例，则参照《暖通空调制图标准》（GB/T 50114—2010）执行。

表 4.2.1　空调通风工程常用图例表

图例	名称	图例	名称
—— Z ——	蒸汽管		水流量传感器
----ZN----	蒸汽凝结水管		U 形管
------N------	冷凝水管		送风管 S. A
—— P ——	膨胀水管		静压箱/消声静压箱
—— G ——	补给水管		砖、混凝土风道
—— X ——	泄水管		风管软接头
——RH——	软化水管	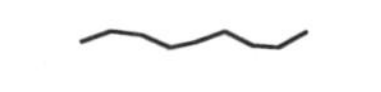	保温风管软管
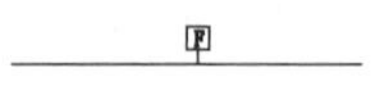	水流开关	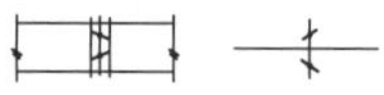	手动对开式多叶调节阀
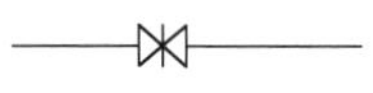	水路闸阀	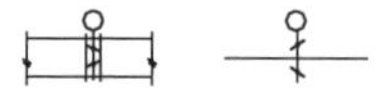	电动对开式多叶调节阀
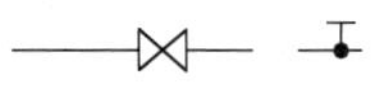	水路截止阀	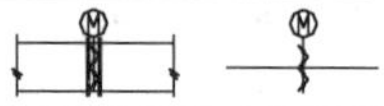	电动密封阀
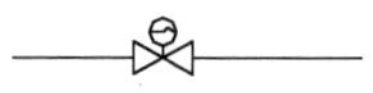	水路电动二通调节阀	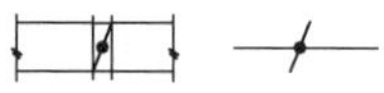	手柄式风管钢制蝶阀
	水路电动三通调节阀	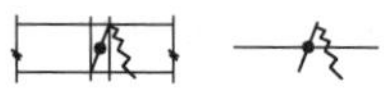	拉链式风管钢制蝶阀
	水路手动蝶阀	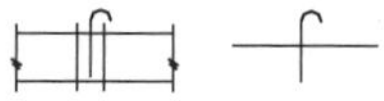	风管插板阀
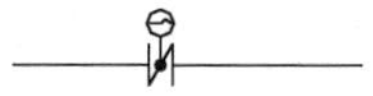	水路电动蝶阀	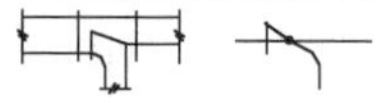	风管三通调节阀
	水路止回阀	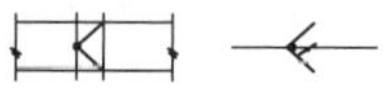	风管止回阀
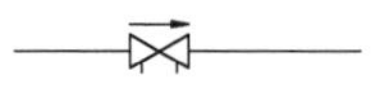	水路限流止回阀	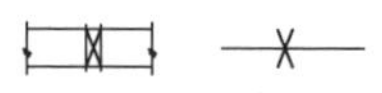	70 ℃防火调节阀
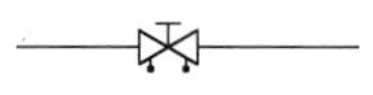	动态流量平衡阀	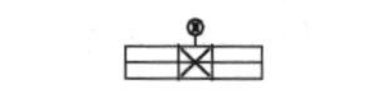	70 ℃电动防火阀
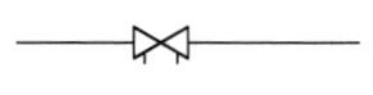	静态流量平衡阀	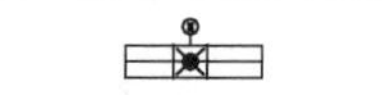	280 ℃电动防火调节阀
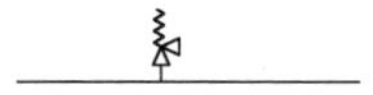	弹簧安全阀	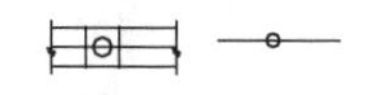	70 ℃防火阀
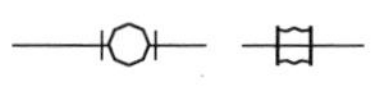	软接头	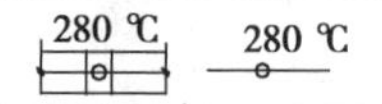 280 ℃　280 ℃	280 ℃防火阀
	Y 形除污器	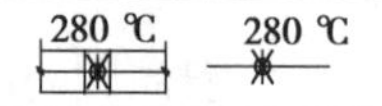 280 ℃　280 ℃	280 ℃常闭排烟防火阀

（2）系统图

系统图表示风管在空间的曲折、交叉，管件的相对位置和走向，风管规格尺寸、标高，设备及部件的名称、编号、型号及位置情况等。在系统图中，风管用单线绘制，设备用实线画出轮廓。

中央空调系统的系统图如图 4.2.1 所示。

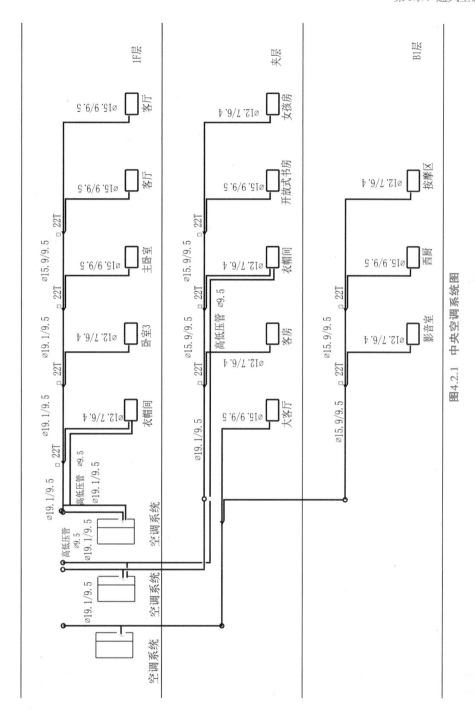

图4.2.1 中央空调系统图

（3）平面图

平面图主要指各层各系统平面图、空调机房平面图、制冷机房平面图。

①系统平面图：主要表明通风空调设备和系统风道的平面布置。

②空调机房平面图：表明按标准图或产品样本要求安装的通风空调设备平面位置及定位尺寸。

③制冷机房平面图：主要反映制冷设备、管道及附件等的平面位置，以及相互之间的关系及定位尺寸。

（4）剖面图

剖面图主要表示设备、管道、部件在竖直方向上的布置、标高和尺寸，包括空调系统剖面图和空调机房剖面图。

①空调系统剖面图：用双线表示对应平面图中的风道、设备及零部件或附件的位置尺寸、标高、空气流向等的图。图中一般注明风管直径、断面尺寸、管子的标高；送排风口的形式及标高和尺寸、空气的流向；设备中心线及标高、风管出屋面及风帽的标高等。

②空调机房剖面图：对应平面图中的通风机、电动机、过滤机、加热器、表冷器、喷水室、消声器、百叶风口、阀门部件的竖直尺寸及标高的图。图中一般会注明设备中心标高、基础面标高、风管水管及冷热煤管标高。

（5）原理图

原理图表明整个系统的构成、工作原理及流程、设计的参数、冷热源、空气处理及输送方式、控制系统之间的相互关系，设备、管道、仪表、部件的相互关系。

（6）详图

详图种类较多，一般有两大类，一类是设备及部件的安装详图，另一类是部件的制作及加工详图，大多有标准图集选用。针对设备安装、部件的加工制作、风管与设备的保温均采用标准图。

2）通风空调工程图的识读

（1）通风空调工程图识读的一般方法

对系统来说，识读顺序一般可按空气流向进行。

①送风系统：进风口→进风管道→通风机→主风管→分支风管→送风口。

②排风系统：排气（尘）罩→吸气管道→排风机→立风管→风帽。

③空气空调系统：新风口→新风管道→空气处理设备→送风机→送风干管→送风支管→送风口→空调房间→回风口→回风机→回风管道→一、二次回风管→空气处理设备。

（2）通风空调工程施工图识读案例——某实验楼通风空调工程施工图

以图 4.2.2—图 4.2.4 为例，识读通风空调工程图，该图纸来源于以水循环制冷的中央空调项目。

①空调冷热源：本工程采用水环热泵空调系统，空调冷负荷为 1 521 kW，设置两台开式冷却塔，冷却水泵与冷却塔一一对应设置。公共水路与冷却塔循环水路之间设置中间板式换热器。冷却塔安装于六层天面。

②空调水系统。

a.公共水环路：采用二次泵、变流量、两管制系统，立管采用异程式，各层水平干管采用同程式。供回水温度为 32/37 ℃。采用落地式膨胀水箱定压补水。

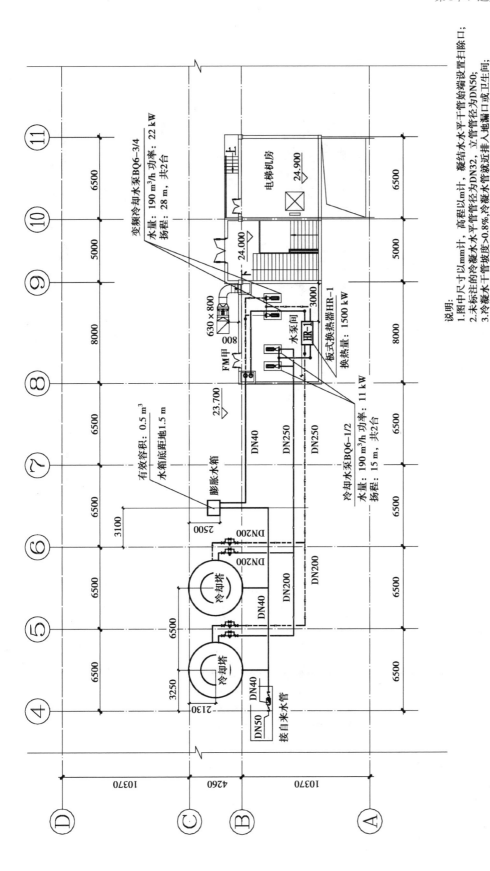

图4.2.2 某实验楼空调循环水系统流程图

说明：
1.图中尺寸以mm计，高程以m计，凝结水水平干管始端设置扫除口；
2.未标注的冷凝水水平干管管径为DN32，立管管径为DN50；
3.冷凝水干管坡度>0.8%,冷凝水就近排入地漏口或卫生间；
4.逆流式冷却塔，水量：200 m³/h，功率：7.5 kW。

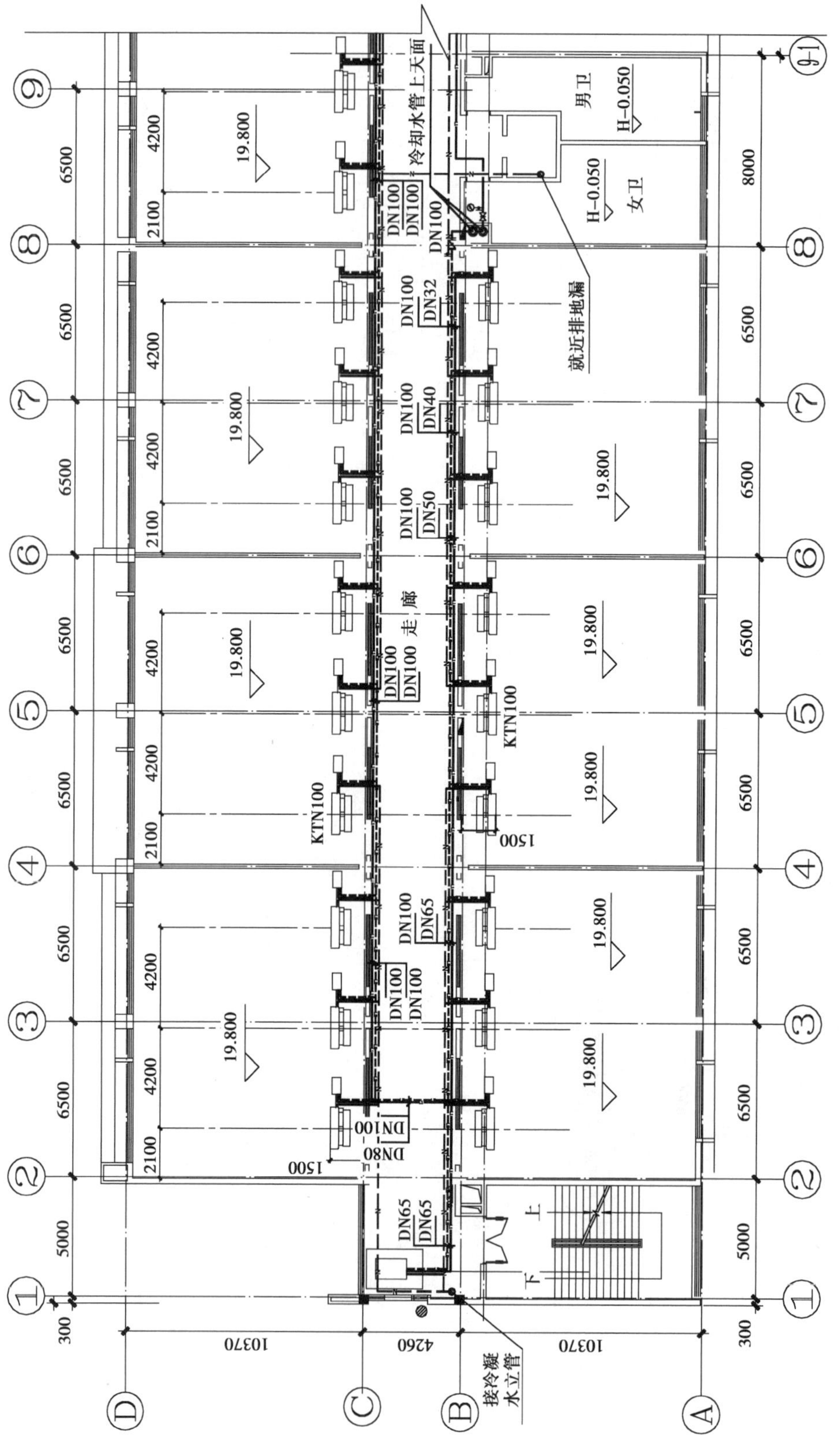

图4.2.3 某实验楼天面层空调水管平面图

说明：
1.图中尺寸以mm计，高程以m计，未注明处风管顶距梁底50mm，距墙或柱边100mm；未标注的防火阀动作温度为70℃；
2.天花式换气扇接管尺寸均为150×150，均自带止回阀；未标注的散流器面积均为600×600，风口位置及高度以装修图为准。

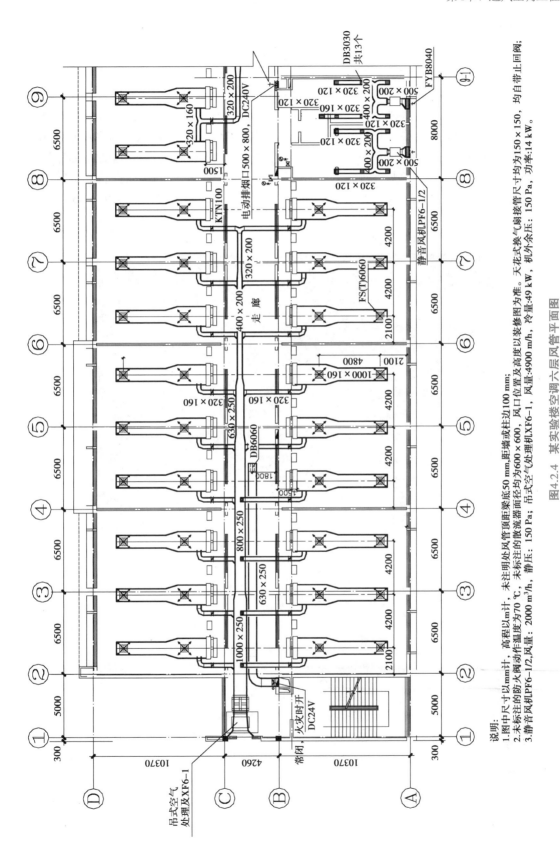

图4.2.4 某实验楼空调六层风管平面图

说明：

1. 图中尺寸以mm计，高程以m计，未注明处风管顶顶梁底50 mm,距墙或柱边100 mm;

2. 未标注的防火阀动作温度为70 ℃，未标注的散流器面径均为600×600，风口位置及高度以装修图为准。天花式换气阀接管尺寸均为150×150，均自带止回阀；

3. 静音风机LPF6-1/2,风量:2000 m³/h，静压: 150 Pa; 吊式空气处理机LXF6-1, 风量:4900 m³/h, 冷量:49 kW, 机外余压: 150 Pa, 功率:14 kW。

b.冷却水环路:采用2台低噪声、圆形逆流冷却塔,供回水温度为30/35 ℃ 。

水系统识图:在该项目的天面层,接自来水管至两台圆形低噪声逆流式冷却塔 LT-1～2,形成冷冻水,由冷冻水管接至冷却泵 BQ6-1/2,冷冻水经由冷却泵后经板式换热器 HR－1、冷冻水管 L1 接至⑧轴交⑧轴处冷冻水立管,冷冻水立管接至各楼层各房间的分体式水环热泵空调机组 KTN100 及走廊尽头的吊式空气处理机 XF,完成冷媒的形成。经分体式水环热泵空调机组 KTN100 及走廊尽头的吊式空气处理机 XF 热交换后,由形成冷冻水回水管 L2,热交换后产生的冷凝水由水管冷凝水管 N,接冷凝水立管至一楼就近排室外水沟,部分凝冷水就近排至卫生间地漏。每层冷冻水回水管 L2 由回流至冷冻水回水管立管(位置处⑧轴交⑧轴处附近),由冷冻水回水管立管至天面冷冻水回水管 L2 至变频冷却水泵 BQ6-3/4,经板式换热器 HR-1,继续回流至冷却塔。

各水管与空气处理机及分体式水环热泵空调机组接管如图4.2.5 所示。

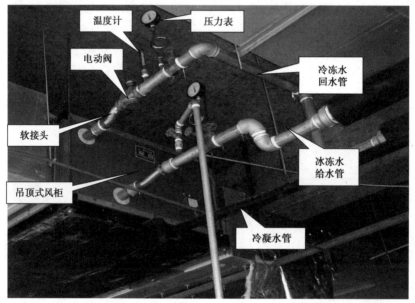

图 4.2.5 空气处理机与水管接管

图4.2.6 空气处理机(风机盘)
与风管接管案例图

③空调风系统:末端采用分体式水环热泵空调机组。气流组织为上送上回。新风取自走廊两个端头,采用水环热泵新风机组,处理后的新风接至末端机组送风管段,混合后送入室内。

风系统识图:经过水系统的冷冻水热交换后,形成冷气,各房间的分体式水环热泵空调机组 KTN100 接风管,风管上散流器 FS 将冷风传至各个房间,为保持空气流通,在走廊尽头的吊式空气处理机 XF(新风机)将外面的新鲜空气引入,通过新风机接入的冷冻水管热交换后变成冷气由风管接至各房间的风管,由各房间风管将混合的冷气传至各个房间。空气处理机与风管的连接如图4.2.6 所示。

4.3 通风空调工程安装计量与计价

通风空调安装工程对应《通用安装工程工程量清计算规范》"附录 G 通风空调工程",共
4 个分部,如表4.3.1 所示。

表4.3.1 通风空调工程分部工程清单表

编码	分部工程名称
030701	G.1 通风及空调设备及部件制作安装
030702	G.2 通风管道制作安装
030703	G.3 通风管道部件制作安装
030704	G.4 通风工程检测、调试

4.3.1 通风空调设备及部件工程量清单编制

1) 工程量清单项目设置

通风空调设备及部件安装的工程量清单项目设置以设备及部件安装为主项,按设备名
称、型号、规格、安装形式等设置清单项目,通风空调设备及部件安装的工程量清单编码为
030701,部分设置如表4.3.2 所示。

表4.3.2 通风空调设备及部件安装的工程清单项目表

项目编码	项目名称	项目特征	计量单位	工程量计算规则
030701001	空气加热器(冷却器)	1. 名称		
030701002	除尘设备	2. 型号	台	按设计图示数量计算
030701003	空调器	3. 规格		
030701004	风机盘管	4. 安装形式		

注:①制冷设备[活塞式机组、螺杆式机组、离心式机组、热泵(风冷机组)]、通风机安装(离心式通风机、轴流式通风机
等]、水泵安装等按《通用安装工程工程量清计算规范》"附录 A 机械设备安装工程" 相关项目编码列项。
②空调工程的冷冻水、冷却水、冷凝水等管道及附件安装(包括冷冻机房内管道及附件),均按《通用安装工程工程量
清计算规范》"附录 K 给排水、采暖、燃气工程" 相关项目编码列项。
③空调工程相关的除锈、刷漆、保温及保护层安装,按《通用安装工程工程量清计算规范》"附录 M 刷油、防腐蚀、绝热
工程" 相关项目编码列项。

2) 工程量清单项目名称特征描述

通风空调设备安装工程量清单项目特征的描述,空调器应描述名称、型号、规格、安装形
式等。安装形式有吊装式、落地式、墙上式等。风机盘管的安装除应描述名称、型号、规格、
安装形式外,还应对试压要求进行描述。

3) 清单项目工程量计算

①空气加热器(冷却器)、除尘器、表面式冷却器、净化工作台、风淋室、洁净室、除湿机、人防过滤、吸收器、空气幕安装按设计图示数量以"台"计算。

②风机盘管、空调器按不同制冷量和安装形式以"台"计算。

③密闭门按设计图示数量以"个"计算。

④挡水板按空调器端面面积计算。

⑤滤水器、溢水盘、金属壳体制作安装按设计图示质量以"kg"计算。

4) 通风空调设备及部件工程量计算案例

以4.2节"通风空调工程施工图识读案例——某实验楼通风空调工程施工图"列项计算通风空调设备及部件工程量,如表4.3.3所示。

表4.3.3　某实验楼通风空调设备与部件列项及工程量计算

编号	项目名称	单位	工程量
030701	通风及空调设备及部件制作安装		
030113017001	低噪声圆形逆流玻璃钢冷却塔	台	2
030109001001	端吸离心式水泵 BQ6-3/4	台	2
030109001002	端吸离心式水泵 BQ6-1/2	台	2
030113016001	中间冷却器(不锈钢板式换热器)	台	1
030701003001	整体吊顶式新风机组 XF6-1	台	1
030701003	水冷分离式卧式暗装 水环热泵机组 KTN100	台	20

注:通风空调设备工程量计算简单,主要是以个数计量。

5) 工程量清单计价注意事项

①落地安装的空调器、通风机,定额不含设备基础的制作安装、灌浆、地脚螺栓的埋设。实际发生时,基础的制作安装执行《广西建筑装饰装修工程消耗量定额》相应项目;基础灌浆、地脚螺栓的埋设执行《机械设备安装工程》相应项目。

②设备安装的减振材料、定额按减振垫考虑。若设计采用的减振材料与定额不同(如采用减振器或减振吊钩),定额中的减振材料可按实换算。

③通风机安装定额包括电动机安装,但不包括电动机检查接线,其安装形式包括 A、B、C、D、E 型,也适用于不锈钢和塑料风机安装。25 号通风机安装,执行 20 号通风机安装项目,定额乘以系数 1.15;30 号通风机安装,执行 20 号通风机安装项目,定额乘以系数 1.3。

④分体式空调器(5 000 W 以内)安装项目中包括随设备带来的支架安装,其设备支架价值含在设备中,不得另行计算。

⑤空调器、风机盘管、空气幕安装,定额已包括安装前的试压、试电工作,但不包括配管、配线工作。风机盘管、空调器的配管执行 2015《广西安装工程消耗量定额》常用册"给排水、燃气工程"相应项目。

⑥分段组装式空调器安装项目,以三段为计算基础,每增加一段乘以系数 1.3。

⑦轴流式消防高温排烟风机安装执行轴流式通风机安装项目,人工乘以系数1.1。

⑧轴流式通风机如果安装在墙体内,则执行吊装式轴流式通风机项目,人工、材料乘以系数0.7。

⑨排气扇安装执行2015《广西安装工程消耗量定额》常用册"电气设备安装工程"相应项目。

⑩多联机空调系统的室外机执行热泵(风冷)式制冷机组安装定额。多联机空调系统的室内机如采用壁挂式或落地式安装,执行分体式空调器安装项目;如采用吊式暗(明)装形式,则执行风机盘管安装项目。

⑪空调器、通风机、风机盘管、空气幕等设备吊装,已含设备支架安装内容,设备支架不另行计算。

⑫风机减振台座执行设备支架的定额,定额中不包括减振器用量,应依设计图纸按实计算。减振器安装执行2015《广西安装工程消耗量定额》专业册"机械设备安装工程"相应定额子目。

6)通风空调设备清单计价实例

以上述项目为例,该项目设备清单计价表如表4.3.4所示。

表4.3.4 某实验楼通风空调工程设备清单计价表

序号	项目编码	项目名称及项目特征描述	单位	工程量	综合单价/元
	030701	通风及空调设备及部件制作安装			
1	030113017001	低噪声圆形逆流玻璃钢冷却塔 电源:380 V/50 Hz 湿球温度:28 ℃ 进/出水温度:30/35 ℃ 冷却水量:200 m³/h 电机功率:7.5 kW	台	2	13 620.29
	B7-0136 换	冷却塔安装 设备处理水量(250L/h以内)	台	2	13 620.29
2	030109001001	端吸离心式水泵 BQ6-3/4 电源:380 V/50 Hz 水泵效率:≥70% 工作压力:1.0 MPa 流量:190 m³/h 扬程:28 m 转速:1 450 r/min 电机功率:22 kW	台	2	4 385.25
	B1-0829	端吸离心式水泵 BQ6-3/4	台	2	4 385.25
3	030109001002	端吸离心式水泵 BQ6-1/2 电源:380 V/50 Hz 水泵效率:≥70% 工作压力:1.0 MPa 流量:190 m³/h 扬程:15 m 转速:1 450 r/min 电机功率:11 kW	台	2	4 959.13
	B1-00829 换	端吸离心式水泵 BQ6-1/2	台	2	4 959.13
4	030113016001	中间冷却器(不锈钢板式换热器) 换热量:1 500 kW 水压降:50/60 kPa 冷侧进出水温:35/30 ℃ 热侧进出水温:37/32 ℃	台	1	25 516.52

续表

序号	项目编码	项目名称及项目特征描述	单位	工程量	综合单价/元
	B3-0372 换	固定管板式换热器 不锈钢换热器固定管板式焊接 质量(2 t 以内)	t	1.0	25 516.52
5	030701003001	整体吊顶式新风机组 XF6-1	台	1	7 999.60
		电源:380 V/50 Hz 带压缩机承压:1.0 MPa 肋片间距:<11 片/寸 水环热泵机组 进风干/湿球温度:35/28 ℃ 冷却水进/出水温度:32/37 ℃ 风量:4 900 m/h 冷量:49.0 kW 余压:150 Pa 噪声:≤57 dB(A) 电机功率:14.0 kW			
	B7-0010	整体吊顶式新风机组 XF6-1	台	1	7 999.60
6	030701003	水冷分离式卧式暗装 水环热泵机组 KTN100 电源:380 V/50 Hz 风量:1 800 CMH 冷量:10 kW 余压:30 Pa 噪声:≤43 dB(A) 电机功率:2.6 kW	台	20	5 902.11
	B7-0008	水冷分离式卧式暗装 水环热泵机组 KTN100	台	20	5 902.11

4.3.2 通风管道工程量清单编制

1)通风管道工程量清单项目设置

通风管道制作安装按材质、管道形状、周长或直径、板材厚度、接口形式设置,风管附件和支架按设计要求设置,除锈标准、刷油防腐、绝热及保护层按设计要求设置,柔性风管按材质、风管规格设置,保温套管按设计要求设置。通风管道制作安装的项目设置按 2013《计算规范广西实施细则(修订本)》"附表 G.2 通风空调工程"执行,主要项目如表 4.3.5 所示。

表 4.3.5 通风管道工程量清单项目设置

项目编码	项目名称	项目特征	计量单位	工程量计算规则
030702001	碳钢通风管道	1.名称 2.材质 3.形状 4.规格 5.板材厚度 6.管件、法兰等附件及支架设计要求 7.接口形式	m²	按设计图示内径尺寸以展开面积计算
030702002	净化通风管道			

续表

项目编码	项目名称	项目特征	计量单位	工程量计算规则
030702003	不锈钢通风管道	1. 名称 2. 形状 3. 规格	m²	按设计图示内径尺寸以展开面积计算
030702004	铝板通风管道	4. 板材厚度 5. 管件、法兰等附件及支架设计要求 6. 接口形式		
030702005	塑料通风管道	1. 名称 2. 形状 3. 规格		
030702006	玻璃通风管道	4. 板材厚度 5. 支架形式、材质 6. 接口形式		
030702007	复合型通风管道	1. 名称 2. 材质 3. 形状 4. 规格 5. 板材厚度 6. 支架形式、材质 7. 接口形式		

2）通风管道工程量清单项目名称特征描述

①应描述风管的材质,如薄钢板风管、镀锌薄钢板风管、不锈钢板风管、铝板风管、硬聚氯乙烯风管、玻璃钢风管、复合风管等。

②应描述风管的形状,如圆形、矩形、渐缩形等。

③应描述风管板材的厚度。

④应描述风管的接口形式,如咬口连接、无法兰插口连接、共板法兰连接、焊接等。

⑤除锈标准、刷油防腐蚀按设计要求描述。

3）通风管道工程清单项目工程量计算

（1）通风管道工程清单项目工程量计算注意事项

①风管制作安装清单工程量计算时,无论是用钢板、塑料板还是复合板材制作的圆形或矩形断面风管,均按设计图示内径尺寸展开面积以"m²"计算,不扣除检查孔、测定孔、送风口、吸风口等所占的面积,风管展开面积不包括风管、管口重叠部分面积。风管末端堵头按堵板面积汇入风管制作、安装工程量计算。

②工程量计算时,风管长度一律以施工图中心线为准(立管与支管以其中心线交点划分),包括弯头、三通、四通、变径管、天圆地方等管件的长度,但不包括部件(如阀门)所占长度。

③整个通风系统设计采用渐缩管均匀送风,圆形风管按平均直径、矩形风管按平均周长计算。

④柔性软风管按设计图示中心线长度计算,包括变头、三通、变径管、天圆地方等管件的长度,但不包括部件所占的长度,以"m"计量。

⑤穿墙套管按展开面积计算,计入通风管道工程量。

⑥风管的长度计算不应包括部件(如阀类、消声器、静压箱、风帽、罩类等)所占的长度。通风管道部件的长度(L)应按图纸或其采用的标准图集表示的长度计算,如无具体规定,可按如下方式执行:

a. 蝶阀:$L = 150$ mm。

b. 止回阀:$L = 300$ mm。

c. 密闭式对开多叶调节阀:$L = 210$ mm。

d. 圆(矩)形风管防火阀:$L = 300$ mm。

(2)直风管(图4.3.1)的计算公式

a. 风管直管、管件展开面积的计算公式:

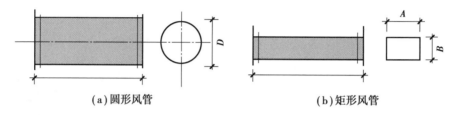

(a)圆形风管　　　　**(b)矩形风管**

图4.3.1　直风管

圆形风管[图4.3.1(a)]:

$$F = \pi \times D \times L$$

矩形风管[图4.3.1(b)]:

$$F = S \times L = ABL$$

式中　F——风管展开面积,m²;

　　　D——圆形风管直径,m;

　　　S——矩形风管周长,m;

　　　L——管道中心线长度,m。

b. 异径风管(图4.3.2)的展开面积:

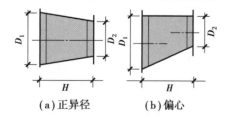

(a)正异径　　**(b)偏心**

(a)异径圆形管

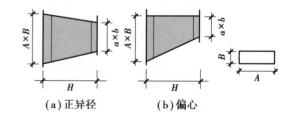

(a)正异径　　**(b)偏心**

(b)异径矩形管

图4.3.2　异径风管

$$F_{圆} = (D_1 + D_2) \times \pi \times H/2$$
$$F_{矩} = (A + B + a + b) \times H$$

c.天圆地方管件(图4.3.3)的展开面积:

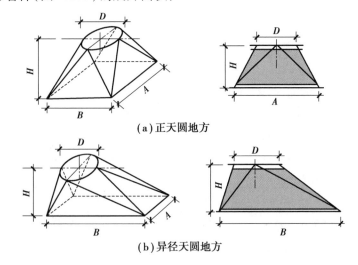

（a）正天圆地方

（b）异径天圆地方

图4.3.3　天圆地方管件

$$F = (D \times \pi/2 + A + B) \times H$$

d.圆形弯头(图4.3.4)的展开面积:

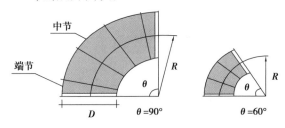

图4.3.4　圆形弯头

$$F_{圆} = R \times \pi \times \theta \times D/180$$
$$F_{矩} = 2 \times R \times \pi \times \theta \times (A + B)/180$$

4)通风管道工程量计算案例

以4.2节"通风空调工程施工图识读案例——某实验楼通风空调工程施工图"列项计算通风管道工程量,如表4.3.6所示。

表4.3.6　某实验楼通风管道工程量计算表

编号		工程量计算式	单位	工程量
030702		通风管道制作安装		
030702007		玻镁复合风管,机制玻镁复合风管周长4 000 mm以下	m²	421.63
风管型号	1400×160	(1.4+0.16)×2×2.72×20	m²	169.73
	1000×160	(1+0.16)×2×4.366×20+风管末端堵头(1×0.16)×20	m²	205.78
	1000×250	(1+0.25)×2×(8.792-静音箱1.2)	m²	18.98
	800×250	(0.8+0.25)×2×12.925	m²	27.14

续表

编号		工程量计算式	单位	工程量
030702007		玻镁复合风管,机制玻镁复合风管周长2 000 mm以下	m²	109.42
风管型号	630×250	(0.63+0.25)×2×4.457	m²	7.84
	400×200	(0.4+0.2)×2×7.741	m²	9.29
	320×200	(0.32+0.2)×2×(4.248+0.75弧长+3.54+2.664+1.077+1.544)	m²	14.38
	320×160	(0.32+0.16)×2×(0.25+0.75弧长+4.644-0.15蝶阀-防火阀0.3)×4	m²	19.94
	320×160	(0.32+0.16)×2×(0.33+0.75弧长+4.638-0.15蝶阀)×5	m²	26.73
	320×160	(0.32+0.16)×2×(0.2+0.75弧长+2.793-0.15蝶阀)×9	m²	31.04
	320×160	风管末端堵头0.32×0.16×4	m²	0.20
031208003		玻镁复合风管用40 mm厚玻璃棉毡保温	m³	17.54
周长为4 m以下风管保温		421.63×0.04	m³	16.87
周长为2 m以下风管保温		16.87×0.04	m³	0.67

注:①风管计算时,注意末端堵头的计算法。

②风管计算时,注意部件的扣减。

③风管计算时,有变径管件处以中心点为分界线,分别确定不同风管的中心延米长。

④风管的保温工程量计算:

$$V = S \times D$$

式中　S——风管展开面积;

　　　D——保温层厚度。

依据设计说明,该项目空调风管采用组合保温型玻镁复合风管材料制作,玻镁复合风管外侧应带40 mm厚的玻璃棉毡保温。

5)通风管道工程量清单项目计价

通风管道工程量清单项目计价在套用定额时要注意以下问题:

①通风管制作安装以施工图规格不同按展开面积计算,不扣除检查孔、测定孔、送风口、吸风口等所占面积。

②通风管的定额中,制作与安装是合在一起的。如果只安装成品,应2015年《广西安装工程消耗量定额》通风空调工程分册"制作费与安装费比例表"划分人工、材料、机械费用。

③整个通风系统设计采用渐缩管均匀送风者,圆形风管按平均直径,矩形风管按平均周长执行相应规格项目,其人工乘以系数2.5。

④镀锌薄钢板风管项目中的板材是按镀锌薄钢板编制的,如设计要求不用镀锌薄钢板者,板材可以换算,其他不变。

⑤风管弯头导流叶片,按一个弯头为一组,导流叶片不分单叶片和香蕉形双叶片均执行

同一项目。

⑥如制作空气幕送风管时,按矩形风管平均周长执行相应风管规格项目,其人工乘以系数3,其余不变。

⑦镀锌薄钢板风管、薄钢板风管制作安装项目中,包括弯头、三通、变径管、天圆地方等管件及法兰、加固框和吊托支架的制作安装。镀锌薄钢板风管、薄钢板风管制作安装项目中,不包括跨风管落地支架,跨风管落地支架执行"第2章 设备支架"相应项目。

⑧薄钢板风管项目中的板材,如设计要求厚度不同者可以换算,但人工、机械不变。

⑨项目中的法兰垫料如设计要求使用材料品种不同者可以换算,但人工不变。使用泡沫塑料者每1 kg 橡胶板换算为泡沫塑料0.125 kg;使用闭孔乳胶海绵者每1 kg 橡胶板换算为闭孔乳胶海绵0.5 kg。10 净化通风管道涂密封胶是按全部口缝外表涂抹考虑的,如设计要求口缝不涂抹而只在法兰处涂抹者,每10 m² 风管应减去密封胶1.5 kg 和人工费21.09 元。

⑩风管安装中的法兰、支托吊架按不镀锌型钢考虑,如设计要求镀锌时,镀锌费另计。

⑪打凿墙洞,如是砖墙洞,执行本章"人工打凿砖墙洞"项目,如是混凝土墙,执行《电气设备安装工程》相应项目。

⑫穿墙风管洞修补,无论是砖墙洞,还是混凝土墙洞,都执行本章"穿墙风管洞修补"项目。

⑬不锈钢板风管制作是按电焊的施工方法考虑,如需使用手工氩弧焊者,其人工乘以系数1.238,材料乘以系数1.163,机械乘以系数1.673。

⑭风管制作安装项目中包括管件制作安装及法兰和吊托支架安装,不包括法兰和吊托支架制作,法兰和吊托支架制作应单独列项计算,执行相应项目。

⑮风管项目中的板材如设计要求厚度不同者可以换算,人工、机械不变。

⑯铝板通风管道制作按氧乙炔焊考虑,如需使用手工氩弧焊者,其人工乘以系数1.154,材料乘以系数0.852,机械乘以系数9.242。

⑰玻璃钢通风管道安装项目中,包括弯头、三通、变径管、天圆地方等管件的安装及法兰、加固框和吊托架的制作安装,不包括过跨风管落地支架。落地支架执行"第二章 设备支架"相应项目,玻璃钢风管及管件按计算工程量加损耗外加工定做,其价值按实际价格;风管修补应由加工单位负责,其费用按实际价格发生,计算在主材费内。

⑱复合风管包括玻纤复合风管制作安装、机制玻镁复合风管制作安装、彩钢板复合风管制作安装、双面铝箔复合风管制作安装。

⑲复合风管项目规格表示的直径为内径,周长为内周长。

⑳复合风管定额项目中,包括风管管件、法兰、支吊托架及加固框的制作安装。玻纤复合风管、双面铝箔复合风管的法兰已综合考虑不同形状法兰,均按PVC 材质考虑,若实际采用其他材质可以换算。

㉑机制玻镁复合风管的GM-Ⅱ方形卡套法兰已综合考虑不同形状法兰,均按铝合金材质考虑,若实际采用其他材质可以换算。

㉒彩钢板复合风管的专用法兰按胶质法兰考虑,若实际采用其他材质的法兰,价格按实际计算,定额消耗量不变。

㉓柔性软风管适用于由金属、涂塑化纤织物、聚酯、聚乙烯、聚氯乙烯薄膜、铝箔等材料制成的软风管。

㉔柔性软风管安装包含连接法兰制作、吊托支架制作。连接法兰按钢质法兰考虑,如使

用其他材质制作连接法兰,可以换算。

6)通风空调管道工程清单计价实例

以上述项目为例,该项目管道清单计价表如表4.3.7所示。

表4.3.7 某实验楼通风空调工程管道工程清单计价表

序号	项目编码	项目名称及项目特征描述	单位	工程量	综合单价/元
	030702	通风管道制作安装			
1	030702007	玻镁复合风管,机制玻镁复合风管周长4 000 mm以下	m²	421.63	101.32
	B7-0279 换	机制玻镁复合风管制作安装 机制玻镁复合风管周长4 000 mm以下	10 m²	42.163	1 013.26
2	030702007	玻镁复合风管,机制玻镁复合风管周长2 000 mm以下	m²	109.42	94.95
	B7-0278 换	机制玻镁复合风管制作安装 机制玻镁复合风管周长2 000 mm以下	10 m²	10.942	949.41
3	031208003	玻镁复合风管用40 mm厚玻璃棉毡保温		17.54	496.30
	B11-2046 换	纤维类制品(毡类)通风管道保温 通风管道(厚度40 mm)		17.54	496.30

4.3.3 通风空调管道部件制作安装工程量清单编制

1)概念

通风空调管道部件包括阀门、风口、罩类、消声器、静压箱等。

①阀门:包括空气加热上(旁)通阀、圆形瓣式启动阀、蝶阀、对开多叶调节阀、防火阀、止回阀、密闭式斜插板阀等。其主要用于风管风量的调节、切断及防止气流倒流,还可用于平衡通风系统阻力和启动通风机等。

②风口:可通过合理分配风量,组织合理的气流方式,以最小的通风量达到最佳的通风效果。

③风帽:排风系统的末端,利用风压或热压的作用,加强排风能力。

④罩类:通风系统中的风机传动带防护罩、电动机防雨罩以及安装在排风系统中的侧吸罩、排风罩、吹吸式槽边罩、抽风罩、回风罩等,主要起到防护作用。

⑤消声器、静压箱、消声弯头:用来降低空气动力性噪声,阻止噪声传播。

2)通风空调管道部件工程量清单编制

(1)通风空调管道部件工程量清单项目设置

通风管道部件制作安装按类型、规格、形式设置;除锈标准、刷油防腐按设计要求设置;柔性节及伸缩节按材质、规格设置,其法兰接口按设计要求设置。通风管道部件制作安装的清单项目设置如表4.3.8所示。

表4.3.8　通风空调管道部件清单项目设置

项目编码	项目名称	项目特征	计量单位	工程量计算规则
030703001	碳钢阀门	1. 名称 2. 型号 3. 规格 4. 质量 5. 类型 6. 支架形式、材质	个	按设计图示数量计算
030703002—030703006	柔性软风管阀门、铝蝶阀、不锈钢蝶阀、塑料阀门、玻璃钢蝶阀	1. 名称 2. 规格 3. 质量 4. 类型	个	按设计图示数量计算
030703012—030703014	碳钢风帽、不锈钢风帽、塑料风帽	1. 名称 2. 规格 3. 质量 4. 类型 5. 形式 6. 风帽筝绳、泛水设计要求	个	按设计图示数量计算
030703015	铝板伞形风帽			
030703016	玻璃钢风帽			
030703020	消声器	1. 名称 2. 规格 3. 材质 4. 形式 5. 质量 6. 支架形式、材质	个	按设计图示数量计算
030703021	静压箱	1. 名称 2. 规格 3. 材质 4. 形式 5. 支架形式、材质	1. 个 2. m^2	1. 以个计量，按设计图示数量计算 2. 以"m^2"计量，按设计图示尺寸以展开面积"m^2"计算，不扣除开口的面积
030703022	人防超压自动排气阀	1. 名称 2. 型号 3. 规格 4. 类型	个	按设计图示数量计算
030703023	人防手动密闭阀	1. 名称 2. 型号 3. 规格 4. 支架形式、材质		
030703024	人防其他部件	1. 名称 2. 型号 3. 规格 4. 类型	个(套)	按设计图示数量计算

①阀门包括空气加热器上通阀、空气加热器旁通阀、圆形瓣式启动阀、风管蝶阀、风管止回阀、密闭式斜插板阀、矩形风管三通调节阀、对开多叶调节阀、风管防火阀、各型风罩调节阀等。

②风口、散流器、百叶窗包括百叶风口、矩形送风口、矩形空气发布器、风管插板风口、旋转吹风口、圆形散型器、方形散流器、流线型散流器、送吸风口、活动算式风口、网式风口、钢百叶窗等。

③正压送风口包括排烟口、防火风口。

④碳钢罩类包括皮带防护罩、电动机防雨罩、侧吸罩、中小型零件焊接台排气罩、整体分组式槽边侧吸罩、吹吸式槽边通风罩、条缝槽边抽风罩、泥心烘炉排气罩、升降式回转排气罩、上下吸式圆形回转罩、升降式排气罩、手锻炉排气罩。

⑤柔性接口包括金属、非金属软接口及伸缩节。

⑥消声器包括片式消声器、矿棉管式消声器、聚酯泡沫管式消声器、卡普隆纤维管式消声器、弧形声流式消声器、阻抗复合式消声器、微穿孔板消声器、阻抗复合式消声器、微穿孔板消声器、消声弯头。

（2）通风空调管道部件工程量清单项目名称特征描述

①阀门应对名称、型号、规格、材质、类型等进行描述。

②风口应对名称、型号、规格等进行描述。

③风帽应对名称、规格、类型等进行描述。

④罩类应对名称、型号、规格、材质、类型等进行描述。

⑤消声器应对名称、规格、材质等进行描述。

⑥静压箱应对名称、规格、形式等进行描述。

（3）通风空调管道部件清单项目工程量计算

①阀门、风口、消声器、静压箱、消声弯头、正压送风口清单项目工程量均按图示数量计算，以"个"计。

②风帽、罩类清单项目工程量按图示质量，以"kg"计。

③柔性接口清单项目工程量按图示尺寸展开面积，以"m"计。

④人防其他部件清单项目工程量按图样数量，以"个（套）"计。

（4）通风空调通风管道部件工程量计算案例

以4.2节"通风空调工程施工图识读案例——某实验楼通风空调工程施工图"列项计算通风空调通风管道工程量，如表4.3.9所示。

表4.3.9　某实验楼通风空调工程管道部件工程量计算表

编号	工程量计算式	单位	工程量
030703	通风管道部件制作安装		
030703019001	柔性接口	m²	1.20
	$(1+0.25) \times 2 \times 0.24 \times 2$		1.20
030703011005	铝合金喷塑方形散流器 带调节阀 600×600	个	40
	颜色看板装修定 铝合金厚度 $\geqslant 1.0$ mm		
030703008	外墙防雨百叶进风口 FYB20040（带不锈钢防虫网）	个	1

编号	工程量计算式	单位	工程量
030703008	不锈钢防虫网	个	1
030703020	复合阻抗式消声器	个	1
030703006003	钢制蝶阀 320×160	个	19

（5）通风空调管道部件工程量清单项目计价

通风空调管道部件工程量清单项目计价时应注意以下问题：

①计价时包括空气加热器上（旁）通阀安装，圆形瓣式启动阀安装，蝶阀、对开多叶调节阀安装，圆、方形止回阀安装，密闭式斜插板阀安装，风管防火阀安装，柔性软风管阀门安装，正压送风口、排烟口安装，余压阀安装，远程控制装置安装，塑料蝶阀、插板阀制作安装，塑料风罩调节阀制作安装。

②蝶阀周长大于1 600 mm的，执行对开多叶调节阀安装相应项目。对开多叶调节阀周长小于或等于1 600 mm的，执行蝶阀安装相应项目。

③防烟、防火阀、正压送风口、排烟口、防火风口的接线工作，执行《电气设备安装工程》相应项目。防火阀安装已含需独立设置的支吊架。

④本章计价包括百叶风口安装、条缝型风口安装、消声百叶风口安装、空气分布器、旋转吹风口安装、散流器安装、送吸风口、活动算式风口安装、百叶窗安装、塑料直片式散流器制作安装、塑料插板式风口制作安装、塑料空气分布器制作安装。

⑤百叶风口安装包括单层百叶风口、双层百叶风口、格栅百叶风口、可开格栅百叶风口、自垂百叶风口、防雨百叶风口、插板式风口、网式风口安装。

⑥防虫网、金属网框安装执行网式风口安装项目，定额乘以系数1.3。

⑦各类风口安装不包括在装饰面板上开孔的工作内容，但含有配合装饰施工队伍在装饰板上开孔的人工费用。

⑧风口安装适用于不同材质的成品风口，其周长、直径均以喉部尺寸为准。

⑨条缝型风口长度超过8 000 mm时，超出的部分可再执行一次相应的项目。

⑩风帽清单项包括钢制风帽制作安装、塑料风帽制作安装、铝制风帽制作安装、玻璃钢风帽制作安装、钢制罩类、塑料罩制作安装。

⑪不锈钢风帽、罩类制作安装，执行碳钢相应定额，金属板材量乘以系数1.0167（比重换算系数），价格按实计算

⑫帆布（皮革）软接头制作安装，实际施工与定额不同时，主材可替换。

⑬消声器清单项包括消声器安装、微孔板式消声器安装、管式消声器安装、阻抗复合消声器安装、消声弯头安装、静压箱安装。消声器、静压箱、消声弯头安装适用于成品安装消声器、消声弯头的周长是指按图示尺寸计算的法兰周长。

⑭消声器、静压箱、消声弯头的支、吊架的制作安装已含在相应定额项目中，不另行计算。

⑮消声器、静压箱、消声弯头的保温，按消声器、静压箱、消声弯头的外表面积计算，执行风管保温相应的项目。

⑯人防部件包括过滤吸收器安装、自动排气活门安装、手（电）动密闭阀门安装、测压装

置安装、气密测压管、换气堵头、取样接头、密闭套管安装。

⑰地下人防通风系统中的风机、阀件、风口、消声装置等安装,执行本册其他章节相应项目。

⑱测压装置安装包括煤气嘴、斜管压力计及连接胶管的安装。

⑲测定装置和取样接头定额中均未包括连接的管道和阀门安装,其管道和阀门按设计要求另行计算,执行《给排水、燃气工程》相应项目。

⑳密闭套管制作安装适用于人防工程中的通风管道穿墙管。密闭穿墙管为成品时,人工按相应定额项目乘以系数0.3,附属材料、机械费不计,穿墙管价格按实际计算。

(6)通风空调管道工程清单计价实例

以上述项目为例,该项目管道部件清单计价表如表4.3.10所示。

表4.3.10 某实验楼通风空调工程管道部件工程清单计价表

序号	项目编码	项目名称及项目特征描述	单位	工程量	综合单价/元
	030703	通风管道部件制作安装			
1	030703019001	柔性接口	m²	1.20	352.24
	B7-0434 换	柔性接头 帆布(皮革)	m²	1.20	352.24
2	030703011005	铝合金喷塑方形散流器 带调节阀 600×600	个	40	98.14
		颜色看板装修定 铝合金厚度≥1.0 mm			
	B7-0371 换	方形散流器(带阀)安装 2 000 mm 周长以内	个	40	98.14
3	030703008	外墙防雨百叶进风口 FYB20040(带不锈钢防虫网)	个	1	405.84
	B7-0349 换	百叶风口(带阀)安装 3 300 mm 周长以内	个	1	405.84
4	030703008	不锈钢防虫网	个	1	208.20
	B7-0342 换	百叶风口安装 2 500 mm 周长以内	个	1	208.20
5	030703020	复合阻抗式消声器,消声量≥18 dB(A),接管尺寸:1 000×250	个	1	1 354.56
	B7-0450 换	阻抗复合消声器安装 周长(mm 以内) 3 000	个	1	1 354.56
6	030703006003	钢制蝶阀 320×160	个	19	56.33
	B7-0306 换	风管蝶阀安装 1 600 mm 周长以内	个	19	56.33

4.3.4 通风空调系统调试清单编制与计价

1)通风空调系统调试清单项目设置

通风空调设备及设备部件工程量清单项目设置、项目特征描述的内容、计量单位及工程量,如表4.3.11所示。

表4.3.11 通风空调工程检测、调试清单项目设置

项目编码	项目名称	项目特征	计量单位	工程量计算规则
030704001	通风、防排烟工程检测、调试	通风、防排烟系统风机总功率	kW	按设计的通风、防排烟系统的通风机总功率计算
030704002	风管漏光试验、漏风试验	漏光试验、漏风试验、设计要求	10m²	按设计图纸或规范要求以展开面积计算
桂030704003	空调工程系统调试	制冷主机名称、规格、型号及制冷主机制冷量	kW	按设计的空调系统制冷主机制冷量计算

2）定额工程量计算

①定额包括通风管道漏光检测、漏风检测、通风空调系统调试。

②通风管道漏光、漏风检测，根据规范或设计要求，按抽检的通风管道展开面积，以"10 m²"为计量单位。

③通风、防排烟系统调试，按系统所有通风机的总功率计算，以"kW"为计量单位。

④空调系统调试，按制冷主机的制冷量计量，以"kW"为计量单位。

3）通风空调工程调试工程量计算实例

以4.2节"通风空调工程施工图识读案例——某实验楼通风空调工程施工图"（图4.2.2—图4.2.4）列项计算通风空调通风管道工程量，如表4.3.12所示。

表4.3.12 某实验楼通风空调工程调试清单工程量计算表

编号	项目名称	单位	工程量
030704	通风空调工程检测、调试		
桂030704003002	空调工程系统调试	kW	2 049
水环热泵机组 KTN100	100×20		2 000
吊顶新风机组 XF6-1	49		49
030704002001	风管漏光试验、漏风试验	m²	531.05
周长4 m以下的玻镁复合风管	421.63		421.63
周长2 m以下的玻镁复合风管	109.42		109.42

4）通风空调工程调试工程量清单项目计价

通风空调工程检测、调试定额包括通风管道漏光检测、漏风检测、通风空调系统调试。

（1）通风系统调试

①通风机的单机试运转及联合试运转；

②风管风量测定、风压测定；

③风口的气流量、气流方向的调整；

④风管道系统的阀门开关动作试验、流量调整、平衡调整；

⑤系统联合试运转；

⑥配合与消防相关的联动调试；

⑦配合第三方检测。

(2)空调系统调试包括

①制冷主机、新风机、空调器、风机盘管、空气幕等设备的单机试运转及联合试运转；

②控制器、温控器的调试；

③风管风量测定、风压测定、空调房间的温度测定、湿度测定；

④风管道系统阀门的开关动作试验、流量调整、平衡调整；

⑤媒介管道(水、冷媒等)系统的阀门、过滤器、水流指示器、水处理器的调试,流量调整。

⑥系统联合试运转；

⑦配合第三方检测。

5)通风空调工程调试工程量清单项目计价实例

以上述项目为例,该项目通风空调调试清单计价表如表 4.3.13 所示。

表 4.3.13　某实验楼通风空调工程调试工程清单计价表

序号	项目编码	项目名称及项目特征描述	单位	工程量	综合单价/元
	030704	通风空调工程检测、调试			
16	桂 030704003002	空调工程系统调试	kW	2 049	24.09
	B7-0500	通风空调系统调试　空调系统	kW	2 049	24.09
17	030704002001	风管漏光试验、漏风试验	m²	531.05	4.59
	B7-0498	通风空调管道漏光、漏风检测　漏光检测	10 m²	53.105	13.58
	B7-0499	通风空调管道漏光、漏风检测　漏风检测	10 m²	53.105	32.29

4.3.5　空调通风工程水系统清单工程量计算及计价编制

1)空调通风工程水系统管道及附件工程量计算

计算方法同给排水工程管道,计算时横管按比例在平面图中量取,立管按系统图或系统剖面图以及管道与设备的安装剖视图确定立管高度。水系统附件工程量的计算同给排水工程一致,按个数计取。

2)空调水系统管道及附件清单计价

空调水系统管道及附件清单计价方法同给排水工程。

4.3.6　防排烟通风工程清单工程量计算及计价编制

①建筑防排烟通风工程清单工程量、列项见前文通风空调工程中通风设备及空调部件

制作安装、通风管道制作安装、通风管道部件制安装、通风空调工程调试各分部列项及清单工程量计算规则。

②建筑防排烟通风工程清单计价编制注意事项：见前文通风工程通风设备及空调部件制作安装、通风管道制作安装、通风管道部件制安装、通风空调工程调试计价时应注意的问题。

思考与练习

1. 通风空调设备有哪些？通风部件有哪些？
2. 通风管道常用材料有哪些？连接形式有哪些？
3. 通风工程管道工程量如何计算？
4. 空调系统中水系统有哪些项目？如何计量及计价？
5. 通风管道支架如何确定？
6. 通风空调工程中调试项目有哪些？工程量如何确定？
7. 通风空调中管道油漆工程量如何计算？如何计价？
8. 通风空调工程清单组价时重点及难点有哪些？

第 5 章 | DIANQI SHEBEI ANZHUANG GONGCHENG

电气设备安装工程

【知识目标】

巩固建筑电气设备安装工程的基础知识,理解电气设备工程的施工图纸,并能够掌握建筑电气费用项目组成、计价程序、计量计算规则。

【能力目标】

巩固电气设备安装工程基础知识与识图能力,能根据相关的造价法律法规文件编制电气设备安装工程分部工程量清单及安装工程的招标控制价与投标报价。

5.1 电气设备安装工程概述

5.1.1 电力系统概述

1)电力系统的组成

电力系统一般由发电厂、输电线路、变电站(所)、配电站(所)、配电线路、配电设备、用电设备等构成。简单电力系统示意图如图 5.1.1 所示。

从发电厂发出的电能,一般都要通过输电线路送到各个用电点。根据输送电能距离的远近,我国采用不同的输送电压:330~1 000 kV 称为超高压,1 000 kV 及以上的电压称为特高压。35 kV 以上的输电线路称为输电线路,10 kV 以下的线路称为配电线路。

2)变配电所

变配电所是电力系统中变换电压、接收和分配电能的场所,由电力变压器、高低压配电装置组成,它是联系发电厂和电力用户的中间环节。变电所将各电压等级的电网联系起来,作用是从电力系统接收电能,变换电压和分配电能;配电所的作用是接收电能及分配电能,前者装有电力变压器,而后者没有。变配电所根据变换电压的情况不同分为升压变电所和降压变电所两大类。

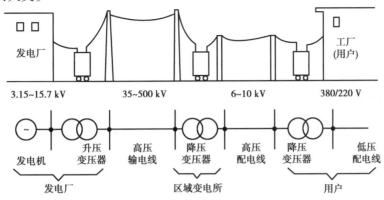

图 5.1.1　简单电力系统示意图

电力系统由发电、输电、供(配)电 3 个环节组成,如图 5.1.2 所示。其中,供(配)电环节是合理输送、分配和使用电能的一个系统,由中心设备配电变压器和配电装置等组成。

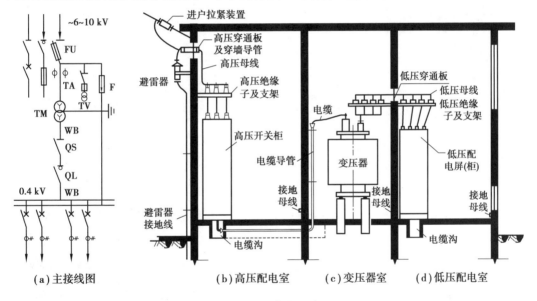

图 5.1.2　电力系统

5.1.2　低压配电系统概述

民用建筑电气系统分为供电系统和配电系统两部分。民用建筑从高压 6 ~ 10 kV 或低压 380/220 V 取得电压称为供电。然后将电源分配到各个用电负荷,称为配电。将电源与用电负荷连接起来组成民用建筑的供配电系统。

低压配电系统一般是指变电所低压侧至用电设备的电气线路,室内配电系统属于低压配电系统。常见的低压控制设备有:

①电气控制设备:对电能进行分配、控制和调节的控制系统。

②盘、柜、屏、箱:在电气结构上,盘、柜、屏和箱并无严格的定义与区分,通常根据以下解释来选用定额。

③柜:尺寸较大,四面封闭(背面有网栅),一般用于高压。

④屏(盘):尺寸小于柜,正面安装设备,背后敞开,一般用于低压及控制保护。

⑤箱:尺寸小于屏,四面封闭,一般用途单一,易于维护,如建筑物内的动力箱、照明箱等。

1)低压配电柜(盘)

低压配电柜(盘)习惯上称为低压配电屏,有固定式和抽屉式两大类,主要用于额定电压为380 V及以下的配电系统,作动力、照明之用,如图5.1.3所示。

2)控制屏(柜)

控制屏(柜)一般包含感测和执行的功能,其元件有接触器、继电器、行程开关、限位开关、自动开关等,如图5.1.4所示。

图5.1.3 低压配电柜

图5.1.4 控制屏(柜)

3)配电箱

配电箱(图5.1.5)是按照供电线路负荷的要求将各种低压电气设备构成一个整体装置,用来接收电能和分配电能,是动力系统和照明系统的配电与供电中心。建筑物内均需安装合适的配电箱。

配电箱内设有配电盘,它的作用是为下一级配电点或各个用电点进行配电,即将电能按要求分配于各个用电线路。配电箱的类型可按不同的方法归类:按功能分,有电力配电箱、照明配电箱、计量箱和控制箱;按结构分,有板式、箱式和落地式;按

图5.1.5 配电箱

适用场所分,有户外式和户内式,户内式又分为明装和暗装,还可以分为成套配电箱和非成套配电箱。成套配电箱可分为照明配电箱和动力配箱。

照明配电箱型号表示方法如图5.1.6所示。

动力配电箱型号表示方法如图5.1.7所示。

配电箱的安装方式有壁挂式、嵌入式和落地式3种。

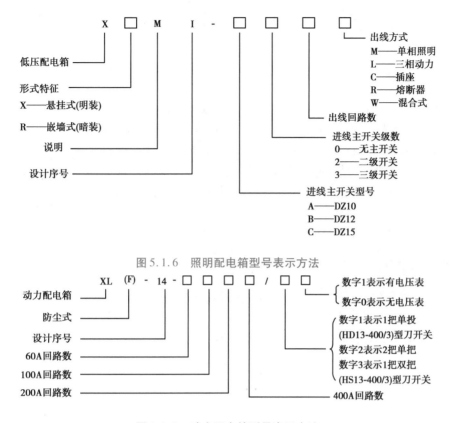

图 5.1.6 照明配电箱型号表示方法

图 5.1.7 动力配电箱型号表示方法

4）刀开关

刀开关是一种带有刀刃楔形触头、结构比较简单的开关电器，如图 5.1.8 所示，主要用于配电设备中隔离电源，或根据结构不同用于不频繁地接通与分断额定电流以下的负载，如小型电动机、电阻炉等。刀开关种类繁多，但其主要是由固定的夹座和可动的闸刀组成。负荷开关是由刀开关和熔断器串联而成。HD 为刀型开关，HH 为封闭式负荷开关，HK 为开启式负荷开关，HR 为熔断式刀开关，HS 为刀型转换开关，HZ 为组合开关。

刀开关按其极数分，有二极开关和三极开关，二极开关用于单相电路，三极开关用于三相电路。各种低压刀开关的额定电压，二极有 250 V，三极有 380 V、500 V 等。

图 5.1.8 刀开关

安装刀开关的线路，其额定的交流电压不应超过 500 V，直流电压不应超过 440 V。为保证刀开关在正常负荷时安全可靠运行，通过刀开关的计算电流应小于或等于刀开关的额定电流。

5）熔断器

低压熔断器是最简单的保护电器，其功能是用来防止电器和设备长期通过过载电流和短路电流。使用时，熔断器串联在被保护的电路中，当通过熔体的电流达到额定熔断电流值时,熔体过热,迅速熔断而自动切断电路,实现对电路的保护。

常用的低压熔断器分为插入式、封闭管式、螺旋式。

6)低压断路器

低压断路器又称自动空气开关或自动空气断路器,简称断路器,是一种既有手动开关作用,又能自动进行失压、欠压、过载、短路保护的电器。它可用来分配电能,不频繁地启动异步电动机,对电源线路及电动机等实行保护。当它们发生严重的过载或者短路及欠压等故障时能自动切断电路,其功能相当于熔断器式开关与过欠压热继电器等组合。而且在分断故障电流后一般不需要变更零部件,已获得了广泛的应用。低压断路器的主要分类方法是以结构形式分类,分为开启式和装置式两种。

熔断器、低压断路器,如图5.1.9所示。

7)漏电保护器

漏电保护器简称漏电开关,又叫漏电断路器,主要用来在设备发生漏电故障,以及对有致命危险的人身触电进行保护,具有过载和短路保护功能,它可保护线路或电动机的过载和短路,亦可在正常情况下用于线路的不频繁转换启动。漏电保护如图5.1.10所示。

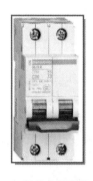

(a)2P小型熔断器　　　(b)塑壳式断路器

图5.1.9　熔断器、断路器

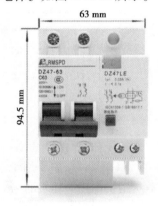

图5.1.10　漏电保护器

8)端子板、端子板外部接线

在二次回路接线中,屏或柜体设备与屏外和屏顶设备联结、同一屏体中两个单元之间的设备联结都是通过端子板(多个端子板相连于一体的称为端子排)再加上控制电源(导线)来实现的,以减少设备连接线之间的交叉及便于在不断开二次回路的情况下进行试验和检修。除特殊情况外,一个端子只允许接一根导线,导线截面面积一般不超过6 mm²。端子排垂直布置时,排列由上而下;水平布置时,排列由左到右。其顺序是交流电流回路、交流电压回路、控制回路、信号回路和其他回路。

9)接线端子

接线端子俗称"线鼻子",如图5.1.11所示。当线径较大(10 mm²以上)时,一般先将导线的端头与接线端子连接,再将接线端子固定到配电箱或设备的接线端子上。接线端子有铜质的,也有铝质的,与导线的连接,有压接和焊接两种方法。导线与电器接线可分为无端子外部接线和有端子外部接线两种。截面面积为 10 mm² 以上的导线需要焊、压接线端子才能与电器接线。

图 5.1.11　电缆头接线端子(闭口)

5.1.3　电气配管、配线概述

1)电气配管

电气配管,即线管的敷设,分明配和暗配。将线管直接敷设在墙上或其他明露处,称明配;把线管埋设在墙楼板或地坪内,称暗配,如图 5.1.12 所示。

(a)墙内(地板内)暗敷

(b)板内暗敷

图 5.1.12　电气暗配

(1)线管管径的要求

为便于穿线并考虑到导线的截面、根数和管内径的配合,规范规定:管内绝缘导线或电缆的总截面(包括绝缘层),不应超过管内截面的 40%,而且管内导线的总数不应多于 8 根。线管管径的选用通常由设计确定。

(2)线管弯曲半径的要求

①明配的导管,其弯曲半径不宜小于管外径的 6 倍,当两个接线盒间只有一个弯曲时,其弯曲半径不宜小于管外径的 4 倍。

②暗配的导管,当埋设于混凝土内时,其弯曲半径不应小于管外径的 6 倍;当埋设于地下时,其弯曲半径不应小于管外径的 10 倍。

（3）线管分线盒或拉线盒的要求

线管敷设遇下列情况时,中间宜增设接线盒或拉线盒,且盒子的位置应便于穿线,否则应选用大一级的管子:

①线管全长超过40 m且无弯头时。

②线管全长超过30 m,有一个弯头。

③线管全长超过20 m,有两个弯头。

④线管全长超过10 m。

2)线槽与桥架

（1）线槽

线槽又名走线槽、配线槽、行线槽(因地方而异),由槽底和槽盖组成,槽盖可以卡在槽底上。线槽是用来规范整理电源线、数据线等线材,并将其固定在墙上或者天花板上的电工用具。线槽有塑料线槽和金属线槽之分。从造价经济角度考虑,有部分公共建筑采用线槽敷设,塑料线槽多数用于墙面或天棚顶,敷设方式为明敷。金属线槽用于沿墙敷设或梁板下吊装;也有用于地面,用于地面的通常是二次装饰装修,不方便线管的暗敷时采用。

（2）桥架

桥架由托盘、梯架的直线段、弯通、附件以及支、吊架等构成,是用以支承电缆的具有连续的刚性结构系统的总称。用于敷设电力电缆和控制电缆的桥架称为电缆桥架。

电缆桥架由立柱、托臂、托盘、隔板和盖板等组成,如图5.1.13所示。电缆桥架立柱固定在结构上,然后将托臂固定于立柱上,托盘固定在托臂上,电缆放在托盘内。桥架立柱固定方式有螺栓连接、焊接和膨胀螺栓3种方式。

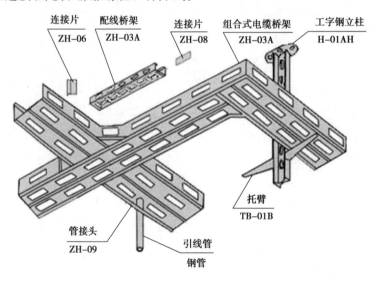

图5.1.13　电缆桥架的组成

桥架从形式上分为阶梯式、托盘式、槽式和组合式等几大类型;从材质上分为防火桥架、不锈钢桥架、玻璃钢桥架、铝合金桥架。一般电缆桥架选用优质冷轧或热轧、热镀锌板等钢板。表面防腐处理有喷漆、静电喷塑、电镀锌、热镀锌等种类。

（3）桥架及线槽的敷设

桥架及线槽通常是吊装敷设或沿墙敷设。水平安装的支架间距宜为1.5~3.0 m,垂直安装的支架间距不应大于2 m。采用金属吊架固定时,圆钢直径不得小于8 mm,并应有防晃支架,在分支处或端部0.3~0.5 m处应有固定支架。

线槽和桥架敷设图如图5.1.14所示。

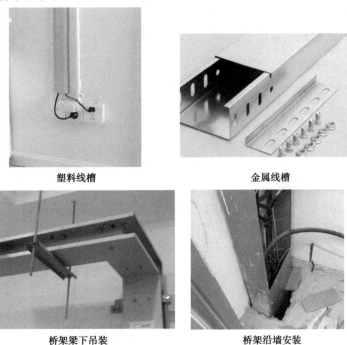

| 塑料线槽 | 金属线槽 |

| 桥架梁下吊装 | 桥架沿墙安装 |

图5.1.14　线槽和桥架敷设图

3）配线

配线即导线的敷设,也分明配和暗配。常见的配线方式有管内穿线、线槽配线、绝缘子配线、塑料护套线明敷设和钢索配线等。

电线、电缆的额定电压是指交、直流电压,它是依据国家产品规定制造的,与用电设备的额定电压不同。配电导线按使用电压分1 kV以下交、直流配电线路用的低压导线和1 kV以上交、直流配电线路用的高压导线。建筑物的低压配电线路,一般采用380/220 V中性点直接接地的三相四线制配电系统,因此,线路的导线应采用500 V以下的电线或电缆。

对导线出线端的要求如下:

①与设备的接触电阻应尽可能小,机械强度尽可能高,并能耐受各种化学气体的腐蚀。

②截面面积为10 mm^{2}及以下的单股铜线、截面面积为2.5 mm^{2}及以下的多股铜线和单股铝线,可直接与电器连接。

③截面面积为4 mm^{2}及以下的多股导线,应先将接头处拧紧搪锡,再直接与电器连接,以防止连接时导线松散。

④截面面积为10 mm^{2}单股及2.5 mm^{2}以上的多股导线,由于线粗、截流量大,为防止接触面小而发热,应在导线端头装设铝（或铜）接线端子,再与设备连接,这种方法一般称封端。封端方法一般有锡焊法和压接法。

⑤电缆终端头及中间头均以"个"为计量单位。电力电缆和控制电缆均按一根电缆有两个终端头考虑。中间电缆头设计有图示的,按设计确定;设计没有规定的,按实际情况计算(或按平均每250 m一个中间头考虑)。

4)塑料护套线

塑料护套线具有双重绝缘层,具有防潮和耐腐蚀等特点,在无破损的前提下,也可以直接用于结构明敷设、沿钢索敷设、砖混凝土结构黏接。

5)可挠金属线管

可挠金属线管扭弯能力较强的金属线管,多用于电机等设备与配电箱间的导线保护。

5.1.4 电气照明器具

1)灯具的作用及种类

电光源按其发光原理可分为热辐射光源和气体放电光源。常见的热辐射光源有白炽灯、碘钨灯、溴钨灯等;气体放电光源有荧光灯、汞灯、钠灯、金属卤化物灯等。电光源的主要性能指标有功率、色温、显色性、光效(1 m/W),启动特性和功率因数等。

灯具是光源、灯罩和附件的总称,它的作用是将光源所发出的光进行再分配。按照功能不同,灯具大致可分为以下几类。

①照明灯具:以提高光效、降低眩光、保护光源不受损失为目的,包括室内照明和路灯照明等。根据安装部位的不同,室内灯具可分为吸顶灯、壁灯、嵌入式灯、半嵌入式灯、吊灯等。

②装饰、艺术灯具:以美化环境、烘托气氛为目的,将造型、色泽放在首位。

③标志、诱导灯具:安装在城市道路或建筑物内疏散通道的标志性灯具,指示车辆或行人。

④歌舞厅灯具:种类很多,具有变色、旋转等特殊效果。

⑤工厂灯:以满足生产特殊要求为目的,保证安全、提高生产率、防止事故发生,主要有防尘、防潮、防水、防爆等灯具。

⑥医院灯具:以适应病人和护士护理、医生手术等要求为目的,如病房指示灯、无影灯等。

⑦路灯:道路灯道路是城市的动脉。主照明为路灯,道路灯是在道路上设置为在夜间给车辆和行人提供必要能见度的照明设施。道路灯可以改善交通条件,减轻驾驶员疲劳,并有利于提高道路通行能力和保证交通安全。庭院灯、景观灯与路灯形成立体的照明模式,增强道路装饰效果,美化城市夜景,也可弥补道路灯照度的不足。

2)常用灯具安装

灯具的安装通常要考虑灯具的安装高度,安装高度是指从地面到灯具的高度,一般在图纸上说明安装高度为距地多少米,若为吸顶形式安装,安装高度及安装方式可简化为"-"。

灯具的安装要求灯具质量大于3 kg时,固定在螺栓或预埋吊钩上。软线吊灯,灯具质量在0.5 kg及以下时,采用软电线自身吊装;大于0.5 kg的灯具采用吊链,且软电线编叉在吊链内,使线不受力。灯具固定牢固、可靠,不使用木楔。每个灯具固定用螺钉或螺栓不少于2个;大型花灯的固定及悬吊装置,应按灯具质量的2倍做过载试验。当钢管做灯杆时,钢管内径不应小于10 mm,钢管厚度不应小于1.5 mm。固定灯具带电部件的绝缘材料以及提供防触电保护的绝缘材料,应耐燃烧和防明火。一般敞开式灯具,室外墙上安装时灯头对地面距离不小于2.5 m。当灯具距地面高度小于2.4 m时灯具的可接近裸露导体必须接地(PE)或接零(PEN)可靠,并应有专用接地螺栓,有标识。灯具安装方式标注见表5.1.1。

表5.1.1　灯具安装方式标注

符号	说明	符号	说明	符号	说明
SW	线吊式	C	吸顶式	CR	顶棚内安装
CS	链吊式	R	嵌入式	WR	墙壁内安装
DS	管吊式	S	支架上安装	HM	座装
W	壁装式	CL	柱上安装		

荧光灯的安装一般有吸顶式和悬吊式两种,其安装步骤一般为安装前检查、安装镇流器、安装启辉器底座及灯座、接线、安装启辉器与灯管。

在电气照明平面图中照明灯具的标注方法通常如下:

$$a-b\frac{c \times d \times L}{e}f$$

式中　a——灯具数量;

　　　b——型号或编号;

　　　c——每盏照明灯具的灯泡数;

　　　d——灯泡容量(W);

　　　e——灯泡安装高度(m),"–"表示吸顶安装;

　　　f——安装方式文字符号;

　　　L——光源种类。

5.1.5　防雷接地装置概述

防雷接地装置是指为了防止建筑物、构筑物、电气设备以及人体遭受雷击,而将雷电电流导入大地的装置。装置应满足:接地电阻应能满足工作接地和保护接地规定值的要求;应能安全地通过正常泄漏电流和接地故障电流;选用的材质应具备相当的抗机械损伤、抗腐蚀等能力。高层建筑中,应充分利用自然接地体,如基础钢筋、水管和电缆金属外皮等,但可燃介质和供暖管道除外。屋面上的所有金属管道和金属构件都应与避雷装置相焊接。防雷接地装置主要由接闪器、引下线、接地装置3部分组成。

接闪器是引雷电流装置,也被称为受雷装置。接闪器的作用是将附近的雷云放电诱导过来,通过引下线流入大地,从而使距接闪器一定距离和高度内的建筑物免遭雷击。接闪器的类型主要有避雷针、避雷线、避雷网等。

引下线是将雷电流引入大地的通道。

接地装置的作用是将引下线引入的电流迅速流散到大地,包括接地线和接地体。

（1）避雷针

避雷针的作用是对雷电场产生一个附加电场,使雷电场畸变,将雷云的放电通路吸引到避雷针本身,由它及与它相连的引下线、接地体将雷电电流安全导入大地中,从而保护附近的建筑物、设备和人免受雷击。

（2）半导体少长针消雷器

半导体少长针消雷器的原理是:当雷云出现在消雷器上方时,消雷器及其附近大地都会感应出与雷云电荷极性相反的电荷,消雷器通过高台上许多金属针状的电极,将这些电荷发射出去,向雷云方向运动,使雷云被中和,从而防止雷击的发生。

（3）避雷器

避雷器是防止雷电波侵入的接地保护装置,与被保护设备并联,当线路上出现危及设备的过电压时,避雷器的火花间隙被击穿,由高阻变低阻,使过电压对地放电,从而保护设备。过电压消失后,避雷器又恢复到初始状态。避雷器主要有阀形、管形和角式等。

（4）避雷网

避雷网是在建筑物的顶部及其边缘设置的防雷网格,一般用扁钢或圆钢敷设。

通常在避雷网中会把避雷针考虑在内。避雷针有两种方式:一种是采用镀锌圆钢作为避雷针,另一种不安装避雷针,采用接闪带作为接闪器。接闪带形式接闪器如图5.1.15所示。

图 5.1.15　接闪带形式接闪器

（5）均压环

建筑物为防侧击雷而设计的环绕建筑物周边的水平避雷带,可根据不同防雷等级要求在一定高度上设置一道。均压环可利用外墙圈梁内两条主筋焊接成闭合圈,此闭合圈必须与所有的引下线连接,在整个建筑物的外轮廓上形成等电位笼,保证建筑物笼上的各点电位相同,防止出现电位差。

（6）接地跨接线

接地线路上某些地方因结构因素（如土建的伸缩缝处、电缆桥架的螺栓连接处等）,不能将接地线、均压环直线贯通,而是以"柔性"的特殊形式连接。

（7）工作接地

为保证电力系统和电力设备在正常和事故情况下都能可靠地运行,人为地将电力系统的中性点(如发电机和变压器中性点)及电气设备的一部分(如避雷针引下线)与大地进行连接。

(8)工作接地分两种方式

一是中性点直接接地,称大电流接地系统。超高压电力系统和380/220 V 低压系统多采用这种接地方式,以防止发生接地故障时引起过电压,并能避免单相接地后形成的电流不对称;二是经消弧线圈或电阻器接地,称小电流接地,建筑供电系统多采用这种方式。

(9)保护接地

电气设备的金属外壳可能因绝缘损坏而带电,为了防止这种电压危及人身安全,将金属外壳与大地或零线进行连接。

5.2 电气设备安装工程材料概述

5.2.1 设备与材料的区别

1)设备

(1)概述

凡是经过加工制造,由多种材料和部件按各自用途组成独特结构,具有功能、容量及能量传递或转换性能的机器、容器和其他机械、成套装置等均为设备。设备主要分为需要安装的设备与不需要安装的设备及定型设备和非标准设备。

①定型设备,包括通用设备和专用设备,是指按国家规定的产品标准进行批量生产并形成系列的设备。

②非标准设备,是指国家未定型、使用量较小、非批量生产的特殊设备,并由设计单位提供制造图纸,由承制单位或施工企业在工厂或施工现场加工制作的设备。

各种设备一般包括设备本体及随设备到货的配件、备件和附属于设备本体制作成型的梯子、平台、栏杆及管道等;各种附属于设备本体的仪器仪表等;附属于设备本体的油类、化学药品等。

(2)常见设备

常见设备有发电机、电动机、变频装置;各种电力变压器、互感器、调压器、移相器、电抗器、高压断路器、高压熔断器、稳压器、高压隔离开关、油开关;装置式(万能式)空气开关、电容器、接触器、继电器、蓄电池、主令(鼓型)控制器、磁力启动器、电磁铁、电阻器、变阻器、快速自动开关、交直流报警器、避雷器;成套供应高低压、直流、动力控制的控制柜、屏、箱、盘及其随设备带来的母线、支持瓷瓶;太阳能光伏,封闭母线,35 kV 及以上输电线路工程电缆;舞台灯光、专业灯具等特殊照明装置。

2)材料

(1)概述

为完成建筑、安装工程所需的经过工业加工的原料和在工艺生产过程中不起单元工艺生产作用的设备本体以外的零配件、附件、成品、半成品等,均为材料。

（2）常见材料

常见材料一般包括：不属于设备配套供货需由施工企业自行加工制作或委托加工制作的平台、梯子、栏杆及其他金属构件，以及以成品、半成品形式供货的电缆、电线、母线、管材、型钢、桥架、立柱、托臂、槽盒、灯具、开关、插座、按钮、电扇、铁壳开关、电笛、电铃、电表；刀型开关、保险器、杆上避雷针、绝缘子、金具、电线杆、铁塔、锚固件、支架等金属构件；照明配电箱、电度表箱、插座箱、户内端子箱的壳体；防雷及接地导线；一般建筑、装饰照明装置和灯具，景观亮化饰灯等。

5.2.2 常见材料材质及规格和符号

1）电缆（电线）

（1）电缆（电线）的分类

电缆按构造及作用不同可以分为电力电缆、控制电缆、电话电缆、同轴射频电缆等；按工作电压可分为低压电缆、高压电缆；按芯数可分为单芯、三芯、四芯、五芯和多芯等。

电线又称为导线，常用电线可为裸电线和绝缘电线。裸电线只有导体部分，没有绝缘层和保护层主要由铝、铜、钢等制成。裸电线字符号标注为：铜、铝、钢分别用字母"T""L""G"表示，电线的截面积用数字表示。例如：LGJ-120 表示截面积为 120 mm^2 的钢芯铝绞线。绝缘电线是在裸电线外层包有绝缘材料的导线。绝缘电线按线芯材料分为铜芯；按结构分为单芯、双芯、多芯等。

（2）电缆（电线）的型号表示方法

电缆型号的内容包含用途类别、绝缘材料、导体材料、铠装保护层等。一般型号表示方法如图 5.2.1 所示。

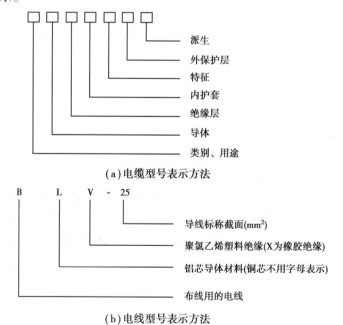

(a)电缆型号表示方法

(b)电线型号表示方法

图 5.2.1 电缆（电线）符号含义表示

电缆型号的含义见表 5.2.1,外护层代号见表 5.2.2,在电缆型号后面还注有芯线根数、截面、工作电压和长度。

表 5.2.1 电缆符号的含义

类别	导体	绝缘	内保护套	特征
电力电缆(省略不表示)	T:铜线可省	Z:油浸纸	Q:铅套	D:不滴油
K:控制电缆	L:铝线	X:天然橡胶	L:铝套	F:分相
P:信号电缆		(X)D:丁基橡胶	H:橡套	CY:充油
YT:电梯电缆		(X)E:乙丙橡胶	(H)P:非燃性	P:屏蔽
U:矿用电缆		VV:聚氯乙烯	HF:氯丁胶	C:滤尘用或重型
Y:移动式软缆		Y:聚乙烯	V:聚氯乙烯护套	G:高压
H:市内电话电缆		YJ:交联聚乙烯	Y:聚乙烯护套	
UZ:电钻电缆		E:乙丙胶	VF:复合物	
DC:电气化车辆用电缆			HD:耐寒橡胶	

表 5.2.2 电缆外护层代号含义

第一个数字		第二个数字	
代号	铠装层类型	代号	外被层类型
0	无	0	无
1	钢带	1	纤维线包
2	双钢带	2	聚氯乙烯护套
3	细圆钢丝	3	聚乙烯护套
4	粗圆钢丝	4	—

特殊产品代码:TH 为湿热带,TA 为干热带,ZR 为阻燃,NH 为耐火,WDZ 为低烟无卤阻燃。

例 5.1 设计图纸上标有 WDZN-YJV-4×50+1×25 mm²,问各符号分别代表的含义是什么?

答:表示的电力电缆为五芯铜芯、无卤低烟、阻燃、交联聚乙烯内护套、聚氯乙烯外护套、三相的每根截面面积为 50 mm²、保护线截面面积为 25 mm²。

(3)常用的电缆和电线

在民用建筑中,室内常用的导线主要为绝缘电线和绝缘电缆线;室外常用的是裸导线或绝缘电缆线。绝缘导线按所用绝缘材料的不同,分为塑料绝缘导线和橡皮绝缘导线;按线芯材料的不同,分为铜芯导线和铝芯导线;按线芯的构造不同,分为单芯导线和多芯导线。常用的电缆和电线如图 5.2.2 所示。

①电力电缆:主要用于传输和分配大功率电能,构造上由导电线芯、绝缘层及保护层 3个主要部分组成。导电线芯通常用高导电率的铜或铝制造,截面形状有圆形、半圆形、扇形和椭圆形等,标称截面面积规格为 2.5,4,6,10,16,25,35,50,70,95,120,150,185,240,300,

400,500,625,800 mm² 等,当导电线芯截面面积超 16 mm² 时,通常采用多股导线绞合压紧而成。单芯、双芯电缆一般用于输送直流电、单相电流电,三芯电缆广泛应用于三相电流电网,四芯电缆用于中性点接地的三相四线系统中,五芯电缆主要用于 TN-S 接地保护的系统中。

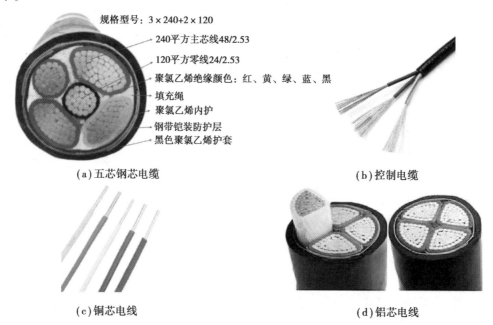

规格型号:3×240+2×120
240平方主芯线48/2.53
120平方零线24/2.53
聚氯乙烯绝缘颜色:红、黄、绿、蓝、黑
填充绳
聚氯乙烯内护
钢带铠装防护层
黑色聚氯乙烯护套

(a)五芯钢芯电缆　　　　　　　　(b)控制电缆

(c)铜芯电线　　　　　　　　(d)铝芯电线

图 5.2.2　常用的电缆和电线

②控制电缆:在配电装置中传输操作电流,连接电气仪表、继电保护和自动控制等回路,电流不大,而且是间歇性负荷,所以线芯面积较小,一般为 1.5 ~ 10 mm²,通常为多芯,芯数从 4 ~ 37 均有。

③电线:常用的聚氯乙烯绝缘电线是在线芯外包上聚氯乙烯绝缘层。其中铜芯电线的型号为 BV,铝芯电线的型号为 BLV(芯线颜色为白色)。

(4)电缆(电线)保护管

常见的电缆(电线)保护管主要有七孔梅花管、镀锌钢管、PVC 塑料管等,如图 5.2.3 所示。通常镀锌钢管、七孔梅花管用于室外埋地保护,适用于车行道;PVC 管适用于人行道或绿化带下。

(a)七孔梅花管　　　　　　　　(b)镀锌钢管

图 5.2.3　电缆保护管

用于室内的保护线管又称导管,常用的线管有塑料管、薄壁金属线管、水煤气钢管、可挠金属管等,如图 5.2.4 所示。

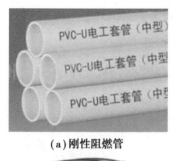
（a）刚性阻燃管

（b）半硬塑料管

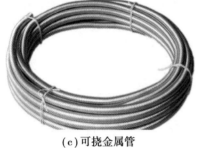
（c）可挠金属管

（d）扣压式(KBG)电气钢导管

图 5.2.4　电线保护管

塑料管有刚性阻燃管、半硬质阻燃管两种,两者区别如下。

①刚性阻燃管:为刚性 PVC 管,也称 PVC 冷弯电线管,分轻型、中型、重型。管材长度为4 m/根,颜色有白、纯白,弯曲时需要专用弯曲弹簧。

②半硬质阻燃管:由聚氯乙烯树脂加入增塑剂、稳定剂及阻燃剂等经挤出成型而得,用于电线保护,一般颜色为黄、红、白等。管子连接采用比本身大一号的套接管黏接连接,管道弯曲自如无须加热,成捆供应,每捆 100 m。

2)桥架

桥架从材质上分为防火桥架、不锈钢桥架、玻璃钢桥架、铝合金桥架。一般电缆桥架选用优质冷轧或热轧、热镀锌板等钢板。

桥架表面防腐处理有喷漆、静电喷塑、电镀锌、热镀锌等种类。

3)照明器具

电气照明的重要组成部分是电光源(照明灯、灯管)和灯具。对电光源的要求是提高光效、延长寿命、改善光色、增加品种和减少附件。对灯具的要求是提高效率、配光合理,并能满足各种不同的环境和电光源的配套需要。电光源及与其配用的灯具统称为照明器。

(1)普通吸顶灯及其他灯具

常见的普通灯具有吊灯、吸顶灯、壁灯等。

按照明器结构特点分为以下几类:

①开启型灯具:光源与外界环境直接接触,属于普通灯具。

②闭合型灯具:采用透明罩将光源包含起来,但罩内外空气能自由流通,如走廊的吸顶灯。

③封闭型灯具:采用透明罩将光源封闭起来,与外界隔绝比较可靠,但内外空气可有限流通。

④密闭型灯具:采用透明罩将光源严密封闭起来,与外界隔绝相当可靠,内外空气不能流通,能有效地防湿、防尘。

⑤防爆型灯具:采用高强度透明罩将光源严密地封闭起来,能确保不会因灯具而造成爆炸危险,用于不正常情况下可能会发生爆炸的场所。

⑥隔爆型灯具:采用高强度透明罩将光源严密地封闭起来,但不是靠密闭性来防爆,而是靠灯座与灯罩的法兰之间的隔爆间隙,从而使内部发生爆炸也不会对灯罩外部产生影响。

(2)荧光灯

常见的荧光灯有单管荧光灯、双管荧光灯。

荧光灯的安装一般有吸顶式和悬吊式两种。

(3)装饰灯

常见的装饰灯有应急照明纳入装饰灯、城市装饰灯带等。

(4)路灯

常见的路灯有单臂悬挑灯、双臂悬挑灯、高杆投光灯、庭院灯、草坪灯、景观灯等,如图5.2.5所示。

(a)单臂悬挑灯

(b)双臂悬挑灯

(c)高杆投光灯

(d)庭院灯

(e)草坪灯1　　　　　　　　　　　　(f)草坪灯2

图5.2.5　常见路灯

路灯通常按套计价,包括灯杆、托臂、成套灯具及配件等。

4)避雷接地

(1)屋面接闪器

接闪器包括避雷带和避雷针。

屋面避雷网安装示意图如图5.2.6所示。

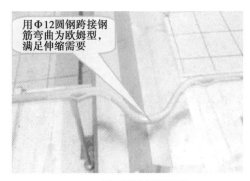

(a)屋面女儿避雷网　　　　　　　　　(b)屋面隔热层避雷网

图5.2.6　屋面避雷网的布设

(2)避雷引下线

避雷引下线目前是利用建筑物柱内主筋,钢筋直径不小于Φ12,也可用扁钢或者Φ12镀锌圆钢专门敷设,每处引下线不少于2根。

(3)接地体

水平接地体又称户外接地母线,一般采用扁钢或圆钢;采用有色金属做接地母线时,可用螺栓连接或放热焊接。

当采用多支外接引下线接地装置时。在引下线的下部、室外地坪下0.8～1 m处焊出一根Φ12镀锌圆钢或一根40×4镀锌扁钢,伸向室外距外墙皮的距离不宜小于1 m。

目前避雷引下线是利用基础梁两根主筋作为基础接地体,另外在配电柜、电井等部位另焊出一根Φ12镀锌圆钢或一根40×4镀锌扁钢作为接地体。

5.3　电气设备安装工程基础知识与识图

5.3.1　变压器安装基础知识与识图

变压器是一种静止的电气设备,它利用电磁感应的原理,可将某一数值的交流电压转换成同频率的另一种或几种数值的交流电压,可以升压也可以降压。在电力系统中,为了减少线路上的功率损耗,实现远距离送电,常用变压器将发电机发出的电压升高后再送入输电电网。在配电地点,为了用户安全和降低设备制造成本,先用变压器将电压降低,然后再分配给用户。

变压器种类很多,电力系统中常用的三相变压器有油浸式和干式两种。

变压器型号表示方法如图 5.3.1 所示。

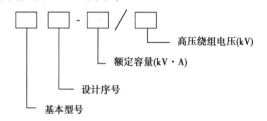

图 5.3.1　变压器型号表示方法

例 5.2　变压器型号 SCZ(B)9-2000/10 的含义是什么?

答:SC 表示三相固体成型(环氧树脂浇注);

Z 表示有载调压;

(B)表示箔式线圈;

9 表示设计序号;

2000 表示容量为 2 000 kV·A;

10 表示高压侧额定电压为 10 kV。

5.3.2　配电装置基础知识与识图

供电的基本形式

民用建筑低压配电线路的基本配电系统是由配电装置及配电线路组成的,一般一条进户线进入总配电装置,经总配电装置分配后,成为若干条支线,最后到达各用电器。常用的配电方式有放射式、树干式和混合式 3 种。

100 kW 以下,一般无变压器,设低压配电室,380/220 V 供电,如图 5.3.2 所示。

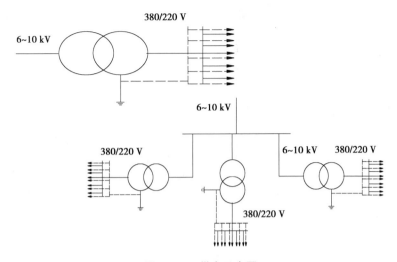

图 5.3.2 供电示意图

箱式变电站平面图如图 5.3.3 所示,箱变系统图如图 5.3.4 所示,配电柜配电系统图如图 5.3.5 所示,高压进入箱式变电站经变压器进行降压,然后分配至各用电点。

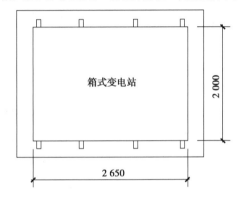

图 5.3.3 箱式变电站平面图

系统图中各符号的含义表示如图 5.3.6 所示。

例 5.3 S-M-11-315 kW·A/10 kV 10.5/0.4 kV 含义是什么?

答:S 表示三相双绕组油浸自冷 2113 变压器;

M 表示全密封结构;

11 表示设计序列号;

315 kW·A 表示变压器容量是 315 kW·A;

10 kV 表示额定电压为 10 kV;

10.5/0.4 kV 表示低压侧额定电压为 10.5/0.4 kV。

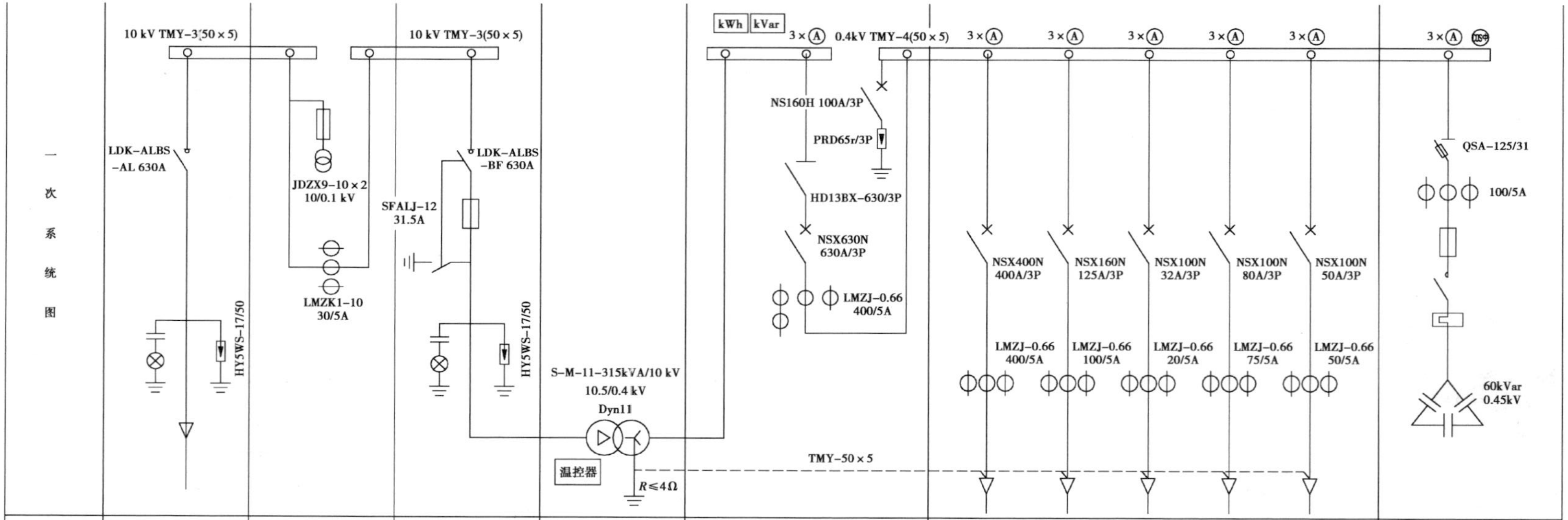

一次系统图

开关柜体编号	AH1	AH2	AH3	变压器	AA1	AA2					AA3
回路名称	高压进线	高压计量	变压器电源进线	变压器	低压进线及计量柜	主楼ALZ箱	预留厨房动力	门卫室ALM箱	备用	备用	无功补偿
回路编号						M1	M2	M3	M4	M5	
安装容量(kW)				315 kBA		246.1	60.0	10.2			60 kVar
计算电流(A)				454.8		296.0	96.2	13.2			
主要电器元件 断路器					NSX630N-630/3P	NSX400N-400/3P	NSX160N-125/3P	NSX100N-25/3P	NSX100N-80/3P	NSX100N-50/3P	
主要电器元件 电流互感器					500/5A	400/5A	100/A5	20/5A	75/5A	50/5A	
进出线型号 YJV22-1kV						2(3×120+2×70)		5×10			
备注											

图5.3.4 箱变系统图

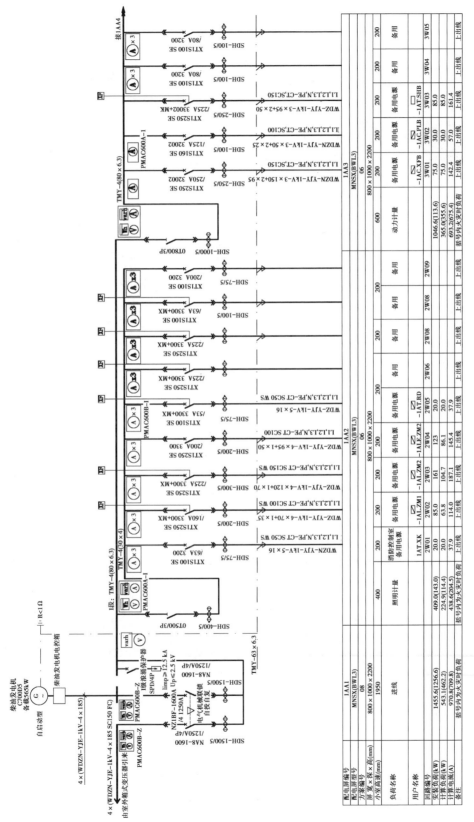

图5.3.5 配电柜配电系统图

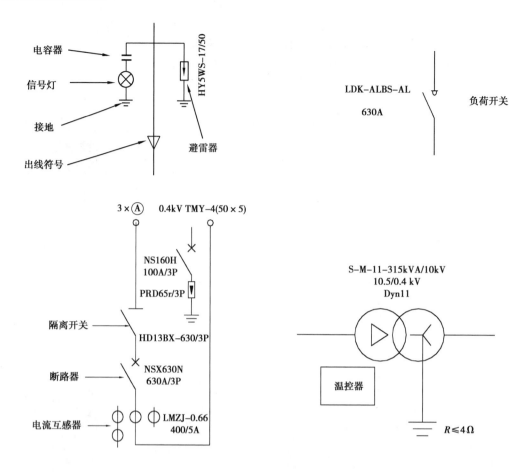

图 5.3.6　系统图中各符号的含义

5.3.3　控制设备及低压电器安装基础知识与识图

电气控制设备就是对电能进行分配、控制和调节的控制系统。常见的控制设备有盘、柜、屏、箱,本小节主要介绍配电柜、配电箱的基础知识与识图。

1)配电柜

配电柜系统配电图如图 5.3.5 所示。系统图中主要符号的含义见表 5.3.1。

表 5.3.1　系统图中主要符号的含义

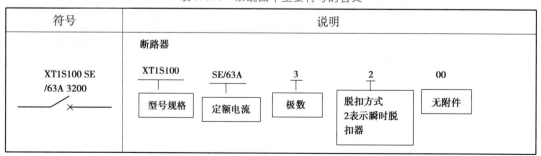

续表

符号	说明
XF	火灾时分励脱扣
Ⓐ × 3 PMAC600B-1	三相数显智能电度表
SDH-200/5	电流互感器,电流比为200/5
↑ ↓	插件
Wh varh Ⓥ Ⓐ PMAC600B-Z	Wh Ⓥ 电压表　varh Ⓐ 电流表

电源从室外箱式变压器引来后进入配电机柜,然后进行分流。未列的符号详见本章节相关内容。

2)配电箱

配电箱由于用途不同,箱内的配置也各不相同,如常见的公共照明总箱、应急照明总箱、消防动力总箱、排水泵配电箱等,一般设计人员根据配电需要设置配电箱。配电箱通常都是非标准设计,图纸中并无具体的尺寸,需要造价或施工人员自行计算,如图5.3.7所示。电气系统图中矩形框中对应为某一种型号、规格的配电箱,配电箱中配备相应的元件。配电箱系统图的作用除了说明箱内的控制元件外,还能表明电源从何处接入、分配到何处去、线路敷设的方式、配电箱的规格等内容。

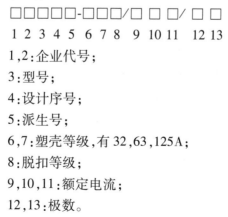

1,2:企业代号;

3:型号;

4:设计序号;

5:派生号;

6,7:塑壳等级,有32,63,125A;

8:脱扣等级;

9,10,11:额定电流;

12,13:极数。

图5.3.7中,ALZ2表示配电箱名称,本系统配电箱尺寸为:800 mm×1 000 mm×200 mm(多数图纸无此数据)。其他电缆电线的含义详见电缆电线部分。

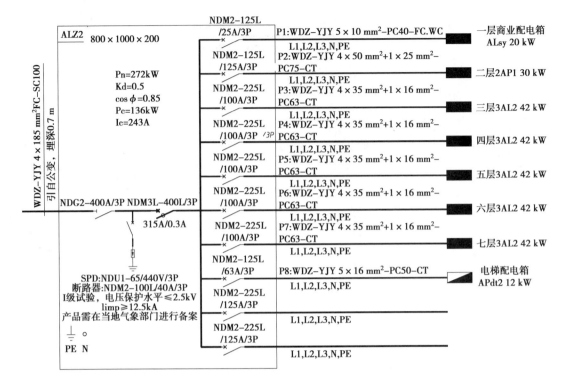

图 5.3.7　配电箱系统图

$P_n = 272$ kW 表示额定功率为 272 kW。

$K_d = 0.5$ 表示使用系数为 0.5。

$\cos\phi = 0.85$ 表示功率因数 0.85。

$P_c = 136$ kW 表示计算功率为 136 kW。

$I_c = 243$ A 表示额定电流 243 A

例如，NDB1C-63C/32A/1P，ND 表示 Dader 牌低压电器；B 表示小型断路器；1 表示设计号；C 表示瞬时脱扣范围 5～10 In；32 A 表示额定电流为 32 A；极数为 1 P。

一般配电箱的尺寸计算实物图及示意图如图 5.3.8 所示。

图 5.3.8 中，配电箱尺寸计算方法如下：

箱体长：$15 \times 1.8 + 2 \times 2 = 31$ cm；

箱体宽：$8 + 5 \times 2 = 18$ cm。

每个箱的尺寸需要根据箱内的元件来决定。如图 5.3.7 的配电箱尺寸为：800 cm × 1 000 cm × 200 cm。计算时需要考虑各元件的尺寸以及是单排布置还是双排布置。配电柜、配电箱中通常包含了除照明开关、插座以外的各种控制设备，比如刀开关、熔断器、漏电开关等，因此在计算配电柜、配电箱的价格时，应考虑机柜、箱的价格和所配置的各种低压控制设备。

3) 照明开关、插座

照明开关、插座通常在房间内墙上安装，有必要时也会有部分安装配电箱内，常见照明开关、插座在电气工程图中的符号含义见表 5.3.2。

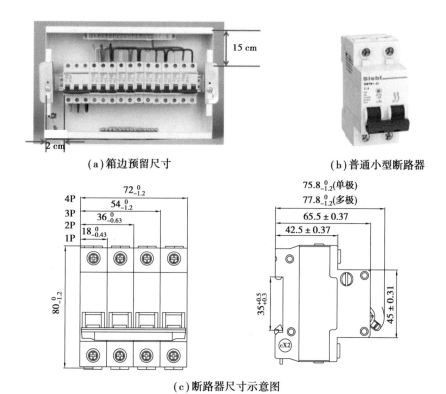

（a）箱边预留尺寸　　　　　　　（b）普通小型断路器

（c）断路器尺寸示意图

图 5.3.8　配电箱计算实物图及示意图

表 5.3.2　照明开关、插座的符号含义

符号	说明	符号	说明	符号	说明
	残疾人专用开关		双控开关		节能自熄开关
	暗装一极开关		暗装二极开关		暗装三极开关
	暗装四极开关		井道插座		双朕二三极暗装插座
	排气扇插座		挂式空调插座		柜式空调插座
	电热水器插座		抽油烟机插座		洗衣机插座

这些常见的开关、插座图例每份图纸都一致,具体要根据图纸示意说明为准。

5.4 电缆基础知识与识图

5.4.1 电缆

1)电缆概述

电缆在一般山地、丘陵地区敷设时,其定额人工乘以系数1.3。该地段所需的施工材料如固定桩、夹具等按实另计。

电力电缆头定额均按铜芯电缆考虑的,铝芯电力电缆头按同截面电缆头定额乘以系数0.7,双屏蔽电缆头制作安装人工乘以系数1.05,单芯电缆头按同截面电缆头定额乘以系数0.33。

电力电缆敷设定额均按三芯(包括三芯连地)考虑的,五芯电力电缆敷设定额乘以系数1.3,六芯电力电缆乘以系数1.6,每增加一芯,定额增加30%,以此类推。单芯电力电缆敷设按同截面电缆定额乘以0.70,截面800~1 000 mm^{2}的单芯电力电缆敷设按400 mm^{2}电力电缆乘以系数1.25执行。400 mm^{2}以上的电缆头的接线端子为异型端子,需要单独加工,应按实际加工价计算(或调整定额价格)。

电力电缆头定额均按铜芯电缆考虑的,铝芯电力电缆头按同截面电缆头定额乘以系数0.7,双屏蔽电缆头制作安装人工乘以系数1.05,单芯电缆头按同截面电缆头定额乘以系数0.33,矿物质电缆及电缆头按相应截面电缆定额人工乘以系数1.5,机械乘以系数1.2。

一个造价人员必须要读懂设计图纸中各种符号、数字表示的含义。例如图5.3.7中,符号"WDZ-YJY4×35 mm^2+1×16 mm^{2}PC63/CT"的含义如下:

WDZ-BJY:低烟无卤阻燃交联聚乙烯绝缘聚乙烯护套铜芯电力电缆;

4×35 mm^2+1×16 mm^2:4根电缆截面面积为35 mm^2,1根16 mm^{2}芯线;

PC63/CT:采用焊接钢管63 mm穿线敷设或采用桥架敷设。

2)电缆保护管

2015《广西安装工程消耗量定额》中的镀锌埋地钢管公称直径在100 mm以下的按螺纹连接编制,公称直径在100 mm以上的按焊接编制。其他电缆保护管敷设子目中的电缆钢保护管敷设只适用于电缆穿管从杆上引下明敷时套用。

地下钻孔敷管定额中挖填工作坑的土质是按三类土以下考虑的,如需破除混凝土地面,可另行计算。

电缆保护管的敷设方式符号见表5.4.1。

表5.4.1 电缆保护管的敷设方式符号

符号	说明	符号	说明	符号	说明
SR	沿钢线槽敷设	ACE	在能进入人的吊顶内敷设	ACC	暗敷设在不能进入的顶棚内
BE	沿屋架或跨屋架敷设	BC	暗敷设在梁内	FC	暗敷设在地面内

符号	说明	符号	说明	符号	说明
CLE	沿柱或跨柱敷设	CE	沿天棚面或顶棚面敷设	SCE	吊顶内敷设,要穿金属管
WE	沿墙面敷设	WC	暗敷设在墙内	DB	直埋
CLC	暗敷设在柱内	CC	暗敷设在顶棚内	F	地板及地坪下

电缆、电线保护管符号在电气工程图中的含义见表 5.4.2。

表 5.4.2　电缆、电线保护管符号在电气工程图中的含义

符号	说明	符号	说明
SC	焊接钢管	MR	金属线槽
MT	电线管	M	钢索
PC,PVC	阻燃塑料硬管	CL	金属软管
FPC	阻燃塑料半硬管	PR	塑料线槽
CT	桥架	RC	镀锌钢管

5.4.2　电缆沟槽土(石)方挖、填

电缆保护管(镀锌钢管、塑料管)埋地敷设不含管沟土方挖填。

人工挖填沟槽、小型机械挖填沟槽适用于管道沟和电缆沟槽的挖填工作,风镐开挖路面只适合于室外地面、路面等多条管道并排敷设需破路面时使用。有砌筑工作内容的沟槽,或仅做电缆沟不敷设电缆的室外电缆敷设工程,电缆沟挖填、砌筑等执行广西市政工程定额。人工、机械挖填沟槽不分土质执行同一定额,且不包括恢复路面。

常见的电缆沟断面详见图 5.4.1。

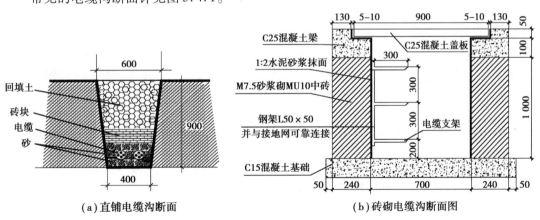

(a)直铺电缆沟断面　　(b)砖砌电缆沟断面图

图 5.4.1　电缆沟断面图

电缆沟的断面通常也是以图纸示意为准,本章节列出只为示意图,是为了让大家有一些直观的了解,具体做法以设计图纸为准。

5.4.3　金属线槽

桥架安装包括运输、组对、吊装、固定,弯通或三、四通修改、制作组对,切割口防腐、桥架开孔、上管件、隔板安装、盖板安装、接地、附件安装等工作内容。

桥架支撑架定额适用于立柱、托臂及其他各种支撑架的安装。本定额已综合考虑了采用螺栓、焊接和膨胀螺栓3种固定方式,实际施工中,不论采用何种固定方式,定额均不做调整。

玻璃钢梯式桥架和铝合金梯式桥架定额均按不带盖考虑,如这两种桥架带盖,则分别执行玻璃钢槽式桥架定额和铝合金槽式桥架定额。

钢制桥架主结构设计厚度大于3 mm时,定额人工、机械乘以系数1.2。

不锈钢桥架按2015《广西安装工程消耗量定额》"桥架"章节钢制桥架定额乘以系数。

5.5　电气配管、配线基础知识与识图

5.5.1　配管

配管即线管,又称导管,常用的线管有塑料线管、薄壁金属线管、水煤气钢管、可挠金属管等。线管的敷设分为明配和暗配。将线管直接敷设在墙上或其他明露处,称为明配;把线管埋设在墙、楼板或地坪内,称为暗配。

5.5.2　桥架

桥架由立柱、托臂、托盘、隔板和盖板等组成,用于敷设电力电缆和控制电缆的桥架称为电缆桥架。用于敷设导线和通信线缆的桥架称为线槽。电缆桥架立柱固定在结构上,然后将托臂固定于立柱上,托盘固定在托臂上,电缆放在托盘内。桥架立柱固定方式有螺栓连接、焊接和膨胀螺栓连接3种方式。

桥架从形式上分为阶梯式、托盘式、槽式和组合式等几大类型,从材质上分为防火桥架、不锈钢桥架、玻璃钢桥架、铝合金桥架,一般电缆桥架选用优质冷轧或热轧、热镀锌板等钢板、表面防腐处理有:喷漆、静电喷塑、电镀锌、热镀锌等种类。

5.5.3　配线

配线即导线,其敷设也分明配和暗配。常见的配线方式有管内穿线、线槽配线、绝缘子配线、塑料护套线明敷设和钢索配线等。

配线的符号含义也是造价人员必须要读懂的知识之一。例如"3AL1-11:WDZ-BYJ-3×2.5 mm² PC16-WC,CC"即配线符号,其含义是:3AL1-11 表示回路编号(一般为照明回路),配电箱与灯具连接的导线为3 根WDZ-BYJ 低烟无卤阻燃耐火聚烯绝缘电线,每根导线截面面积为2.5 mm²,线管公称直径为16 mm,刚性阻燃管,暗敷在顶板内或墙内。

5.6 照明器具基础知识与识图

5.6.1 照明器具的分类

1）白炽灯（LDE 灯）

白炽灯的安装通常有悬吊式、壁式和吸顶式，而悬吊式又分为软线吊灯、链条吊灯及钢管吊灯。

2）荧光灯

荧光灯的安装一般有吸顶式和悬吊式两种，成套荧光灯一般包含镇流器、启辉器底座、接线、启辉器、灯管等，有支架的荧光灯中已含有支架。

3）装饰灯

装饰灯的安装定额均考虑了一般工程的超高作业因素，并包括脚手架搭拆费用。装饰灯具定额应与装饰灯具示意图号配套使用。

4）路灯

路灯安装均未包括配线工作，应按照灯具的实际需要量另行计算。太阳能路灯执行相应的路灯项目定额乘以系数 1.2。

5.6.2 路灯管道敷设

①埋地敷设管道的土方量计算，参照电缆保护管土方工程量计算规定。灯杆基础内弯管长度按每基 0.8m 计算。

②管道土方、路面拆除等配套项目，执行安装定额；安装定额无相应子目的，参照《广西市政工程消耗量定额（2014）》套用。

5.6.3 基础、接线井及立杆

①现浇混凝土基础按 C20 考虑，实际要求强度不同时可以换算。2015《广西安装工程消耗量定额》中混凝土基础按现场搅拌考虑，如为商品混凝土，应扣除人工费（26.73 元）及混凝土搅拌机台班。

②地脚螺栓为现场制作且同时作为基础主筋的按钢筋计算。

③接线井除预制混凝土电缆井外，其余的按照施工图计算工程量，分别套用相应定额。

④杆件分柱式杆和悬臂杆分别计算。灯柱和杆座联体者，不能重复套用杆座定额子目。

⑤调试：

a. 路灯照度测试以区域计算。

b. 一柱一接地极调试适用于配套灯杆敷设的单根接地极调试。

设计图中常见灯具的图例示意图如表5.6.1所示。

表5.6.1　设计图中常见灯具图例示意图

图例	说明	图例	说明
◉	自带蓄电池的双头灯	E	安全出口标志
→	安全疏散标志	—	单管荧光灯
⊥	带蓄电池单管荧光灯	◉	防水防尘灯
⊗	自带蓄电池隔爆灯	◣	墙上座灯
⊗	吸顶灯	⊗→	LED路灯
⊗	高杆路灯	⊟	单管格栅荧光灯

实际上,每个图纸的设计均不相同,具体情况视图而定。

5.7　防雷及接地装置基础知识与识图

屋面避雷带是用小截面圆钢或扁钢做成的条形长带,装设在屋脊、屋檐、女儿墙等易被雷击的部位。避雷带一般高出屋面100～150 mm,固定点支持件间距为1～1.5 m,通常采用 ϕ12镀锌圆钢沿着屋面女儿墙或在隔热板中敷设。屋面避雷网安装示意图如图5.2.6所示。

避雷针适用于保护细高建(构)筑物或露天设备,如孤立建筑物、烟囱、水塔、大型用电设备。避雷针一般用镀锌圆钢或镀锌钢管制成,其长度在1 m以下时,圆钢直径不小于12 mm,钢管直径不小于20 mm。针长度在1～2 m时,圆钢直径不小于16 mm,钢管直径不25 mm。烟囱顶上的避雷针,圆钢直径不小于20 mm,钢管直径不小于40 mm。屋顶上永久性金属物可兼作避雷针使用,但各部分之间应连成电流通道,其壁厚不小于2.5 mm。

避雷引下线有两种做法:一是利用柱内直径大于12主筋焊接作为避雷引下线;二是 ϕ12镀锌圆钢与柱内钢筋焊接作为避雷引下线。

接地体除了自然接地体外,还有人工接地体。人工接地体分为水平接地母线和垂直接地极,如图5.7.1所示。接地体有两种做法:一是利用基础内直径大于12主筋焊接作为避雷引下线;二是采用截面积不小于100 mm² ,厚度不小于4 mm的扁钢或 ϕ12镀锌圆钢焊接而成。

避雷引下线目前一般做法是利用建筑物柱内主筋,钢筋直径不小于12 mm,也可用扁钢或者 ϕ12镀锌圆钢专门敷设,每处引下线不少于2根。

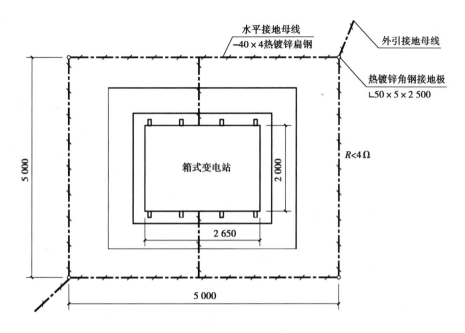

图 5.7.1 人工接地体

等电位箱应可靠接地,且各部分接地线汇集到等电位箱后,宜采用接线端子方式连接。每个单位工程中有一个总等电位端子箱,若干局部等电位端子箱。

常见避雷及接地系统在设计图中的图例示意如表 5.7.1 所示。

表 5.7.1 常见避雷及接地系统的图例示意图

图例	说明	图例	说明
----------	避雷带,隔热层内暗装	LP	避雷带,在女儿墙上敷设支架安装
↗ • • ↗	避雷引下线,利用钢筋混凝土柱内主钢筋焊连	E ___ E	接地体,利用基础地梁内主钢筋焊连
—— ◇ ——	均压环,利用梁内主钢筋焊连	◯	避雷针,$\phi 12 \times 300$ 热镀锌圆
⊣ M	接地测试卡	⊤	接地端子板,40×4 镀锌扁钢
▭ MEB	总等电位联接箱	▭ LEB	局部等电位联接箱

实际上,每个图纸的设计均不相同,具体情况视图而定。

5.8 电气工程列项与算量

电气工程清单描述通常会根据实际工程设计要求去选择所需要描述的内容,而定额根据清单所描述的内容去选择合适的定额子目。清单如何描述会因人而异,并不会千篇一律、一成不变。本节所列清单只是描述清单规范上有的内容,在实际工作中需根据具体情况分析,从而进行正确的描述。

本节的清单依据参考《通用安装工程工程量计算规范》(GB 50586—2013);定额参考2015《广西安装工程消耗量定额》编制。

5.8.1 供配电工程列项与算量

1)变压器

(1)工程量清单项目设置

变压器安装工程工程量清单项目的设置如表5.8.1所示。

表5.8.1 变压器安装工程工程量清单项目

项目编码	项目名称	计量单位	工程量计算规则
030401001	油浸电力变压器	台	按设计图示数量计算
030401002	干式变压器		

变压器的工作内容包括:①本体安装;②温控箱安装;③接地;④网门、保护门制作、安装;⑤补刷(喷)油漆。

变压器的项目特征描述包括:①名称;②型号;③容量(kV·A);④电压(kV);⑤基础型钢形式、规格;⑥网门、保护门材质、规格;⑦温控箱型号、规格。

变压器中性点接地及二次刷(喷)油漆内容含在变压器安装清单中,项目特征不需要描述。变压器安装清单不包含变压器干燥和油过滤工作内容,实际发生时按配电装置油过滤及配电装置干燥清单编码列项计算。

本节所讲变压器有如下情况,按相关要求执行:①杆上变压器安装按《通用安装工程工程量计算规范》(GB 50586—2013)中附录 D.10 杆上设备项目编码列项。②变压器油如需试验、化验、色谱分析,应按规范措施项目中的编码列项。③变压器安装同时适用于城市轨道交通 35 kV 供电工程。

(2)定额项目设置

定额说明:

①油浸电力变压器安装定额同样适用于自耦式变压器、带负荷调压变压器的安装。电炉变压器按同容量电力变压器定额乘以系数2.0,整流变压器执行同容量电力变压器定额乘以系数1.60。

②变压器的器身检查:4 000 kV·A 以下是按吊芯检查考虑,4 000 kV·A 以上是按吊钟罩考虑,如果4 000 kV·A 以上的变压器需吊芯检查时,定额机械台班乘以系数2.0。

③干式变压器如果带有保护外罩时,人工和机械均乘以系数1.2。

本章定额不包括下列工作内容:

①变压器干燥棚的搭拆工作,若发生时可按实计算。

②变压器铁梯及母线铁构件的制作、安装。另执行铁构件制作、安装定额。

③瓦斯继电器的检查及试验已列入变压器系统调整试验定额内。

④端子箱、控制箱的制作安装,另执行 2015《广西安装工程消耗量定额》中常用册上册相应定额。

⑤二次喷漆发生时按相应定额执行。

（3）变压器项目定额工程量计算

①变压器安装，按不同容量以"台"为计量单位。

②变压器通过试验，判定绝缘受潮时才需进行干燥，所以只有需要干燥的变压器才能计取变压器干燥费用，以"台"为计量单位。

③不论变压器油过滤多少次，直到过滤合格为止，以"t"为计量单位。具体计算方法如下：

a. 变压器安装不包含绝缘油过滤，需要过滤时，可按制造厂提供的油量计算。

b. 油断路器及其他充油设备的绝缘油过滤，可按制造厂规定的充油量计算。计算公式为：

$$油过滤数量 = 设备油重 \times (1 + 损耗率)$$

例如图3.3.4所示的箱变系统变压器的清单、定额列项如表5.8.2所示。

表5.8.2　清单计价表

序号	项目编码/定额编号	项目名称/定额名称	单位	工程量
1	030401001	油浸电力变压器 315 kV·A	台	1
	B4-0002	油浸电力变压器安装 315 kV·A	组	1

2）配电装置

本节主要介绍配电装置有隔离开关、负荷开关、熔断器、避雷器、高压成套配电柜、组合型成套箱式变电站等部件的清单列项。

（1）配电装置清单列项设置

工程量清单项目设置、项目特征描述的内容、计量单位、工程量计算规则、工作内容如表5.8.3所示。

表5.8.3　配电装置安装工程（编码：030402）

项目编码	项目名称	项目特征	计量单位	工程量计算规则	工作内容
030402006	隔离开关	1.名称 2.型号 3.容量(kV·A) 4.电压等级(kV)	组	按设计图示数量计算	1.本体安装、调试 2.基础型钢制作、安装 3.接地
030402007	负荷开关	5.安装条件 6.操作机构名称及型号 7.界限材质、规格 8.安装部位			
030402009	高压熔断器	1.名称 2.型号 3.规格 4.安装部位	组		1.本体安装、调试 2.接地
030402010	避雷器	1.名称 2.型号 3.规格 4.电压等 5.安装部位			1.本体安装 2.接地

续表

项目编码	项目名称	项目特征	计量单位	工程量计算规则	工作内容
030402017	高压成套配电柜	1. 名称 2. 型号 3. 规格 4. 母线配置方式 5. 种类 6. 基础钢形式、规格	台	按设计图示数量计算	1. 本体安装、调试 2. 基础型钢制作、安装 3. 补刷(喷)油漆 4. 接地
030402018	组合型成套箱式变电站	1. 名称 2. 型号 3. 容量(kV·A) 4. 电压(kV) 5. 组合形式 6. 基础规格、浇筑材料	台		1. 本体安装、调试 2. 基础浇筑 3. 进箱母线安装 4. 补刷(喷)油漆 5. 接地

说明:设备安装未包括地脚螺栓、浇注(二次灌浆、抹面),如需安装应按《房屋建筑与装饰工程工程量计算规范》(GB 50854—2013)相关项目编码列项。

(2)配电装置定额列项设置

定额说明:

①本章设备安装定额不包括下列工作内容,另执行2015《广西安装工程消耗量定额》中常用册上册相应定额:

a. 端子箱安装。

b. 设备支架制作及安装。

c. 绝缘油过滤。

d. 基础槽(角)钢安装。

②设备安装所需的地脚螺栓按土建预埋考虑,也不包括二次灌浆。

③高压成套配电柜安装定额系综合考虑的,不分容量大小,也不包括母线配置及设备干燥。

④低压无功补偿电容器屏(柜)安装列入"控制设备与低压电器"一节中。

⑤组合型成套箱式变电站主要是指 10 kV 以下的箱式变电站,一般布置形式为变压器在箱的中间,箱的一端为高压开关位置,另一端为低压开关位置。组合型低压成套配电装置像一个大型集装箱,内装 6~24 台低压配电箱(屏),箱的两端开门,中间为通道,称为集装箱式低压配电室,列入"控制设备与低压电器"章节中。

(3)工程量计算规则

①断路器等配电装置及电容器柜的安装以"台(个)"为计量单位。

②隔离开关、负荷开关、熔断器、避雷器、干式电抗器的安装以"组"为计量单位,每组按三相计算。

③交流滤波装置的安装以"台"为计量单位。每套滤波装置包括三台组架安装,不包括设备本身及铜母线的安装,其工程量应按 2015《广西安装工程消耗量定额》中常用册上册相应定额另行计算。

④高压设备安装定额内均不包括绝缘台的安装,其工程量应按施工图设计执行相应定额。

⑤高压成套配电柜和箱式变电站的安装以"台"为计量单位,均未包括基础槽钢、母线及引下线的配置安装。

⑥配电设备安装的支架、抱箍及延长轴、轴套、间隔板等,按施工图设计的需要量计算,执行铁构件制作安装定额或成品价。

⑦绝缘油、六氟化硫气体、液压油等均按设备带有考虑;电气设备以外的加压设备和附属管道的安装应按相应定额另行计算。

⑧配电设备的端子板外部接线,应按"控制设备与低压电器"章节中相应定额另行计算。

⑨设备安装用的地脚螺栓按土建预埋考虑,不包括二次灌浆。

3)母线安装工程

(1)母线安装工程工程量清单列项设置

母线安装工程工程量清单项目设置、项目特征描述的内容、计量单位、工程量计算规则、工作内容如表5.8.4所示。

表5.8.4　母线安装工程(编码:030403)

项目编码	项目名称	项目特征	计量单位	工程量计算规则	工作内容
030403001	软母线	1.名称 2.材质 3.型号 4.规格 5.绝缘子类型、规格	m	按设计图示尺寸以单相长度计算(含预留长度)	1.母线安装 2.绝缘子耐压试验 3.跳线安装 4.绝缘子安装
030403002	组合软母线				
030403003	带形母线	1.名称 2.型号 3.规格 4.材质 5.绝缘子类型、规格 6.穿墙套管材质、规格 7.穿通板材质、规格 8.母线桥材质、规格 9.引下线材质、规格 10.伸缩节、过渡板材质、规格 11.分相漆品种			1.母线制作、安装 2.与发电机、变压器连接 3.与断路器、隔离器开关连接 4.刷分相漆
030403004	槽形母线	1.名称 2.型号 3.规格 4.材质 5.连接设备名称、规格 6.分相漆品种			1.母线安装 2.补刷(喷)油漆

续表

项目编码	项目名称	项目特征	计量单位	工程量计算规则	工作内容
030403006	低压封闭式插接母线槽	1.名称 2.型号 3.规格 4.容量(kV·A) 5.线制 6.安装部位	m	按设计图示尺寸以单相长度计算(含预留长度)	
030403007	始端箱、分线箱	1.名称 2.型号 3.规格 4.容量(kV·A)	台	按设计图示数量计算	1.本体安装 2.补刷(喷)油漆

说明:①软母线安装预留长度如表5.8.5所示。

②硬母线配置安装预留长度如表5.8.6所示。

表5.8.5　软母线安装预留长度　　　　　　　　　　　单位:m/根

项目	耐张	跳线	引下线、设备连接线
预留长度	2.5	0.8	0.6

表5.8.6　硬母线配置安装预留长度　　　　　　　　　单位:m/根

序号	项目	预留长度	说明
1	带形、槽形母线终端	0.3	从最后一个支持点算起
2	带形、槽形母线与分支线连接	0.5	分支线预留
3	带形母线与设备连接	0.5	从设备端子接口算起
4	多片重型母线与设备连接	1.0	从设备端子接口算起
5	槽形母线与设备连接	0.5	从设备端子接口算起

(2)母线安装工程定额列项设置

套用定额进行清单计价时的注意事项如下:

①软母线安装,指直接由耐张绝缘子串悬挂部分,按软母线截面大小分别以"跨/三相"为计量单位。设计跨距不同时,不得调整。导线、绝缘子、线夹、弛度调节金具等材料均按施工图设计用量加定额规定的损耗率计算。

②软母线、带形母线、槽形母线的安装定额内不包括母线、金具、绝缘子等主材,具体可按设计数量加损耗计算。

③软母线安装定额是按单串绝缘子考虑的,如设计为双串绝缘子,按定额人工乘以系数1.08计算。

④软母线的引下线、跳线、设备连线均按导线截面分别执行定额,不区分引下线、跳线和设备连线。

⑤软母线引下线,指由T形线夹或并沟线夹从软母线引向设备的连接线,以"组"为计量

单位,每三相为一组;软母线经终端耐张线夹引下(不经 T 形线夹或并沟线夹引下)与设备连接的部分均执行引下线定额,不得换算。

⑥高压共箱母线和低压封闭式插接母线槽均按制造厂供应的成品考虑。

(3)母线安装工程工程量计算

①两跨软母线间的跳引线安装,以"组"为计量单位,每三相为一组。不论两端的耐张线夹是螺栓式或压接式,均执行软母线跳线定额,不得换算。

②设备连接线安装,指两设备间的连接部分。不论引下线、跳线、设备连接线,均应分别按导线截面,三相为一组计算工程量。

③组合软母线安装按三相为一组计算。跨距(包括水平悬挂部分和两端引下部分之和)以 45 m 以内考虑,跨度的长与短不得调整。导线、绝缘子、线夹、金具按施工图设计用量加定额规定的损耗率计算。

④组合母线安装定额不包括两端铁构件制作、安装和支持瓷瓶、带形母线的安装,发生时应执行 2015《广西安装工程消耗量定额》中常用册上册相应定额。其跨距按标准跨距综合考虑的,如实际跨距与定额不符时不做换算。

⑤带形钢母线的安装执行铜母线安装定额,不得换算。

⑥带形母线伸缩节和铜过渡板均按成品考虑,定额只考虑安装。

⑦带形母线安装的母线和固定母线的金具主材均按设计量加损耗率计算。

⑧槽形母线安装以"10 m/单相"为计量单位。槽形母线与设备连接,分别以连接的不同设备按"台"为计量单位。槽形母线及固定槽形母线的金具按设计用量加损耗率计算。壳的大小尺寸以"m"为计量单位,长度按设计共箱母线的轴线长度计算。

⑨带形母线、槽形母线的安装均不包括支持瓷瓶安装和钢构件配置安装,其工程量应分别按设计成品数量执行相应定额。

⑩高压共箱母线和低压封闭式插接母线槽均按制造厂供应的成品考虑,定额只包含现场安装。封闭式插接母线槽在竖井内安装时,人工和机械乘以系数 2.0。

⑪密集式母线槽安装已包含支架安装。

5.8.2 控制设备与低压电器列项与算量

常见的控制设备有低压开关柜(屏)、控制箱、配电箱、控制开关等项目。

控制开关常见的有自动空气开关、刀形开关、铁壳开关、胶盖刀闸开关、组合控制开关、万能转换开关、风机盘管三速开关、漏电保护开自动空气开关、刀形开关、铁壳开关、胶盖刀闸开关、组合控制开关、万能转换开关、风机盘管三速开关、漏电保护开关等。

低压电器有照明开关、插座、小电器等。

照明开关有拉线开关、跷板开关、延时开关、防爆开关等。

插座有普通插座和防爆插座两类。

小电器包括按钮、电笛、电铃、水位电气信号装置、测量表计、继电器、电磁锁、屏上辅助设备、辅助电压互感器、小型安全变压器等。

1) 控制设备及低压电器工程工程量清单项目设置

控制设备及低压电器工程工程量清单项目设置、项目特征描述的内容、计量单位、工程量计算规则、工作内容如表 5.8.7 所示。

表 5.8.7　控制设备及低压电器工程(编码:030404)

项目编码	项目名称	项目特征	计量单位	工程量计算规则	工作内容
030404001	控制屏	1. 名称 2. 型号 3. 规格 4. 种类 5. 基础型钢形式、规格 6. 接线端子材质、规格 7. 端子板外部接线材质、规格 8. 小母线材质、规格 9. 屏边规格	台	按设计图示数量计算	1. 本体安装 2. 基础型钢制作、安装 3. 端子板安装 4. 焊、压接线端子 5. 盘柜配线、端子接线 6. 小母线安装 7. 屏边安装 8. 补刷(喷)油漆 9. 接地
030404002	继电、信号屏				
030404004	低压开关柜(屏)				1. 本体安装 2. 基础型钢制作、安装 3. 端子板安装 4. 焊、压接线端子 5. 盘柜配线、端子接线 6. 屏边安装 7. 补刷(喷)油漆 8. 接地
030404006	箱式配电室	1. 名称 2. 型号 3. 规格 4. 质量 5. 基础规格、浇筑材质 6. 基础型钢形式、规格	套		1. 本体安装 2. 基础型钢制作、安装 3. 基础浇筑 4. 补刷(喷)油漆 5. 接地
030404015	控制台	1. 名称 2. 型号 3. 规格 4. 基础型钢形式、规格 5. 接线端子材质、规格 6. 端子板外部接线材质、规格 7. 小母线材质、规格			1. 本体安装 2. 基础型钢制作、安装 3. 端子板安装 4. 焊、压接线端子 5. 盘柜配线、端子接线 6. 小母线安装 7. 补刷(喷)油漆 8. 接地
030404016	控制箱	1. 名称 2. 型号 3. 规格 4. 基础形式、材质规格 5. 接线端子材质、规格 6. 端子板外部接线材质、规格 7. 安装方式	台		1. 本体安装 2. 基础型钢制作、安装 3. 焊、压接线端子 4. 补刷(喷)油漆 5. 接地
030404017	配电箱				
030404018	插座箱	1. 名称 2. 型号 3. 规格 4. 安装方式	台		1. 本体安装 2. 接地

续表

项目编码	项目名称	项目特征	计量单位	工程量计算规则	工作内容
030404019	控制开关	1. 名称 2. 型号 3. 规格 4. 接线端子材质、规格 5. 额定电流（A）	个	按设计图示数量计算	1. 本体安装 2. 焊、压接线端子 3. 接线
030404020	低压熔断器	1. 名称 2. 型号 3. 规格 4. 接线端子材质、规格	台		1. 本体安装 2. 焊、压接线端子 3. 接线
030404021	限位开关				
030404022	控制器				
030404023	接触器				
030404027	快速自动开关				
030404030	分流器	1. 名称 2. 型号 3. 规格 4. 容量（kV·A） 5. 接线端子材质、规格	个		
030404031	小电器	1. 名称 2. 型号 3. 规格 4. 接线端子材质、规格	个 （套、台）		
030404032	端子箱	1. 名称 2. 型号 3. 规格 4. 安装部位	台		1. 本体安装 2. 接线
030404033	风扇	1. 名称 2. 型号 3. 规格 4. 安装方式			1. 本体安装 2. 调速开关安装
030404034	照明开关	1. 名称 2. 型号 3. 规格 4. 安装方式	个		1. 本体安装 2. 接线
030404035	插座				
030404036	其他电器	1. 名称 2. 规格 3. 安装方式	个 （套、台）		1. 安装 2. 接线

说明：①其他电器指本节未列的电器项目。

②其他电器必须根据电器实际名称确定项目名称，明确描述项目特征、计量单位、计算规则、工作内容。

③联络各配电柜的母线，另按母线相应编码列项。

④开关、插座、按钮等的预留线长度详见电缆列项与计算章节。

清单描述应注意：

①各种柜、屏、盘、箱，应结合施工图注明其名称、型号、规格和安装方式。

②开关、插座一般常用的有 86 型和 118 型，建筑安装工程上常用 86 型开关、插座。

在设置照明开关清单项目时，需区分以下项目名称及项目特征进行描述：

①照明开关有拉线开关、跷板开关、延时开关、防爆开关。

②跷板开关按开关控制灯具方法有单控、双控之分。

③跷板开关上按键数不同，有单联、双联、三联、四联，单控跷板开关还有五联、六联。

④跷板开关额定电压有 250 V，额定电流有 10 A；

⑤安装方式有明装、暗装。

在设置插座清单项目时，需区分以下项目名称及项目特征进行描述：

①插座有普通插座和防爆插座两类；

②插座的电源相数有单相、三相；

③插座额定电流有 10，16，25，40 A；

④插座插孔个数有 3 孔、4 孔、5 孔、7 孔以上；

⑤插座是否带开关；

⑥安装方式分明装、暗装。

照明开关或插座的型号、规格、项目特征内容完全一样的，合并同类项数量相加后设置一个项目即可；型号、规格、项目特征内容不完全一样的，则应分别编码列项设置项目。

2）控制设备与低压电器定额项目设置

定额说明：

①控制设备安装定额未包括的工作内容有：

a. 二次喷漆及喷字。

b. 电器及设备干燥。

c. 焊、压接线端子。

d. 端子板外部二次回路接线。

②成套配电箱安装，不分明装或暗装，均执行同一定额。成套配电箱暗装时，预留孔洞不得另行计算。

③空配电箱安装执行接线箱定额子目。

④接线端子定额只适用于导线。电力电缆终端头制作安装定额中包括压接线端子，控制电缆终端头制作安装定额中包括终端头制作及接线至端子板，不得重复计算。

⑤200 A 以下的空气保护开关执行小型空气保护开关定额。200 A 以上的空气保护开关执行"自动空气开关"定额子目。

⑥电表箱是指以计量为主的配电箱，箱内只装一个电表和若干断路器的，执行"四表以下电表箱"定额；箱内电表超过 12 个时，按"八表以上电表箱"定额乘以系数 1.3。

⑦一般小型电器检查接线定额适用于带电信号的阀门、水流指示器、压力开关、驱动装置及泄漏报警开关、水处理仪的接线、校线、绝缘测试工作。

⑧端子板外部接线只发生在现场需要二次接线时按设备盘、箱、柜、台的外部接线图计算，或者在现场组装的电表箱、配电箱、接线箱进出端的电源接线才需要计算，成套配电箱不能套用该定额，其已包含在成套配电箱安装费内。

⑨盘、柜配线定额只适用于盘上小设备元件的少量现场配线,不适用于工厂的设备修、配、改工程。

⑩开关、按钮、插座、安全变压器、门铃、风扇、盘管风机开关、请勿打扰灯、须刨插座、钥匙取电安装定额不含相应的预留导线,预留导线按导线的实际型号、规格及规定的预留长度列入导线工程量计算。

3)工程量计算规则

①控制设备及低压电器安装均以"台"为计量单位。以上设备安装均未包括基础槽钢、角钢的制作安装,其工程量应按相应定额另行计算。

②焊(压)接线端子定额只适用于导线,电缆终端头制作安装定额中已包括压接线端子,不得重复计算。

③端子板外部接线只发生在二次接线时以接设备盘、箱、柜、台的外部接线图计算,以"10个头"为计量单位。一般配电箱、电表箱不能套用。

④盘、柜配线定额只适用于盘上小设备元件的少量现场配线,不适用工厂的设备修、配、改工程。

⑤控制箱、信号机箱不分回路数按不同安装方式"台"为单位计算。

⑥控制箱、信号机箱安装为成套设备的安装,均不包括基础及基础槽钢、角钢的制作安装,其工程量应按相应定额另行计算。

⑦开关、按钮安装的工程量,应区别开关、按钮安装形式,开关、按钮种类,开关极数以及单控与双控,以"套"为计量单位计算。

⑧插座安装的工程量,应区别电源相数、额定电流、插座安装形式、插座插孔个数,以"套"为计量单位计算。

⑨安全变压器安装工程量,应区别安全变压器容量,以"台"为计量单位计算。

⑩电铃、电铃号码牌箱安装的工程量,应区别电铃直径、电铃号牌规格(号),以"套"为计量单位计算。

⑪门铃安装工程量计算,应区别门铃安装形式,以"个"为计量单位计算。

⑫风扇安装的工程量,应区别风扇种类,以"台"为计量单位计算。

⑬盘管风机三速开关、请勿打扰灯、须刨插座安装的工程量,以"套"为计量单位计算。

4)案例实训

工程背景:某值班室照明工程,层高3 m,利用SC40埋地进入值班室,埋地深1.0 m;

照明配电箱嵌入式安装,配电箱尺寸450 mm×250 mm×120 mm,配电线路管线配合:1~5根配SC20;6~8根配SC40;电气安装详见系统图、值班室平面图、电力外线平面图和材料表。

设计图纸如图5.8.1—图5.8.3所示,主要材料如表5.8.8所示。

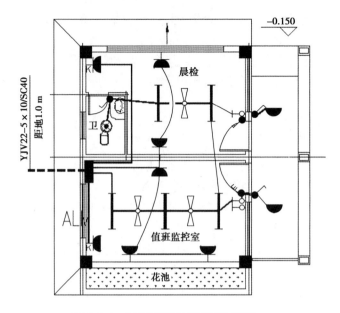

图 5.8.1　某值班室电气平面布置图

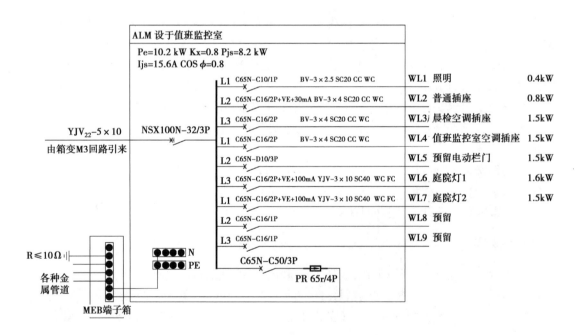

图 5.8.2　某值班室电气系统图

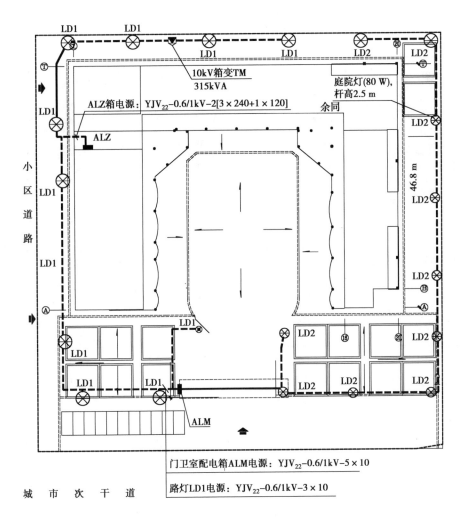

图 5.8.3 电力外线平面图 1:100

表 5.8.8 主要材料表

序号	符号	名称	型号规格	单位	数量	备注
1	▲	室外箱式变电站	10 kV/0.4 kV 315 kV·A	台	1	含基础等
2	▬	配电箱 ALZ/ALM	按系统图定制	台	按实际	距地 1.3 m 暗装
3		低压电力电缆	YJV22－0.6/1kV －3 × 240 + 1 × 120	m	按实际	
4		低压电力电缆	YJV22－0.6/1kV 5 × 10	m	按实际	
5		路灯低压电力电缆	YJV22－0.6/ 1kV 3 × 10	m	按实际	
6		焊接钢管	SC20/40/100/150	m	按实际	
7		金属软管	CP20	m	按实际	
8	⋈	吊扇及开关	220 V,120 W	个	按实际	吸顶安装
9	⏜K	空调插座	250 V,16 A	个	按实际	距地 2.0 m 暗装

续表

序号	符号	名称	型号规格	单位	数量	备注
10	▼	安全型单相 二三极暗插座	250 V,16 A	个	按实际	除注明者外, 距地 1.8 m 暗装
11	↗	单联单控开关	250 V,10 A	个	按实际	距地 1.4 m 暗装
12	↗	双联单控开关	250 V,10 A	个	按实际	距地 1.4 m 暗装
13	↗	三联单控开关	250 V,10 A	个	按实际	距地 1.4 m 暗装
14	⊗	防水吸顶灯	220 V,32 W	套	按实际	吸顶安装
15	⊢	单管日光灯 (节能灯)	220 V,28 W	套	按实际	距地 2.8 m 吊链 安装
16	▬	吸顶灯	220 V,32 W	套	按实际	吸顶安装
17	⊗	庭院灯($H=2.5$ m)	220 V,80 W Ⅰ类绝缘	套	按实际	含基础等
18		直埋电缆沟		m	按实际	

"控制设备及低压电器"工程案例清单与计价,如表5.8.9、表5.8.10所示。

表5.8.9 分部分项工程和单价措施项目清单与计价表

工程名称:控制设备及低压电器工程 　　　　　　　　　　　　　　　　第1页 共1页

序号	项目编码	项目名称及项目特征描述	计量单位	工程量	金额/元		
					综合单价	合价	其中:暂估价
		分部分项工程				2 853.31	
	0304	电气设备安装工程				2 853.31	
1	030402018001	组合型成套箱式变电站 1.容量(kV·A):315 kV·A 2.电压(kV):10 kV 3.含基础、支座等	台	1	2 329.63	2 329.63	
2	030404017001	配电箱 1.底边距地 1.3 m 安装 2.型号、规格:非标,箱内电器元件 详见图5.8.2	台	1	202.44	202.44	
3	030404035001	空调三极暗插座 1.250 V,16 A 底边距离地面 2 m, 暗装 2.含底盒	套	2	21.47	42.94	

序号	项目编码	项目名称及项目特征描述	计量单位	工程量	金额/元		
					综合单价	合价	其中：暂估价
4	030404035002	安全型二、三极暗插座 1.250 V,16 A 底边距离地面 1.8 m,暗装 2.含底盒	套	5	17.41	87.05	
5	030404034001	单联开关 1.250 V,16 A 底边距离地面 1.4 m,暗装 2.含底盒	套	3	14.31	42.93	
6	030404034002	双联开关 1.250 V,16 A 底边距离地面 1.4 m,暗装 2.含底盒	套	1	14.69	14.69	
7	030404034003	三联开关 1.250 V,16 A 底边距离地面 1.4 m,暗装 2.含底盒	套	2	7.55	15.10	

表 5.8.10 工程量清单综合单价分析表

工程名称：电气工程

序号	项目编码	项目名称及项目特征描述	单位	工程量	综合单价/元	人工费	材料费 辅材费	材料费 主材费	机械费	管理费	利润	未计价材料
	0304	电气设备安装工程										
1	030402018001	组合型成套箱式变电站 1.容量(kV·A):315 kV·A 2.电压(kV):10 kV 3.含基础、支座等	台	1	2 329.63	844.54	174.17		640.24	457.02	213.66	成套箱式变电站
	B4-0101	组合型成套箱式变电站安装 带高压开关柜（变压器容量 315 kV·A以下）	台	1	2 329.63	844.54	174.17		640.24	457.02	213.66	成套箱式变电站
	GA4-7	独立基础 混凝土[碎石 GD40 商品普通混凝土 C20]	10	1	3 272.12	467.05	2 598.14		8.82	157.85	40.26	工程量按设计图计算
2	030404017001	配电箱 1.底边距地 1.3 m 安装 2.型号、规格：非标，箱内电器 元件详见图5.8.2	台	1	202.44	104.34	27.54		16.14	37.08	17.34	配电箱
	B4-0302	成套配电箱安装 悬挂嵌入式（半周长 1.0 m）	台	1	202.44	104.34	27.54		16.14	37.08	17.34	配电箱
3	030404035001	空调三极暗插座 1.250 V,16 A 底边距离地面 2 m,暗装 2.含底盒	套	2	21.47	13.00	2.60			4.00	1.87	空调三极暗插座

序号	编码	项目名称/特征	单位	工程量	综合单价	人工费	材料费	机械费	管理费	利润	名称
4	B4-0440	单相暗插座 16 A 以下 3 孔	10套	0.2	214.67	129.98	25.98		40.01	18.70	空调三极暗插座
	030404035002	安全型二、三极暗插座 1.250 V,16 A 底边距离地面 1.8 m,暗装 2.含底盒	套	5	17.41	10.33	2.41		3.18	1.49	安全型二、三极暗插座
	B4-0436	单相暗插座 10 A 5 孔	10套	0.5	174.08	103.32	24.09		31.80	14.87	安全型二、三极暗插座
5	030404034001	单联开关 1.250 V,16 A 底边距离地面 1.4 m,暗装 2.含底盒	套	3	14.31	8.67	1.72		2.67	1.25	单联开关
	B4-0412	跷板暗开关(单控)单联	10套	0.3	143.02	86.69	17.18		26.68	12.47	单联开关
6	030404034002	双联开关 1.250 V,16 A 底边距离地面 1.4 m,暗装 2.含底盒	套	1	14.69	8.93	1.72		2.75	1.29	双联开关
	B4-0413	跷板暗开关(单控)双联	10套	0.1	146.93	89.34	17.23		27.50	12.86	双联开关
7	030404034003	三联开关 1.250 V,16 A 底边距离地面 1.4 m,暗装 2.含底盒	套	2	7.55	4.60	0.87		1.42	0.66	三联开关
	B4-0414	跷板暗开关(单控)三联	10套	0.1	150.82	91.98	17.29		28.31	13.24	三联开关

说明:①本表中管理费和利润均以人工费为取费基数,管理费费率为 32.4%,利润率为 15.15%;

②由于各地方的材料单价有差异,因此本表中综合单价中未包含备注的计价材料单价;

③实际工程中的综合单价组成＝人工费＋材料费(定额材料费＋未计价材料费)＋机械费＋管理费＋利润。

5.9 电缆与电缆保护管工程列项与算量

5.9.1 电缆

电力电缆的敷设方式有普通敷设、室外水下敷设、竖直通道敷设3种。

1)电缆工程量清单项目设置

电缆安装工程工程量清单项目的设置,电气工程的支架制作、安装、电缆井、电缆沟,以及适用于整个通用安装工程的土方开挖、土方(砂)回填、凿(压)槽及恢复、打洞(孔)及恢复等通用项目。

电缆安装工程工程量清单项目设置、项目特征描述的内容、计量单位、工程量计算规则、工作内容详见表5.9.1。

表5.9.1 电缆工程(编码:030408)

项目编码	项目名称	项目特征	计量单位	工程量计算规则	工作内容
030408001	电力电缆	1. 名称 2. 型号 3. 规格 4. 材质	m	按设计图示尺寸以长度计算(含预留长度及附加长度)	1. 电缆敷设 2. 揭(盖)盖板
030408002	控制电缆	5. 敷设方式、部位 6. 电压等级(kV) 7. 地形			
030408003	电缆保护管	1. 名称 2. 材质 3. 规格 4. 敷设方式		按设计图示尺寸以长度计算	保护管敷设
030408004	电缆槽盒	1. 名称 2. 材质 3. 规格 4. 型号			槽盒安装
030408005	铺砂、盖保护板(砖)	1. 种类 2. 规格			1. 铺砂 2. 盖板(砖)
030408006	电力电缆头	1. 名称 2. 型号 3. 规格 4. 材质、类型 5. 安装部位 6. 电压等级(kV)	个	按设计图示数量计算	1. 电力电缆头制作 2. 电力电缆头安装 3. 接地

项目编码	项目名称	项目特征	计量单位	工程量计算规则	工作内容
030408007	控制电缆头	1. 名称 2. 型号 3. 规格 4. 材质、类型 5. 安装方式	个	按设计图示数量计算	1. 电力电缆头制作 2. 电力电缆头安装 3. 接地
030408008	防火堵洞	1. 名称 2. 材质 3. 方式 4. 部位	处	按设计图示数量计算	安装
030408009	防火隔板		m²	按设计图示尺寸以面积计算	
030408010	防火涂料		kg	按设计图示尺寸以质量计算	
030408011	电缆分支箱	1. 名称 2. 型号 3. 规格 4. 基础形式、材质、规格	台	按设计图示数量计算	1. 本体安装 2. 基础制作、安装

说明：①电缆穿刺线夹按电缆头编码列项。

②电缆井、电缆排管、顶管，应按现行国家标准《市政工程工程量计算规范》（GB 50857—2013）相关项目编码列项。

③电缆敷设预留长度及附加长度如表 5.9.2 所示的电缆预留长度清单、定额一致。

表 5.9.2　电缆敷设预留长度及附加长度

序号	项目	预留长度（附加）	说明
1	电缆敷设弛度、波形弯度、交叉	2.5%	按电缆全长计算
2	电缆进入变电所	2.0 m	规范规定最小值
3	电缆进入沟内或吊架时引上（下）预留	—	按实际计算
4	电力电缆终端头	1.5 m	检修余量最小值
5	电缆中间接头盒	两端各留 2.0 m	检修余量最小值
6	电缆进控制、保护屏及模拟盘等	高 + 宽	按盘面尺寸
7	高压开头柜及低压配电盘、箱	2.0 m	—
8	电缆至电动机	0.5 m	从电机接线盒起算
9	电缆绕过梁柱等增加长度	按实计算	按被绕物的断面情况计算增加长度
10	挂墙配电箱	按半周长计	—

说明：①电缆进入变电所（2 m）：一般指主电缆在进出变电所的电缆井内预留，如无电缆井，不需计算。

②电力电缆终端头（1.5 m）：电力电缆终端头 1.5 m，检修余量一般在电缆沟或竖井内的配电柜（箱）进出端考虑，没有位置预留的可不考虑。

③除电缆进控制柜、保护屏、模拟屏按柜或屏的"高 + 宽"计算外，高压开关柜或低压配电柜一律按 2 m 计算。

④电缆进出挂墙配电箱均按"高 + 宽（半周长）"计算。

电力电缆、控制电缆的型号、规格繁多,敷设方式、敷设部分不同,设置清单时应按相应型号、规格、敷设方式及部位分别列项。

电力电缆普通敷设包括沿桥架敷设、沿支架敷设、直埋敷设、穿管敷设、浅槽敷设、电缆沟敷设、电缆隧道敷设、架空敷设等几种方式。由于电力电缆普通敷设均套用同一定额子目,故可根据电缆的规格、型号分别设置清单,但其敷设方式、敷设部位可以不具体描述。

电力电缆竖直通道敷设,应描述是沿支架垂直敷设还是沿桥架垂直敷设。

2) 电缆定额项目设置

定额说明:

①电缆在一般山地、丘陵地区敷设时,其定额人工乘以系数 1.3。该地段所需的施工材料如固定桩、夹具等按实另计。

②电力电缆头定额均按铜芯电缆考虑的,铝芯电力电缆头按同截面电缆头定额乘以系数 0.7,双屏蔽电缆头制作安装人工乘以系数 1.05。单芯电缆头按同截面电缆头定额乘以系数 0.33。

③电力电缆敷设定额均按三芯(包括三芯连地)考虑的,五芯电力电缆敷设定额乘以系数 1.3,六芯电力电缆乘以系数 1.6,每增加一芯,定额增加 30%,以此类推。单芯电力电缆敷设按同截面电缆定额乘以 0.670,截面 800 ~ 1 000 mm^2 的单芯电力电缆敷设按 400 mm^2 电力电缆乘以系数 1.25 执行。400 mm^2 以上的电缆头的接线端子为异型端子,需要单独加工,应按实际加工价计算(或调整定额价格)。

④电力电缆头定额均按铜芯电缆考虑的,铝芯电力电缆头按同截面电缆头定额乘以系数 0.7,双屏蔽电缆头制作安装人工乘以系数 1.05。单芯电缆头按同截面电缆头定额乘以系数 0.33。

⑤矿物质电缆及电缆头按相应截面电缆定额人工乘以系数 1.5,机械乘以系数 1.2。

⑥竖直通道电缆敷设适用于在 20 m 以上的高层建筑、高塔等建筑物的竖直通道内敷设电缆时使用。电缆在 20 m 以下的建筑物竖井内敷设,应套用电力电缆的普通敷设定额子目。

⑦室外埋地(含电缆沟内、穿管等)的电力电缆敷设,按相应电缆敷设项目定额乘以系数 0.9(铠装电缆除外)。

⑧室外水下电缆敷设适用于喷池、喷泉等的水下电缆敷设。

⑨电力电缆敷设及电缆头制作安装,按电缆的单芯最大截面面积套用定额。

⑩铝合金电缆敷设根据规格执行相应铝芯电缆敷设定额。

⑪铜芯预制分支电缆敷设安装定额内不包括分支连接体、接线装置等主材,具体按设计数另行计算电缆敷设定额及其相配套的定额中均未包括主材(又称装置性材料),另按设计和工程量计算规则加上定额规定的损耗率计算主材费用。

⑫电缆敷设定额中不含支架的制作、安装,电缆支架制作、安装执行该册附属工程章的"一般铁构件制作安装"定额子目。

3) 工程量计算规则

①电缆工程量计算:

$$电缆工程量 = (图示电缆长度 + 预留长度) \times (1 + 2.5\%)$$

2.5% 为考虑电缆敷设弛度、波形弯度、交叉等因素附加的长度。

电缆敷设定额未考虑因波形敷设增加长度、弛度增加长度、电缆绕梁(柱)增加长度以及电缆与设备连接、电缆接头等必要的预留长度,该增加长度应计入工程量之内。

②预制分支电缆敷设按设计图示尺寸以主干电缆与分支电缆长度分别计算。

③电缆终端头及中间头均以"个"为计量单位。电力电缆和控制电缆均按一根电缆有两个终端头考虑。中间电缆头设计有图示的,按设计确定;设计没有规定的,按实际情况计算(或按平均250 m一个中间头考虑)。未按电缆头标准制作时,只能按焊(压)接线端子计算工程量。1 kV以下截面面积在10 mm² 以下的电缆不计算终端头制作安装。

④电缆穿刺线夹按电缆单芯截面以"个"计算。

5.9.2 电缆保护管

1)电缆保护管工程量清单项目设置

电缆保护管工程清单项目设置、项目特征描述的内容、计量单位、工程量计算规则、工作内容见表5.3.7。

电缆保护管应描述保护管的材质(如镀锌钢管、PE塑料管、铸铁管等)、规格(指管径)、梅花管孔数以及敷设方式(埋地敷设、明敷等)。

电缆保护管沟槽土方开挖:应区分一般土、含建筑垃圾土和泥水土描述土壤类别以及挖土深度。挖土深度超过1.5 m时应计算放坡增加的工程量。

2)电缆保护管工程量定额项目设置

定额说明:

①电缆保护管埋地敷设的土方挖填工程量计算:设计有规定的,按设计规定尺寸计算;设计无规定的,一般按沟深0.9 m、沟底宽按最外边的保护管两侧边缘外各增加0.3 m工作面计算,未能达到上述标准的,则按实际开挖尺寸计算。多根电缆保护管同沟敷设时,沟底宽按多根电缆保护管最大宽度两边各加0.3 m工作面计算。

②室外埋地(含电缆沟内、穿管等)的电力电缆敷设,按相应电缆敷设项目定额乘以系数0.9(铠装电缆除外)。

③本定额的镀锌埋地钢管公称直径在100 mm以下的按螺纹连接编制,公称直径在100 mm以上的按焊接编制。其他电缆保护管敷设子目中的电缆钢保护管敷设只适用于电缆穿管从杆上引下明敷时套用。

④地下钻孔敷管定额中挖填工作坑的土质是按三类土以下考虑的,如需破除混凝土地面,可另行计算。

⑤地下定向钻孔敷管定额子目,按1管、2管、3管、4管、5管、6管、7管、8管及9管同时敷管设置定额子目,包括工作坑的挖填及路面修复,不包括永久性的检查井砌筑,发生时另执行相关定额。地下钻孔一次敷管超过9管时,计算方法如下:10管按两项5管计算,定额均乘以系数0.8;11管按一项5管、一项6管计算,定额均乘以系数0.8。

⑥人工挖填沟槽、小型机械挖填沟槽适用于管道沟和电缆沟槽的挖填工作,风镐开挖路面只适用于室外地面、路面等多条管道并排敷设需破路面时使用。有砌筑工作内容的沟槽,或仅做电缆沟不敷设电缆的室外电缆敷设工程,电缆沟挖填、砌筑等执行《广西壮族自治区市政工程消耗量定额(2014)》(以下简称2014《广西市政工程消耗量定额》)。人工、机械挖填沟槽不分土质执行同一定额,且不包括恢复路面。

⑦电缆保护管(镀锌钢管、塑料管)埋地敷设不含管沟土方挖填。

3)工程量计算规则

①电缆保护管工程量计算。电缆保护管按设计图示管道中心线尺寸以长度计算,不扣除管路中间接线盒所占长度。电缆保护管长度,除按设计规定长度计算外,遇有下列情况,应按规定增加保护管长度:

a.横穿道路,按路基宽度两端各增加2 m;

b.垂直敷设时,管口距地面增加2 m;

c.穿过建筑物外墙时,按基础外缘以外增加1 m;

d.穿过排水沟时,按沟壁外缘以外增加1 m。

②地下定向钻孔敷管按设计图示管束长度计算。

③土方挖填工程量计算。

a.电缆保护管埋地敷设的土方挖填工程量计算。设计有规定的,按设计规定尺寸计算;设计无规定的,一般按沟深0.9 m、沟底宽按最外边的保护管两侧边缘外各增加0.3 m 工作面计算,未能达到上述标准的,则按实际开挖尺寸计算。多根电缆保护管同沟敷设时,沟底宽按多根电缆保护管最大宽度两边各加0.3 m 工作面计算。

b.计算管沟土方开挖工程量需放坡时,按施工组织设计规定计算;如无施工组织设计规定,可按《建设工程工程量计算规范(GB 50854～50862—2013)广西壮族自治区实施细则(修订本)》"房屋建筑与装饰工程 附录A"的放坡系数计算。

c.回填方应按压实体积计算。土(石)方弃方应按挖掘前的天然密实体积计算。

d.直埋电缆的土方挖填工程量计算。直埋电缆的挖、填土(石)方,除特殊要求外,可按图5.9.1、表5.9.3计算土方量。

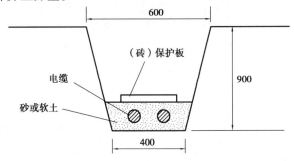

图5.9.1 直埋电缆的挖、填土(石)方

表5.9.3 直埋电缆的挖、填土(石)方量

项目	电缆根数	
	1～2	每增一根
每米沟长挖方量/m³	0.45	0.153

说明:①两根以内的电缆沟,是按上口宽度600 mm、下口宽度400 mm、深度900 mm 计算的常规土方量(深度按规范的最低标准);

②每增加一根电缆,其宽度增加170 mm,则土方量增加0.153 m³。

③以上土方量按埋深从自然地坪起算,如设计埋深超过900 mm 时,多挖的土方量应另行计算。

e.电缆沟揭(盖)盖板,按设计图示尺寸以中心线长度计算,如又揭又盖,则按两个工程量计算。

5.9.3 案例实训

已知条件见本章5.8.2案例实训的案例条件及图纸,本节只对相关内容的项目清单与定额做案例列出。

本项目照明线路采用BV铜芯绝缘导线。室内照明配电线路均采用穿管沿墙、顶板等暗敷设。电源由园区内北面箱式变电站引来,电缆沿围墙边敷设,距围墙边不小于0.6 m,电源及路灯线路同沟敷设,均采用电缆直埋敷设方式,过硬化地面穿钢管保护。路灯高度按2.5 m计,每盏路灯单独设接地装置。路灯的计量与计价见"电气照明器具"章节内容。

电缆、电缆保护管计量与计价案例中分部分项工程和单价措施项目清单与计价表如表5.9.4所示,分部分项和单价措施工程量计算表如表5.9.5所示,工程量清单综合单价分析表如表5.9.6所示。

表5.9.4 分部分项工程和单价措施项目清单与计价表

工程名称:电气工程   第1页 共1页

序号	项目编码	项目名称及项目特征描述	计量单位	工程量	金额/元		
					综合单价	合价	其中:暂估价
	0304	电气设备安装工程			40 581.36		
1	030408003001	冷镀锌钢管埋地敷设 SC150 1. 从室外箱式变电站至 ALZ 电箱室外手孔井 2. 人工开挖回填管沟土方,管埋深1.0 m	m	51.95	26.78	1 391.22	
2	030408003001	冷镀锌钢管埋地敷设 SC100 1. 从室外箱式变电站至 ALM 电箱室外手孔井 2. 人工开挖回填管沟土方,管埋深1.0 m	m	116.63	21.82	2 544.87	
3	030408003001	冷镀锌钢管埋地敷设 SC40 1. 从 ALM 电箱至路灯 2. 人工开挖回填管沟土方,管埋深1.0 m	m	314.66	21.82	6 865.88	
4	030408001001	铜芯电力电缆普通敷设 YJV22-0.6/1 kV-3×240+1×120 mm²	m	55.95	29.04	1 624.79	
5	030408001001	铜芯电力电缆普通敷设 YJV22-0.6/1 kV-5×10 mm²	m	122.25	4.30	525.68	
6	030408001001	铜芯电力电缆普通敷设 YJV22-0.6/1 kV-3×10 mm²	m	355.23	4.30	1 527.49	
7	030408006001	电力电缆头 截面240 mm²	个	2	264.63	529.26	

续表

序号	项目编码	项目名称及项目特征描述	计量单位	工程量	金额/元		
					综合单价	合价	其中：暂估价
8	040101001001	挖电缆沟沟槽土方 1. 土壤类别：三类土 2. 挖土深度：1.0 m	m³	250.86	6.55	1 643.13	
9	040103001001	回填方	m³	250.86	64.34	16 140.33	
10	040103002001	余方弃置 1. 运距：15 km 暂定（实际工程计算时以实计）	m³	118.27	52.26	6 180.79	
11	030408005001	铺砂、盖保护板（砖）	m	302.24	5.32	1 607.92	

表 5.9.5　分部分项和单价措施工程量计算表

工程名称：电气工程

新列	编号	工程量计算式	单位	标准工程量	定额工程量
	0304	电气设备安装工程			
1	030408003001	冷镀锌钢管埋地敷设 SC150 1. 从室外箱式变电站至 ALZ 电箱室外手孔井 2. 人工开挖回填管沟土方，管埋深 1.0 m	m	51.95	51.95
		→(22.09 + 18.33 + 5.67 + 2.41) + ↑1.0 × 2 + 1.3		51.8	
	室内外高差	0.15		0.15	
	B4-0809	镀锌钢管埋地敷设（公称直径 150 mm 以内）	100 m	51.95	0.52
		51.95		51.95	
2	030408003001	冷镀锌钢管埋地敷设 SC100 1. 从室外箱式变电站至 ALM 电箱室外手孔井 2. 人工开挖回填管沟土方，管埋深 1.0 m	m	116.63	116.63
		→22.09 + 18.33 + 0.91 + 49.29 + 22.56		113.18	
		↑1.0 × 2 + 1.3		3.3	
	室内外高差	0.15		0.15	
	B4-0808	镀锌钢管埋地敷设（公称直径 100 mm 以内）	100 m	116.63	1.17
		116.63		116.63	
3	030408003001	冷镀锌钢管埋地敷设 SC40 1. 从 ALM 电箱至路灯 2. 人工开挖回填管沟土方，管埋深 1.0 m	m	314.66	314.66
	LD1	→(45.02 + 18.33 + 0.91 + 49.29 + 22.71) + (4.89 + 9.34 + 1.13) + 0.28 × 2 + 0.8 × 3		154.58	

新列	编号	工程量计算式	单位	标准工程量	定额工程量
	LD2	→(14.29 + 67.95 + 31.23 + 9.46) + 20.4		143.33	
		↑ + 1.0 × 2 + 1.3 × 2		4.6	
室内外高差 = 2		0.15		0.15	
垂直		12 × 1		12.00	
	B4-0808	镀锌钢管埋地敷设（公称直径 100 mm 以内）	100 m	314.66	3.15
		314.66		314.66	
4	030408001001	铜芯电力电缆普通敷设 YJV22-0.6/1kV-3 × 240 + 1 × 120 mm²	m	55.95	55.95
松弛长度		51.95 × (1 + 2.5%)		53.25	
进变电站长度		2		2.00	
进配电箱预留		0.45 + 0.25		0.7	
	B4-0999	铜芯电力电缆普通敷设（截面 240 mm² 以下）	100 m	55.95	0.56
		55.95		55.95	
5	030408001001	铜芯电力电缆普通敷设 YJV22-0.6/1kV-5 × 10 mm²	m	122.25	122.25
松弛长度		116.63 × (1 + 2.5%)		119.55	
进变电站长度		2		2.00	
进配电箱预留		0.45 + 0.25		0.7	
	B4-0992	铜芯电力电缆普通敷设（截面 10 mm² 以下）	100 m	122.25	1.22
		122.25		122.25	
6	030408001001	铜芯电力电缆普通敷设 YJV22-0.6/1kV-3 × 10 mm²	m	355.23	355.23
松弛长度		314.66 × (1 + 2.5%)		322.53	
进变电站长度		2		2.00	
进配电箱预留		0.45 + 0.25		0.7	
垂直		12 × 2.5		30.	
	B4-0992	铜芯电力电缆普通敷设（截面 10 mm² 以下）	100 m	355.23	3.55
		355.23		355.23	
7	030408006001	电力电缆头 截面 240 mm²	个	2	2
		2		2.00	
	B4-1054	户内干包式电力电缆终端头制作、安装 干包终端头（1kV 以下截面 240 mm² 以下）	个	2	2
		2		2.00	

续表

新列	编号	工程量计算式	单位	标准工程量	定额工程量
8	040101001001	挖电缆沟沟槽土方 1.土壤类别:三类土 2.挖土深度:1.0 m	m³	250.86	250.86
		$(13.61+1.91+66.62+31.24+8.96+2.9+21.43+11.5+5.13+21.58+48.64+0.89+13.98+5.16+42.27+4.75+1.67)\times[(0.4+0.6)/2\times1+0.33\times1]$		250.86	
	C1-0021	挖掘机挖沟槽、基坑土方(斗容量0.4)不装车 三类土	1 000 m³	250.86	0.25
		250.86		250.86	
9	040103001001	回填方		250.86	250.86
		250.86		250.86	
2	C1-0099	振动压路机1 t 沟槽回填(槽底宽≤2.8 m)砂	100 m³	132.59	1.33
		250.86		250.86	
	扣除铺砂工程量	$-(13.61+1.91+66.62+31.24+8.96+2.9+21.43+11.5+5.13+21.58+48.64+0.89+13.98+5.16+42.27+4.75+1.67)\times\{[0.4+(0.15+0.2\times2)\times0.33\times2]/2\times(0.15+0.2\times2)+0.33\times(0.15+0.2\times2)\}$		-118.27	
10	040103002001	余方弃置 运距:15 km(暂定,实际工程计算时以实计)		118.27	118.27
		118.27		118.27	
	C1-0114	人工装自卸汽车运土 4.5 t自卸汽车 运距 0.5 km以内	100 m³	118.27	1.18
		118.27		118.27	
	C1-0120 换	自卸汽车运土方(运距 0.5 km内)4.5 t	1 000 m³	118.27	0.12
		118.27		118.27	
11	030408005001	铺砂、盖保护板(砖)	m	302.24	302.24
		$13.61+1.91+66.62+31.24+8.96+2.9+21.43+11.5+5.13+21.58+48.64+0.89+13.98+5.16+42.27+4.75+1.67$		302.24	
	B4-0797	电缆沟铺砂、盖砖及移动盖板 铺砂盖砖 1~2 根	100 m	302.24	3.02
		$13.61+1.91+66.62+31.24+8.96+2.9+21.43+11.5+5.13+21.58+48.64+0.89+13.98+5.16+42.27+4.75+1.67$		302.24	

说明:①本表中管理费和利润均以人工费为取费基数,管理费费率为32.4%,利润率为15.15%。

②由于各地方的材料单价有差异,因此本表中综合单价中未包含备注的计价材料单价。

③实际工程中的综合单价组成 = 人工费＋材料费(定额材料费＋未计价材料费)＋机械费＋管理费＋利润。

④本表工程量是在 CAD 设计工程图上量取得出的数据。

工程名称：电气工程

表 5.9.6 工程量清单综合单价分析表

序号	项目编码	项目名称及项目特征描述	单位	工程量	综合单价/元	综合单价/元						其中：暂估价
						人工费	材料费	辅材费	机械费	管理费	利润	
	0304	电气设备安装工程										
1	030408003001	冷镀锌钢管埋地敷设 SC150 1.从室外箱式变电站至 AIZ 电箱室外手孔井 2.人工开挖回填管沟土方，管埋深 1.0 m	m	51.95	26.78	12.88	4.98		2.14	4.62	2.16	锌钢管 SC150
	B4-0809	镀锌钢管埋地敷设（公称直径 150 mm 以内）	100 m	0.519 5	2 678.06	1 288.08	497.60		213.92	462.32	216.14	锌钢管 SC150
2	030408003001	冷镀锌钢管埋地敷设 SC100 1.从室外箱式变电站至 ALM 电箱室外手孔井 2.人工开挖回填管沟土方，管埋深 1.0 m	m	116.63	21.82	10.52	4.13		1.67	3.75	1.75	锌钢管 SC100
	B4-0808	镀锌钢管埋地敷设（公称直径 100 mm 以内）	100 m	1.166 3	2 182.21	1 052.14	412.97		166.59	375.13	175.38	锌钢管 SC100
3	030408003001	冷镀锌钢管埋地敷设 SC40 1.从 ALM 电箱至路灯 2.人工开挖回填管沟土方，管埋深 1.0 m	m	314.66	21.82	10.52	4.13		1.67	3.75	1.75	锌钢管 SC40

续表

序号	项目编码	项目名称及项目特征描述	单位	工程量	综合单价/元	综合单价/元					其中：暂估价
						人工费	材料费 辅材费	机械费	管理费	利润	
	B4-0808	镀锌钢管埋地敷设（公称直径100 mm 以内）	100 m	3.1466	2182.21	1052.14	412.97	166.59	375.13	175.38	锌钢管 SC40
4	03040408001001	铜芯电力电缆普通敷设 YJV22-0.6/1kV-3×240+1×120 mm²	m	55.95	29.04	15.50	0.73	4.00	6.00	2.81	铜芯电缆普通敷设
	B4-0999	铜芯电力电缆普通敷设（截面240 mm²以下）	100 m	0.559 5	2 903.10	1 549.70	72.96	399.83	600.07	280.54	铜芯电缆普通敷设
5	03040408001001	铜芯电力电缆普通敷设 YJV22-0.6/1kV-5×10 mm²	m	122.25	4.30	2.58	0.34	0.15	0.84	0.39	铜芯电缆普通敷设
	B4-0992	铜芯电力电缆普通敷设（截面10 mm²以下）	100 m	1.222 5	430.90	257.97	34.49	15.10	84.05	39.29	铜芯电缆普通敷设
6	03040408001001	铜芯电力电缆普通敷设 YJV22-0.6/1kV-3×10 mm²	m	355.23	4.30	2.58	0.34	0.15	0.84	0.39	铜芯电缆普通敷设
	B4-0992	铜芯电力电缆普通敷设（截面10 mm²以下）	100 m	3.552 3	430.90	257.97	34.49	15.10	84.05	39.29	铜芯电缆普通敷设
7	03040408006001	电力电缆头 截面240 mm²	个	2	264.63	75.36	149.61	3.87	24.39	11.40	
	B4-1054	户内干包式电力电缆终端头制作·安装 干包终端头（1 kV 以下 截面240 mm²以下）	个	2	264.63	75.36	149.61	3.87	24.39	11.40	

序号	编码	项目名称	单位	工程量						
8	040101001001	挖电缆沟沟槽土方 1.土壤类别:三类土 2.挖土深度:1.0 m		250.86	6.55		0.36	5.52	0.43	0.24
	C1-0021	挖掘机挖沟槽、基坑土方(斗容量0.4)不装车 三类土	1 000 m³	0.250 86	6 543.68		357.12	5 523.78	425.19	237.59
9	040103001001	回填方		250.86	64.34	57.76	4.72	1.19	0.43	0.24
	C1-0099	振动压路机1 t沟槽回填(槽底宽≤2.8 m) 砂	100 m³	1.325 9	12 171.63	10 928.25	892.80	224.65	80.79	45.14
10	040103002001	余方弃置 1.运距:15 km(暂定,实际工程计算时以实计)		118.27	52.26		10.93	36.03	3.40	1.90
	C1-0114	人工装自卸汽车运土 4.5 t自卸汽车 运距0.5 km以内	100 m³	1.182 7	2 511.12		1 093.38	1 163.40	163.17	91.17
	C1-0120换	自卸汽车运土方(运距0.5 km内)4.5 t	1 000 m³	0.118 27	27 141.76			24 392.70	1 763.59	985.47
11	030408005001	铺砂、盖保护板(砖)	m	302.24	5.32		0.36		1.05	0.49
	B4-0797	电缆沟铺砂、盖砖及移动盖板铺砂盖砖1~2根	100 m	3.022 4	532.93		36.15		105.33	49.24

5.10 配管(桥架)、配线工程列项与算量

5.10.1 桥架

1)桥架(线槽)清单项目设置

配管、配线工程量清单项目设置、项目特征描述的内容、计量单位、工程量计算规则、工作内容如表 5.10.1 所示。

表 5.10.1　线槽、桥架安装

项目编码	项目名称	项目特称	计量单位	工程量计算规则	工作内容
030411002	线槽	1. 名称 2. 材质 3. 规格	m	按设计图示尺寸以长度计算	1. 本体安装 2. 补刷(喷)油漆
030411003	桥架	1. 名称 2. 型号 3. 规格 4. 材质 5. 类型 6. 接地方式			1. 本体安装 2. 接地

说明:①线槽要描述是塑料线槽还是金属线槽,规格是指线槽的宽和高。

②桥架规格要描述(宽+高)尺寸,类型要描述槽式、梯式、托盘式。

③桥架安装包括运输、组对、吊装、固定,弯通或三、四通修改、制作组对,切割口防腐,桥架开孔,上管件、隔板安装、盖板安装、接地、附件安装等工作内容。

2)桥架(线槽)定额项目设置

定额说明:

①桥架支撑架定额适用于立柱、托臂及其他各种支撑架为成品的安装。

②玻璃钢梯式桥架和铝合金梯式桥架定额均按不带盖考虑,如这两种桥架带盖,则分别执行玻璃钢槽式桥架定额和铝合金槽式桥架定额。

③钢制桥架主结构设计厚度大于 3 mm 时,定额人工、机械乘以系数1.2。

④不锈钢桥架按钢制桥架定额乘以系数1.1执行。

⑤桥架安装包括运输、组对、吊装、固定,弯通或三、四通修改、制作组对,切割口防腐,桥架开孔,上管件、隔板安装、接地、附件安装等工作内容。

3)桥架工程量计算规则

①桥架和线槽按设计图示尺寸以中心线长度计算,不扣除直通、弯头、三通、四通等所占的长度。连接螺栓和连接件随桥架成套购买,计算预算质量可按桥架总质量或总价7%计。

②电缆桥架安装定额是按照厂家供应成品安装编制的,若为现场制作,桥架制作(含直通桥架、弯头、三通、四通及托臂等)执行2015《广西安装工程消耗量定额》电气册第十三章附属工程"电缆桥架三通、弯头制作"定额子目,但弯头、三通、四通的安装费用已包含在电缆桥架安装定额内,不得另行计算。

③桥架安装包括弯头、三通、四通等配件安装。桥架主材费中"直通桥架、弯头、三通、四通"等分别按实际用量(含规定损耗量)分别计算材料费。

5.10.2 配管、配线

1)配管、配线工程量清单项目设置

配管、配线工程量清单项目设置、项目特征描述的内容、计量单位、工程量计算规则、工作内容见表5.10.2。

表5.10.2 配管、配线工程(编码:030411)

项目编码	项目名称	项目特称	计量单位	工程量计算规则	工作内容
030411001	配管	1.名称 2.材质 3.规格 4.配置形式 5.按地要求 6.钢索材质、规格	m	按设计图示尺寸以长度计算	1.电线管路敷设 2.钢索架设(拉紧装置安装) 3.预留沟槽 4.接地
030411004	配线	1.名称 2.配线形式 3.型号 4.规格 5.材质 6.配线部位 7.配线线制 8.钢索材质、规格	m	按设计图示尺寸以单线长度计算(含预留长度)	1.配线 2.钢索架设(拉紧装置安装) 3.支持体(夹板、绝缘子、槽板等)安装
030411005	接线箱	1.名称 2.材质	个	按设计图示数量计算	本体安装
030411006	接线盒	3.规格 4.安装形式			

①配管、线槽安装不扣除管路中间的接线箱(盒)、灯头盒、开关盒所占长度。灯具、开关、插座安装清单中已包括灯头盒、开关盒及插座盒安装内容,不能另行按接线盒安装清单列项。

②配管名称指电线管、钢管、防爆管、塑料管、软管、波纹管等。

③从楼板接线盒至吊顶普通灯具的金属软管按可挠金属短管清单列项。

④配管配置形式指明配、暗配、吊顶内、钢结构支架、钢索配管、埋地敷设、水下敷设、砌筑沟内敷设等。

⑤配线名称指管内穿线、瓷夹板配线、塑料夹板配线、绝缘子配线、槽板配线、塑料护套配线、线槽配线、车间带形母线等。

⑥配线形式指照明线路,动力线路,木结构,顶棚内,砖、混凝土结构,沿支架、钢索、屋架、梁、柱、墙,以及跨屋架、梁、柱。

⑦配线保护管遇到下列情况之一时,应增设管路接线盒和拉线盒:

a. 管长每超过 30 m,无弯曲;

b. 管长度每超过 20 m,有 1 个弯曲;

c. 管长度每超过 15 m,有 2 个弯曲。

⑧管长度每超过 8 m,有 3 个弯曲。垂直敷设的电线保护管遇到下列情况之一时,应增设固定导线用的拉线盒:

a. 管内导线截面为 50 mm² 及以下,长度每超过 30 m;

b. 管内导线截面为 70~95 mm² 及以下,长度每超过 20 m;

c. 管内导线截面为 120~240 mm² 及以下,长度每超过 18 m。在配管清单项目计量时,设计无要求时上述规定可以作为计量接线盒、拉线盒的依据。

⑨配管安装中不包括凿槽、刨沟,应按附属工程相关项目编码列项。

⑩配线进入箱、柜、板的预留长度见表 5.3.15。

⑪所有电线管、钢管、可挠金属管和刚性阻燃管暗配都不含割槽刨沟抹砂浆保护层的工作内容,需要凿(压)槽及恢复时,按 2013《计算规范广西实施细则(修订本)附录 D. 13 附属工程中的"凿(压)槽及恢复"列项。

⑫多芯软导线、塑料护套线的规格是指芯数和单芯截面面积。

⑬凿(压)槽及恢复的项目特征按公称管径 20,32,50,70 mm 以内分别描述;凿(压)槽类型有砖墙、混凝土结构。

2) 配管、配线工程量定额项目设置

①所有电线管、钢管、可挠金属管和刚性阻燃管暗配均不含割槽、刨沟、所凿沟槽恢复等工作内容,割槽、刨沟、所凿沟槽恢复执行 2015《广西安装工程消耗量定额》电气册第十三章附属工程相应定额子目。实际应用中,预埋在地面、楼板、混凝土墙的管子不计取割槽、刨沟及所凿沟槽恢复费用,但暗埋在砖墙或因未预埋在混凝土墙、板,需凿墙、刨沟的,应另行计算割槽、刨沟及所凿沟槽恢复费用。

②可挠金属套管、刚性阻燃管及扣压式(KBG)、紧定式(JDG)电气钢导管吊顶内暗敷设定额,均含成品支架安装。若支架采用型钢在现场制作,则支架制作执行 2015《广西安装工程消耗量定额》常用册上册电气设备安装工程第十三章附属工程"一般铁构件制作安装"子目,定额人工乘系数 0.7,材料乘系数 0.96,机械乘系数 0.98。

③暗装接线箱、接线盒定额中的槽孔按事先预理考虑,不计算开槽、开孔费用。

④照明线路中的导线截面面积大于或等于 6 mm² 时,应执行动力线路穿线相应项目。

⑤管内穿铁线定额,适用于电气及弱电工程预埋电气管道后,管内不穿电线,仅在管内穿铁线的情况下使用。

⑥灯具、开关、插座底盒均已含在相应灯具、开关、插座安装定额中,不应再套用底盒定额计算。

⑦配线进入灯具、开关、插座、按钮、其他小型电器的预留长度按表 5.10.3 计算。

表5.10.3 灯具、开关、插座、按钮、其他小型电器的预留长度

序号	项目	预留长度/m
1	灯具、开关、插座(电热插座、空调柜机插座除外)、按钮	1
2	电热插座、空调柜机插座	0.5
3	其他小型电器	0.5

⑧配线进入开关箱、柜、盘、板、盒的预留长度按表5.10.4计算。

表5.10.4 配线进入开关箱、柜、盘、板、盒的预留长度

序号	项目	预留长度	说明
1	各种箱、柜、盘、板、盒	高+宽	盘面尺寸
2	单独安装(无箱、盘)的铁壳开关、自动开关、刀开关、控制开关、继电器、箱式电阻器、变阻器、启动器进出线盒等	0.3 m	从安装对象中心算起
3	由地面管子出口引至动力接线箱	1.0 m	
4	电源与管内导线连接(管内穿线与软、硬母线接点)	1.5 m	从管口算起
5	出户线	1.5 m	

3)配管、配线工程量计算规则

①材质、规格、配置形式不同的配管应按相应工程量分别列项计算。配管按设计图示尺寸以长度计算的,不扣除管路中间的接线箱(盒)、灯头盒、开关盒所占长度。

配管工程量 = 水平管段工程量 + 垂直管段工程量

a.水平管段工程量计算。水平方向敷设的配管应以施工平面图的管线实际走向、敷设部位和设备安装位置的中心点为依据,并根据平面图上所标墙、柱轴线尺寸进行线管长度的计算,若没有轴线尺寸可利用,则应使用比例尺或直尺直接在平面图上量取线管长度。

水平管段工程量(m) = 图纸量取的长度(mm) × 图纸比例/1 000

例如,图纸比例为1:100,在图纸上量取的长度为10 mm时,

该管段长度 = 10 × 100/1 000 = 1.0(m)

b.垂直管段工程量计算。垂直管段长度根据建筑物层高、配电箱安装高度、开关安装高度和插座安装高度进行计算。

• 当线管设计沿顶板引下敷设时:

接至配电箱的垂直管段长度 = 建筑物层高 − 配电箱安装高度 − 配电箱高度 − 楼板厚度/2

接至开关的垂直管段长度 = 建筑物层高 − 开关安装高度 − 楼板厚度/2

接至插座的垂直管段长度 = (建筑物层高 − 插座安装高度 − 楼板厚度/2) × 垂直段数

• 当线管设计沿底板引上敷设时:

接至配电箱的垂直管段长度 = 配电箱安装高度 + 楼板厚度/2

接至开关的垂直管段长度 = 开关安装高度 + 楼板厚度/2

接至插座的垂直管段长度 = (插座安装高度 + 楼板厚度/2) ×

垂直段数(垂直段数根据实际施工来确定)。

计算配管工程量时,考虑到楼板厚度对管线从楼板引上(下)工程量计算影响不大,为简化计算,一般楼板厚度可不增也不减。但普通插座通常设计为线管沿底板引上敷设,且垂直段数量较大,从底板引上插座的垂直管段长度还是应该计算楼板厚度。

配管工程量的计算按"延长米"计算。"延长米"原则上是指按照图示设计走向计算,但如果施工图走向严重偏离实际走向图,则要结合实际走向来计算(如管线敷设中穿过竖井、楼梯、卫生间时不应按直线量取)。

②材质、型号、规格 配置形式不同的配线长度要分别计算工程量。配线按设计图示尺寸以单线长度计算(含预留长度)。

$$配线工程量 = 水平段配线工程量 + 垂直段配线工程量$$

$$线长 = 管长 \times 导线根数 + 预留部分$$

③砖墙内剔槽敷设工程量可按砖墙内管子垂直量计算。

④管线工程量计算时应注意如下问题:

a. 确认图纸比例:

图纸比例:标在图名旁边的1:100,表示图上1 mm实际为100 mm。

软件比例:在各种算量软件中,从电子图中量取长度和表格显示长度的比例。

b. 图纸显示不全如何操作

原因:电脑未安装天正软件;有些是电脑CAD字体不全导致同一文件夹中的参照块被删除或被移动。

解决:安装天正、CAD快速看图软件可解决。参照块不能删除,要放回图纸同文件夹中,特别是路灯工程设计人员喜欢使用参照块。

图纸存在问题时解决方法:

• 系统图有的回路平面上没有时,不计算工程量。

• 平面图有的回路系统图没有时,按平面图,出线规格参照类似配电箱。

• 系统图和平面图不符,配电箱在平面图没有画。系统图、平面图、说明对不上,理论上以平面图为准,然后是系统图再到说明,但原则上以有利合理为准。

• 垂直部分一般不量取工程量而是直接计算。

• 在工程设计图纸中,设计人员为了美观,往往所画的照明器具会离墙一定的距离,读者在量取时应考虑暗敷量取至墙中,明敷设时量取至墙边。

• 插座计算时,应考虑每个插座进出的数量,如图5.10.1所示。

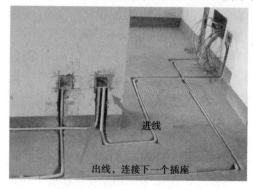

图5.10.1 插座布管示意图

5.10.3 案例实训

已知条件如本章5.8.2案例实训的案例条件及图纸,本节只对相关内容的项目清单与定额做案例列出。

在计算线路配管(配线)前应电气照明线路先判断线路的配线根数,如图5.8.1未注明的均为三根。在说明中有配电线路管线配合:1~5根配SC20;6~8根配SC40。

配管、配线计量与计价案例如表5.10.5—表5.10.7所示。

本次电气照明工程计量与计价说明:

①本表中管理费和利润均以人工费为取费基数,管理费费率为32.4%,利润率为15.15%。

②由于各地方的材料单价有差异,因此本表中综合单价中未包含备注的计价材料单价。

③实际工程中的综合单价组成=人工费+材料费(定额材料费+未计价材料费)+机械费+管理费+利润。

④本表工程量是在CAD设计工程图上量取得出的数据。

表5.10.5　分部分项工程和单价措施项目清单与计价表

工程名称:电气工程　　　　　　　　　　　　　　　　　　　　　　　　　　第1页　共1页

序号	项目编码	项目名称及项目特征描述	计量单位	工程量	金额/元		
					综合单价	合价	其中:暂估价
		分部分项工程				1 240.20	
	0304	电气设备安装工程				1 240.20	
1	030411001001	暗配 焊接钢管 DN40 沿顶板或墙体敷设	m	4.66	15.54	72.42	
2	030411001001	暗配 焊接钢管 DN20 沿顶板或墙体敷设	m	57.58	16.29	937.98	
3	030411004001	铜芯线 BV-2.5 mm^2 管内穿铜芯线	m	149.55	0.92	137.59	
4	030411004001	铜芯线 BV-4 mm^2 管内穿铜芯线	m	102.46	0.90	92.21	

表5.10.6　分部分项和单价措施工程量计算表

工程名称:电气工程

序号	编号	工程量计算式	单位	标准工程量	定额工程量
	0304	电气设备安装工程			

续表

序号	编号	工程量计算式	单位	标准工程量	定额工程量
1	030411001001	暗配 焊接钢管 DN40 沿顶板或墙体敷设	m	4.66	4.66
		照明 6 根线	→0.92 + 1.07	1.99	
		照明 7 根线	→1.07	1.07	
		垂直开关 6 根线	↑3 − 1.4	1.6	
	B4-1448	砖、混凝土结构暗配 钢管公称口径(40 mm 以内)	100 m	4.66	0.0466
		4.66			4.66
2	030411001002	暗配 焊接钢管 DN20 沿顶板或墙体敷设	m	57.58	57.58
		照明 5 根线	→0.92 + 0.92	1.84	
		照明 4 根线	→0.92 + 1.22 + 0.92	3.06	
		照明 3 根线	→0.96 + 1.27 + 0.26 + 0.2 + 0.61 + 3.61 + 0.21 + 0.56 + 1.66 + 0.72	10.06	
		空调插座	→2.4 + 0.1 + 2.6 + 1.64 + 3.26 + 1.6	11.6	
		普通插座	→2.7 + 0.58 + 1.17 + 1.34 + 0.95 + 2.585 + 0.5	9.82	
		垂直开关 3 根线	↑3 − 1.4	1.6	
		垂直开关 2 根线	↑(3 − 1.4)×3	4.8	
		配电箱	↑(3 − 1.3)×4	6.8	
		空调插座	↑(3 − 2)×2	2.0	
		普通插座	↑(3 − 1.8)×5	6.0	
	B4-1448	砖、混凝土结构暗配 钢管公称口径(40 mm 以内)	100 m	60.38	0.6038
		60.38			60.38
3	030411004001	铜芯线 BV-2.5 mm² 管内穿铜芯线	m	149.55	149.55

续表

序号	编号	工程量计算式	单位	标准工程量	定额工程量
	照明 6 根线	$(1.99 + 1.6) \times 6$		21.54	
	照明 7 根线	1.07×7		7.49	
	照明 5 根线	1.84×5		9.2	
	照明 4 根线	3.06×4		12.24	
	照明 3 根线	$(10.06 + 1.6) \times 3$		34.98	
	垂直开关 6 根线	1.6×6		9.6	
	垂直开关 3 根线	1.6×3		4.8	
	垂直开关 2 根线	4.8×2		9.6	
	配电箱垂直	6.8×3		20.4	
	配电箱预留	$(0.45 + 0.25) \times 1$		0.7	
	灯具、开关、风扇、插座预留	19×1		19.0	
	B4-1564	照明线路 铜芯导线截面(2.5 m 以内)	100 m 单线	149.55	1.4955
		149.55		149.55	
4	030411004002	铜芯线 BV-4 mm² 管内穿铜芯线	m	102.46	102.46
	空调插座	11.6×3		34.8	
	普通插座	9.82×3		29.46	
	配电箱垂直	1.7×3		5.1	
	插座垂直	$(2 + 6) \times 3$		24.0	
	配电箱预留	$(0.45 + 0.25) \times 3$		2.1	
	插座预留	7×1		7.0	
	B4-1565	照明线路 铜芯导线截面(4 m 以内)	100 m 单线	102.46	1.0246
		102.46		102.46	

表 5.10.7　工程量清单综合单价分析表

工程名称:电气工程

序号	项目编码	项目名称及项目特征描述	单位	工程量	综合单价/元	人工费	材料费 辅材费	机械费	管理费	利润	未计价材料
	0304	分部分项工程									
		电气设备安装工程									
1	030411001001	暗配 焊接钢管 DN40 沿顶板或墙体敷设	m	4.66	15.54	9.51	1.50	0.16	2.98	1.39	焊接钢管 DN40
	B4-1448	砖、混凝土结构暗配 钢管公称口径（40 mm 以内）	100 m	0.046 6	1 553.42	950.76	149.55	16.29	297.66	139.16	焊接钢管 DN40
2	030411001002	暗配 焊接钢管 DN20 沿顶板或墙体敷设	m	57.58	16.29	9.97	1.57	0.17	3.12	1.46	焊接钢管 DN20
	B4-1448	砖、混凝土结构暗配 钢管公称口径（40 mm 以内）	100 m	0.603 8	1 553.42	950.76	149.55	16.29	297.66	139.16	焊接钢管 DN20
3	030411004001	铜芯线 BV-2.5 mm² 管内穿铜芯线	m	149.55	0.92	0.50	0.20		0.15	0.07	铜芯线 BV-2.5 mm²
	B4-1564	照明线路 铜芯导线截面（2.5 mm² 以内）	100 m 单线	1.495 5	93.08	50.24	20.15		15.46	7.23	铜芯线 BV-2.5 mm²
4	030411004002	铜芯线 BV-4 mm² 管内穿铜芯线	m	102.46	0.90	0.48	0.20		0.15	0.07	铜芯线 BV-4 mm²
	B4-1565	照明线路 铜芯导线截面（4 mm² 以内）	100 m 单线	1.0246	89.27	47.86	19.79		14.73	6.89	铜芯线 BV-4 mm²

5.11 照明器具安装工程列项与算量

5.11.1 照明器具安装工程清单项目设置

照明器具安装工程量清单项目设置、项目特征、计量单位、工程量计算规则、工作内容如表 5.11.1 所示。

表 5.11.1 照明器具工程(编码:030412)

项目编码	项目名称	项目特征	计量单位	工程量计算规则	工作内容
030412001	普通灯具	1. 名称 2. 型号 3. 规格 4. 类型	套	按设计图示数量计算	本体安装
030412002	工厂灯	1. 名称 2. 型号 3. 规格 4. 安装形式			
030412003	高度标志(障碍)灯	1. 名称 2. 型号 3. 规格 4. 安装部位 5. 安装高度			
030412004	装饰灯	1. 名称 2. 型号 3. 规格 4. 安装形式			
030412005	荧光灯				
030412006	医疗专用灯	1. 名称 2. 型号 3. 规格			
030412007	一般路灯	1. 名称 2. 型号 3. 规格 4. 灯杆材质、规格 5. 灯架形式及臂长 6. 附件配置要求 7. 灯杆形式(单、双) 8. 基础形式、砂浆配合比 9. 杆座材质、规格 10. 接线端子材质、规格 11. 编号 12. 接地要求			1. 基础制作、安装 2. 立灯杆 3. 杆座安装 4. 灯架及灯具附件安装 5. 焊、压接线端子 6. 补刷(喷)油漆 7. 灯杆编号 8. 接地

续表

项目编码	项目名称	项目特征	计量单位	工程量计算规则	工作内容
030412008	中杆灯	1. 名称 2. 灯杆的材质及高度 3. 灯架的型号、规格 4. 附件配置 5. 光源数量 6. 基础形式、浇筑材料 7. 杆座材质、规格 8. 接线端材质、规格 9. 铁构件规格 10. 编号 11. 灌浆配合比 12. 接地要求	套	按设计图示数量计算	1. 基础浇筑 2. 立灯杆 3. 杆座安装 4. 灯架及灯具附件安装 5. 焊、压接线端子 6. 铁构件安装 7. 补刷(喷)油漆 8. 灯杆编号 9. 接地
030412009	高杆灯	1. 名称 2. 灯杆高度 3. 灯架形式(成套或组装、固定或升降) 4. 附件配置 5. 光源数量 6. 基础形式、浇筑材料 7. 杆座材质、规格 8. 接线端子材质、规格 9. 铁构件规格 10. 编号 11. 灌浆混合比 12. 接地要求			1. 基础浇筑 2. 立灯杆 3. 杆座安装 4. 灯架及灯具附件安装 5. 焊、压接线端子 6. 铁构件安装 7. 补刷(喷)油漆 8. 灯杆编号 9. 升降机构接线调试 10. 接地
030412010	桥栏杆灯	1. 名称 2. 型号 3. 规则 4. 安装形式			1. 灯具安装 2. 补刷(喷)油漆
030412011	地道涵洞灯				

灯具清单项目适用的灯具如下:

①普通灯具,包括圆球吸顶灯、半圆球吸顶灯、方形吸顶灯、软线吊灯、座灯头、吊链灯、防水吊灯、壁灯等。

②工厂灯,包括工厂罩灯、防水灯、防尘灯、碘钨灯、投光灯、泛光灯、混光灯、密闭灯等。

③高度标志(障碍)灯,包括烟囱标志灯、高塔标志灯、高层建筑屋顶障碍指示灯等。

④装饰灯,包括吊式艺术装饰灯、吸顶式艺术装饰灯、荧光艺术装饰灯、几何形组合艺术装饰灯、标志灯、诱导装饰灯、水下(上)艺术装饰灯、点光源艺术灯、歌舞厅灯具、草坪灯具等。

⑤医疗专用灯,包括病房指示灯、病房暗脚灯、紫外线杀菌灯、无影灯等。

⑥一般路灯是指安装在高度小于 15 m 的灯杆上的照明器具。

中杆灯是指安装在高度大于 15 m 小于 19 m 的灯杆上的照明器具。

高杆灯是指安装在高度大于 19 m 的灯杆上的照明器具。

说明：

a.其他照明灯具安装指该节未列的灯具项目。

b.灯具种类多,要求明确名称、型号和规格,因样式、质地及品牌导致的价格差异性很大,应结合施工图,尽可能详细地描述各种价格因素。

c.市政路灯等需标明杆高、灯杆材质、灯架形式及臂长。

5.11.2　照明器具安装工程定额项目设置

①并列安装的一套光源双罩吸顶灯,按一套灯具的灯罩周长执行相应定额;并列安装的两套光源双罩吸顶灯,按两套灯具各自灯罩周长执行相应定额。

②路灯、投光灯、碘钨灯、氙气灯、烟囱或水塔指示灯的安装定额,均已考虑了一般工程的高空作业因素,其他器具安装高度如超过 5 m,则应按该册说明中规定的超高系数另行计算。

③定额中光带、霓虹灯管的安装不包括控制器,具体按实另计。

④应急日光灯、应急筒灯按日光灯、筒灯相应定额人工乘以系数 1.2。

⑤路灯安装均未包括配线工作,应按照灯具的实际需要量另行计算。太阳能路灯执行相应的路灯项目定额乘以系数 1.2。

⑥除抱箍式悬挑灯、高杆灯盘、交通信号灯定额子目未包括灯杆的组立外,单臂悬挑路灯、双臂悬挑路灯、庭院灯、中杆投光灯、景观灯、多火景观组合灯安装均包括灯杆的安装,不能重复套用。灯杆基础、地脚螺栓按要求另行计算。

⑦在水域桥底施工的电气工程按其人工费的50%计算困难施工增加费。施工措施费按批准的施工组织设计另行计算。

⑧道涵洞灯安装高度在 3.6 m 以下的,应扣除高架车台班。

⑨基础、接线井及立杆。

a.现浇混凝土基础按 C20 考虑的,实际要求强度不同时可以换算。混凝土基础按现场搅拌考虑的,如为商品混凝土,应扣除人工费(26.73 元)及混凝土搅拌机台班。

b.地脚螺栓为现场制作且同时作为基础主筋的按钢筋计算。

c.接线井除预制混凝土电缆井外,其余的按照施工图计算工程量,分别套用相应定额。

d.杆件组立分柱式杆和悬臂杆分别计算。灯柱和杆座联体者,不能重复套用杆座定额子目。

e.调试。

● 路灯照度测试以区域计算。

● 一柱一接地极调试适用于配套灯杆敷设的单根接地极调试。

5.11.3　工程量计算规则

①普通灯具安装的工程量,应区别灯具的种类、型号、规格,以"套"为计量单位计算。

②吊式艺术装饰灯具的工程量,应根据装饰灯具示意图集所示,区别不同装饰物以及灯体直径和灯体垂吊长度,以"套"为计量单位计算。灯体直径为装饰物的最大外缘直径,灯体

垂吊长度为灯座底部到灯梢之间的总长度。

③吸顶式艺术装饰灯具安装的工程量,应根据装饰灯具示意图集所示,区别不同装饰物、吸盘的几何形状、灯体直径、灯体周长和灯体垂吊长度,以"套"为计量单位计算。灯体直径为吸盘最大外缘直径;灯体半周长为矩形吸盘的半周长;吸顶式艺术装饰灯具的灯体垂吊长度为吸盘到灯梢之间的总长度。

④荧光艺术装饰灯具安装的工程量,应根据装饰灯示意图集所示,区别不同安装形式和计量单位计算。

⑤组合荧光灯带安装的工程量,应根据装饰灯具示意图集所示,区别安装形式、灯管数量,以"延长米"为计量单位计算。灯具的设计数量与定额不符时可以按设计量加损耗量调整主材。

⑥内藏组合式灯安装的工程量,应根据装饰灯具示意图集所示,区别灯具组合形式,以"延长米"为计量单位。灯具的设计数量与定额不符时,可根据设计数量加损耗量调整主材。

⑦发光棚安装的工程量,应根据装饰灯示意图集所示,以"m²"为计量单位,发光棚灯具按设计用量加损耗量计算。

⑧立体广告灯箱、荧光灯光沿的工程量,应根据装饰灯示意图集所示,以"延长米"为计量单位。灯具设计用量与定额不符时,可根据设计数量加损耗量调整主材。

⑨几何形状组合艺术灯具安装的工程量,应根据装饰灯示意图集所示,区别不同安装形式及灯具的不同形式,以"套"为计量单位计算。

⑩标志、诱导装饰灯具安装的工程量,应根据装饰灯具示意图集所示,区别不同安装形式,以"套"为计量单位计算。

⑪水下艺术装饰灯具安装的工程量,应根据装饰灯具示意图集所示,区别不同安装形式,以"套"为计量单位计算。

⑫点光源艺术装饰灯具安装的工程量,应根据装饰灯具示意图集所示,区别不同安装形式、不同灯具直径,以"套"为计量单位计算。

⑬草坪灯具安装的工程量,应根据装饰灯具示意图集所示,区别不同安装形式,以"套"为计量单位计算。

⑭歌舞厅灯具安装的工程量,应根据装饰灯具示意图所示,区别不同灯具形式,分别以"套""延长米""台"为计量单位计算。

⑮荧光灯具安装的工程量,应区别灯具的安装形式、灯具种类、灯管数量,以"套"为计量单位计算。

⑯工厂灯及防水防尘灯安装的工程量,应区别不同安装形式,以"套"为计量单位计算。

⑰工厂其他灯具安装的工程量,应区别不同灯具类型、安装形式、安装高度,以"套""个""延长米"为计量单位计算。

⑱医院灯具安装的工程量,应区别灯具种类,以"套"为计量单位计算。

⑲路灯安装工程,应区别不同臂长、不同灯数,以"套"为计量单位计算。

5.11.4 案例实训

已知条件见本章5.8.2案例实训的案例条件及图纸,本节只进行相关内容的项目清单与定额做案例列出。

路灯基础大样(尺寸400 mm×400 mm×600 mm)附图如图5.11.1所示。

照明器具计量与计价案例如表5.11.2、表5.11.3所示。

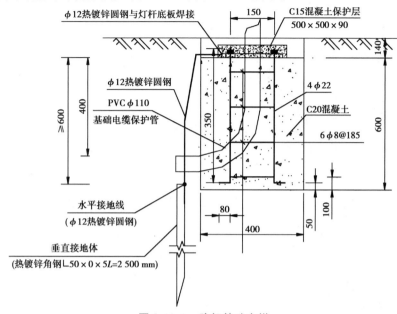

图5.11.1 路灯基础大样

表5.11.2 分部分项工程和单价措施项目清单与计价表

工程名称:电气工程

序号	项目编码	项目名称及项目特征描述	计量单位	工程量	综合单价	合价	其中:暂估价
	0304	照明器具安装工程				8 179.05	
1	030404033001	吊风扇 1. 吊扇直径 φ1.4 m 吸顶安装,220 V 120 W 2. 调速开关 底边距地 1.4 m,暗装 3. 含吊扇底盒、调速开关底盒	台	3	39.51	118.53	
2	030412001001	吸顶灯 1. 220 V 32 W 吸顶安装 2. 含底盒	套	2	27.77	55.54	
3	030412001001	防水吸顶灯 1. 220 V 32 W 吸顶安装 2. 含底盒	套	1	27.76	27.76	
4	030412005001	单管日光灯(节能灯) 1. 220 V 28 W 距地 2.8 m 吊链安装 2. 含底盒	套	5	30.02	150.10	
5	030412007001	庭院路灯 220 V,80 W I类绝缘 1. 含基础制作安装、角钢接地极及调试 2. 接地极采用热镀锌角钢 ∟50×50×5 $L=2\,500$ mm 3. 接地线采用 φ12 热镀锌圆钢 4. 基础混凝土 C20	套	21	372.72	7 827.12	

表 5.11.3　工程量清单综合单价分析表

工程名称：电气工程

序号	项目编码	项目名称及项目特征描述	单位	工程量	综合单价/元	综合单价/元					
						人工费	材料费	机械费	管理费	利润	未计价材料
	0304	照明器具安装工程									
1	030404033001	吊扇 1. 吊扇直径 φ1.4 m 吸顶安装，220 V 120 W 2. 调速开关 底边距地 1.4 m，暗装 3. 含吊扇底盒，调速开关底盒	台	3	39.51	24.93	3.32		7.67	3.59	吊风扇
	B4-0474	吊风扇	台	3	39.51	24.93	3.32		7.67	3.59	吊风扇
2	030412001001	吸顶灯 1. 220 V 32 W 吸顶安装 2. 含底盒	套	2	27.77	16.81	2.98	0.26	5.26	2.46	吸顶灯
	B4-1745	吸顶灯具 灯罩周长 2 000 mm 以内	10 套	0.2	277.58	168.11	29.76	2.60	52.54	24.57	吸顶灯
3	030412001001	防水吸顶灯 1. 220 V 32 W 吸顶安装 2. 含底盒	套	1	27.76	16.81	2.98	0.26	5.25	2.46	吸顶灯
	B4-1745	吸顶灯具 灯罩周长 2 000 mm 以内	10 套	0.1	277.58	168.11	29.76	2.60	52.54	24.57	吸顶灯
4	030412005001	单管日光灯（节能灯） 1. 220 V 28 W 距地 2.8 m 吊链安装 2. 含底盒	套	5	30.02	15.19	7.59	0.26	4.76	2.22	单管日光灯
	B4-1888	荧光灯具安装 吊链式，吊管式单管	10 套	0.5	300.11	151.88	75.85	2.60	47.55	22.23	单管日光灯

序号	定额编号	项目名称	单位	数量							备注
5	030412007001	庭院路灯 220 V,80W Ⅰ类绝缘 1. 含基础制作安装、角钢接地极及调试 2. 接地极采用热镀锌角钢 L 50×50 ×5 L=2 500 mm 3. 接地线采用 φ12 热镀锌圆钢 4. 基础混凝土 C20	套	21	372.72	205.10	25.95	33.77	73.53	34.37	庭院路灯
	B4-1936	中杆灯安装 庭院路灯安装 4.5 m 以内 1 火	10 套	2.1	1 069.35	656.60	2.63	78.21	226.17	105.74	庭院路灯
	B4-2063	现浇基础 C20 混凝土基础 [砾石 GD20 中砂水泥 32.5 C20]		2.02	382.66	89.53	200.36	36.05	38.65	18.07	
	B4-2064	现浇基础 钢筋制作安装 φ10 以内	t	0.001	1 398.80	903.67	39.34	32.79	288.24	134.76	φ8 圆钢
	B4-2065	现浇基础 钢筋制作安装 φ10 以上	t	0.108	1 015.46	629.29	13.10	61.18	212.53	99.36	φ22 圆钢
	B4-1186	接地极（板）制作、安装 钢管接地极 普通土	根	21	75.62	35.95	1.79	14.91	15.65	7.32	
	B4-1201	户外钢接地母线敷设	10 m	29.791	102.71	63.57	3.21	4.97	21.10	9.86	φ12 热镀锌圆钢
	B4-2147	照度测试道路宽 15 m 以下	10 区域	0.200 0	248.50	149.16		22.02	52.69	24.63	

5.12 建筑防雷与接地系统列项与算量

5.12.1 建筑防雷与接地系统清单项目设置

建筑防雷及接地装置工程量清单项目设置、项目特征、计量单位、工程量计算规则、工作内容如表5.12.1所示。

表5.12.1 防雷及接地装置系统(编码:030409)

项目编码	项目名称	项目特征	计量单位	工程量计算规则	工作内容
030409001	接地极	1.名称 2.材质 3.规格 4.土质 5.基础接地形式	根(块)	按设计图示数量计算	1.接地极(板、桩)制作、安装 2.基础接地网安装 3.补刷(喷)油漆
030409002	接地母线	1.名称 2.材质 3.规格 4.安装部位 5.安装形式			1.接地母线制作、安装 2.补刷(喷)油漆
030409003	避雷引下线	1.名称 2.材质 3.规格 4.安装部位 5.安装形式 6.断接卡子、箱材质、规格	m	按设计图示尺寸以长度计算(含附加长度)	1.避雷引下线制作、安装 2.断接卡子、箱制作、安装 3.利用主钢筋焊接 4.补刷(喷)油漆
030409004	均压环	1.名称 2.材质 3.规格 4.安装形式			1.均压环敷设 2.钢铝窗接地 3.柱主筋与圈梁焊接 4.利用圈梁钢筋焊接 5.补刷(喷)油漆
030409005	避雷网	1.名称 2.材质 3.规格 4.安装形式 5.混凝土块标号			1.避雷网制作、安装 2.跨接 3.混凝土块制作 4.补刷(喷)油漆

编制工程量清单时,一定要根据工程的实际情况和图纸,把内容逐项列举清楚。

①利用桩基础作接地极,应描述桩台下桩的根数,每桩台下需焊接柱筋根数,其工程量

按柱引下线计算;利用基础钢筋作接地极按均压环项目编码列项。

②使用电缆、电线作接地线,应按电缆安装、照明器具安装相关项目编码列项。

③接地母线应描述清楚安装部位(户内、户外),安装形式是利用镀锌扁钢、镀锌圆钢设置,还是利用地(圈)钢筋焊接。利用地(圈)钢筋焊接的还应描述清楚是用 2 根还是 4 根钢筋焊接。

④避雷针的安装形式需描述清楚,如装在避雷网上、装在烟囱上、装在平面屋顶上、装在墙上、装在金属容器顶上、装在金属容器壁上、装在构筑物上。

⑤避雷网安装形式:沿女儿墙敷设、沿坡屋面屋脊敷设、沿隔热板敷设。

⑥利用柱筋作引下线的,需描述柱筋焊接根数。

⑦利用圈梁筋作均压环的,需描述圈梁筋焊接根数。

5.12.2 建筑防雷与接地系统定额项目设置

①本节定额适用于建筑物、构筑物的防雷接地,变配电系统接地,设备接地以及避雷针的接地装置。

②铜接地母线(无焊接)敷设适用于放热焊的铜接地母线敷设;普通焊接敷设方式执行铜接地母线敷设子目。

③本节定额不包括接地电阻率高的土质换土和化学处理的土壤,以及由此发生的接地电阻测试等费用。另外,定额中也未包括铺设沥青绝缘层,如需铺设,可另行计算。

④本节定额中,避雷针的安装、半导体少长针消雷装置的安装均已考虑了高空作业的因素。

⑤独立避雷针的加工制作执行该册第十三章附属工程中的"一般铁构件"制作定额。

⑥利用铜绞线作接地引下线时,配管、穿铜绞线执行该册相应定额。

⑦金属门及栏杆接地安装按钢铝窗接地定额。

⑧卫生间等电位均压环安装是按卫生间地面梁钢筋使用圆钢跨接焊接考虑。

⑨建筑物屋顶的防雷接地装置执行避雷网安装相应项目,电缆支架的接地线安装执行户内接地母线敷设相应项目。

⑩断接卡箱制作安装按设计规定装设的断接卡子数量计算。箱内无断接卡子制作内容,定额乘以系数 0.5。

⑪总等电位箱定额按成套产品考虑,已包含 2 m 的接地扁钢;局部等电位箱已包含 0.3 m 的接地圆钢敷设。超过部分另执行相关防雷接地定额。

5.12.3 工程量计算规则

①接地极制作安装以"根"为计量单位,其长度按设计长度计算,设计无规定时,每根长度按 2.5 m 计算。若设计有管帽时,管帽另按加工件计算。

②接地母线敷设,按设计长度以"m"为计量单位计算工程量。接地母线、避雷线敷设,均按"延长米"计算,其长度按施工图设计水平和垂直规定长度另加 3.9% 的附加长度(包括转弯、上下波动、避绕障碍物、搭接头所占长度)计算。计算主材费时应另增加规定的损耗率。

$$工程量 = 设计图示尺寸 \times (1 + 3.9\%)$$

利用基础钢筋做接地体、利用梁钢筋做均压环等工程量的计算不能另加3.9%的附加长度。

③接地跨接线以"处"为计量单位,按规程规定凡需作接地跨接线的工程内容,每跨接一次按一处计算,户外配电装置构架均需接地,每副构架按"一处"计算。

④避雷针的加工制作、安装,以"根"为计量单位,独立避雷针安装以"基"为计量单位。长度、高度、数量均按设计规定。

⑤半导体少长针消雷装置安装以"套"为计量单位,按设计安装高度分别执行相应定额。装置本身由设备制造厂成套供货。

⑥利用柱、圈梁、地圈梁主筋分别作引下线、均压环、接地母线时,每一柱子或圈梁、地圈梁按焊接两根主筋考虑,且已含柱与梁、梁与梁之间搭接的钢筋。如果焊接主筋数超过两根,可按比例调整。

⑦断接卡子制作安装以"套"为计量单位,按设计规定装设的断接卡子数量计算,接地检查井内的断接卡子安装按每井一套计算。

⑧高层建筑物屋顶的防雷接地装置应执行"避雷网安装"定额,电缆支架的接地线安装应执行"户内接地母线敷设"定额。

⑨等电位均压环是指卫生间的等电位均压环,按卫生间的设计图示尺寸以"m²"计算。

⑩楼层均压环敷设以"m"为计量单位,主要考虑利用主梁内主筋作均压环接地连线,焊接按两根主筋考虑,超过两根时,可按比例调整。

⑪钢、铝窗接地以"处"为计量单位(高层建筑六层以上的金属窗设计一般要求接地),按设计规定接地的金属窗数进行计算。

⑫户外接地母线地沟开挖量,一般情况下挖沟的沟底宽按0.4 m,上宽按0.5 m,沟深按0.75 m,每米沟长的土方量按0.34 m³ 计算,设计要求埋深不同时,则按实际土方量计算。

5.12.4 案例实训

某办公室基础接地平面图如图5.12.1所示,屋顶防雷平面图如图5.12.2所示。其他事项见以下说明。

(1)基础接地说明

①本设计采用TN-C-S接地系统,利用结构基础构件内的钢筋(两根不小于 $\phi16$ 或4根不小于 $\phi12$)使有电气预埋件的基础内钢筋相互连接,作为接地极并和防雷实行共用接地,要求接地电阻不大于4 Ω。如果实测时不够,须依照《利用建筑物金属体做防雷及接地装置安装》(03D501-3)的要求,增打人工接地极。

②接地极的做法:利用建筑物结构基础内钢筋接地体,要求图示位置用4×40热镀锌钢进行通焊,组成闭合接地体。

本建筑物采用总等电位联结,在进线处设总等电位联结端子箱(451 mm×150 mm×90 mm,距地0.5 m嵌墙暗装)所有外露的金属部分均应通过总等电位联结端子箱可靠接地,总等电位联结主母线采用BV-25 mm² 铜导线。

③引下线:

a.防雷引下线:利用墙内对角主筋(两根不小于 $\phi16$ 或4根不小于 $\phi12$)通长相互焊接作为引下线。

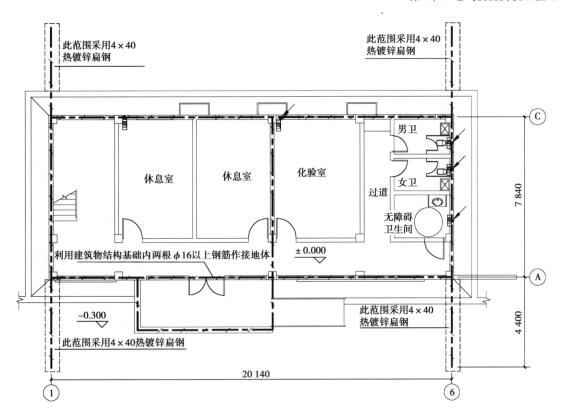

图 5.12.1　基础接地平面图

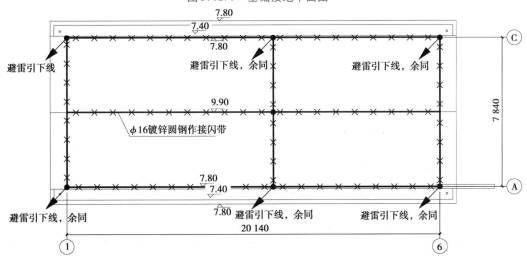

图 5.12.2　屋面防雷平面图

b. 卫生间用接地引下线：利用墙内两根主筋（两根不小于 $\phi16$ 或 4 根不小于 $\phi12$）通长相互焊接引上，在每层地面以上 0.3 m 处做接地端子板，接地端子板统一设在门后墙边 0.3 m，并利用 BV-1 $\times$ 4 mm^2 铜导线把 LEB 箱与剪力墙内的两根主筋（两根不小于 $\phi16$ 或 4 根不小于 $\phi12$）可靠接地，主筋通长焊接引下，与基础接地网可靠焊接。

c. 在建筑物四角预埋接地端子板（150 mm $\times$ 150 mm $\times$ 60 mm，距地 0.5 m 嵌墙暗装），焊接连接型预埋钢板安装高度为高于室外地坪 0.5 m，做法详见《建筑物防雷设施安装》[99（03）D501-1/2 – 2299（07）]，要求接地电阻不大于 4 Ω，如实测不满足要求时，补打室外人工接地体,直到达到要求。

（2）屋面防雷说明

①防直击雷:本建筑物采用接闪带作为接闪器,接闪器采用 $\phi 10$ 热镀锌圆钢在天沟,女儿墙上明装,详《等电位联结安装》(02D501-2/09-25),接闪带穿变形缝做法详《等电位联结安装》(02D501-2/27-43),采用热镀锌扁钢—— 40×4 在屋面暗装,详《等电位联结安装》(02D501-2/09-25),形成不大于 20 m×20 m 或 24 m×16 m 的避雷网格。

②引下线利用建筑物的结构柱内对角的主筋(两根不小于 $\phi 16$ 或 4 根不小于 $\phi 12$),上与接闪带、下与接地极可靠焊接,引下线间距不大于 25 m。

③防雷电流侵入:为防止雷电波的侵入,进入建筑物的各种线路及金属管宜采用全线埋地引入,并在入户端将电缆的金属外皮、钢导管及金属管道与接地装置连接,弱电系统布线槽、穿墙管、室外埋管等均采用金属板或钢管作为屏蔽防护。

④竖直敷设的金属管道及金属物的顶端和底端与防雷装置连接,并且每隔 30 m 作重复接地。

⑤当避雷网格结构标高不一致时,要做可靠焊接,连接处要做防腐处理。

⑥从图中可以看到,本项目为坡屋面屋顶,避雷网应在屋面坡屋面、屋脊敷设,而不是在女儿墙上敷设,因此在列项时首先按图纸考虑。建筑防雷接地系统工程计量与计价案例如表 5.12.2—表 5.12.4 所示。

本次防雷与接地系统工程计量与计价说明:

①本表中管理费和利润均以人工费为取费基数,管理费费率为 32.4%,利润率为 15.15%。

②由于各地方的材料单价有差异,因此本表中综合单价中未包含备注的计价材料单价。

③实际工程中的综合单价组成 = 人工费 + 材料费(定额材料费 + 未计价材料费) + 机械费 + 管理费 + 利润。

④本表工程量是在 CAD 设计工程图上量取得出的数据。

表 5.12.2 分部分项工程和单价措施项目清单与计价表

工程名称:建筑防雷接地系统工程

序号	项目编码	项目名称及项目特征描述	计量单位	工程量	金额/元		
					综合单价	合价	其中:暂估价
	0304	电气设备安装工程				5 958.5	
1	030409005001	避雷网 材质:$\phi 10$ 热镀锌圆钢 敷设位置:沿坡屋面、屋脊敷设	m	87.50	25.80	2 257.50	
2	030409006001	避雷针 1. 材质:$\phi 10$ 热镀锌圆钢 2. 高度:$L = 300$ mm	根	9	17.96	161.64	
3	030409003001	避雷引下线 1. 利用建筑物主筋引下	m	46.80	13.86	648.65	
4	030409002001	户内接地母线 1. 利用圈梁主筋做接地母线	m	75.67	14.26	1 079.05	

续表

序号	项目编码	项目名称及项目特征描述	计量单位	工程量	金额/元		
					综合单价	合价	其中：暂估价
5	030409002002	户外接地母线 1.——4×40 热镀锌扁钢	m	19.95	10.28	205.09	
6	030409008001	总等电位端子箱 1.安装方式:距地 0.5 m 安装	台	1	132.34	132.34	
7	030409008001	局部等电位端子箱 1.安装方式:距地 0.3 m 安装	台	5	132.34	661.70	
8	030409008002	接地端子板 1.规格:150 mm×150 mm×60 mm, 距地 0.3 m 安装	台	5	35.96	179.80	
9	030414011001	接地装置	系统	1	837.82	837.82	

表 5.12.3　分部分项和单价措施工程量计算表

工程名称:防雷接地系统工程

序号	编号	工程量计算式	单位	标准工程量	定额工程量
	0304	电气设备安装工程			
1	030409005001	避雷网 材质:φ10 热镀锌圆钢 敷设位置:沿坡屋面、屋脊敷设	m	87.5	87.5
	7.8 m	20.14/2×(1+1%)×4		40.68	
	9.9 m 屋脊	20.14		20.14	
	9.9 至 7.8 标高处	SQRT((7.84/2)^2+(9.9-7.8)^2)×6		26.68	
2	B4-1230	避雷网安装 避雷网沿坡屋面、屋脊敷设	10 m	87.5	8.75
1		87.50		0	0
1	030409006001	避雷针 1.材质:φ10 热镀锌圆钢 2.高度:L=300 mm	根	9	9
		9			9
2	B4-1266	避雷针安装 避雷网上(针长 1 m 以内)	根	9	9
		9			9
1	030409003001	避雷引下线 1.利用建筑物主筋引下	m	46.8	46.8
		7.8×6			46.8

续表

序号	编号	工程量计算式	单位	标准工程量	定额工程量
2	B4-1225	避雷引下线敷设 利用建筑物主筋引下	10 m	48.63	4.863
		48.63			48.63
1	030409002001	户内接地母线 1.利用圈梁主筋做接地母线	m	75.67	75.67
		20.14 + 7.84 + 20.14 + 7.84 + 7.84 + 2.55 + 6.75 + 2.57			75.67
2	B4-1202	利用基础钢筋做接地母线	10 m	75.67	7.567
		75.67			75.67
1	030409002002	户外接地母线 1.—4×40 热镀锌扁钢	m	19.95	19.95
		4.8×4×(1+3.9%)			19.95
2	B4-1201 换	户外钢接地母线敷设	10 m	1.995	1.995
1	030409008001	总等电位端子箱 1.安装方式:距地 0.5 m 安装	台	1	1
		1			1
2	B4-1277	总等电位端子联接箱	台	1	1
		1			1
1	030409008001	局部等电位端子箱 1.安装方式:距地 0.3 m 安装	台	5	5
		5			5
2	B4-1277	总等电位端子联接箱	台	5	5
		5			5
1	030409008002	接地端子板 1.规格:150 mm × 150 mm × 60 mm,距地 0.3 m 安装	台	5	5
		5			5
2	B4-1279	接地测试板	块	5	5
		5			5
1	030414011001	接地装置	系统	1	1
		1			1
2	B4-2123	接地装置调试 接地网	系统	1	1
		1			1

说明:接地母线在《广西壮族自治区安装工程消耗量定额(2015)》中只有钢接地母线的定额,其他材料的母线套用此定额,主材需要进行换算。

工程名称：防雷接地系统工程

表 5.12.4　工程量清单综合单价分析表

序号	项目编码	项目名称及项目特征描述	单位	工程量	综合单价/元	人工费	材料费	机械费	管理费	利润	未计价材料
	0304	电气设备安装工程									
1	030409005001	避雷网 材质：φ10 热镀锌圆钢 敷设位置：沿坡屋面、屋脊敷设	m	87.50	25.80	9.85	8.38	2.15	3.69	1.73	φ10 热镀锌圆钢
	B4-1230	避雷网安装 避雷网沿坡屋面、屋脊敷设	10 m	8.750	257.99	98.55	83.78	21.45	36.94	17.27	φ10 热镀锌圆钢
2		87.50									
3	030409006001	避雷针 1.材质：φ10 热镀锌圆钢 2.高度：$L=300$ mm	根	9	17.96	6.51	4.51	2.76	2.85	1.33	避雷针
	B4-1266	避雷针安装 避雷网上（针长 1 m 以内）	根	9	17.96	6.51	4.51	2.76	2.85	1.33	避雷针
4	030409003001	避雷引下线 1.利用建筑物主筋引下	m	46.80	13.86	5.49	0.64	3.62	2.80	1.31	
	B4-1225	避雷引下线敷设 利用建筑物主筋引下	10 m	4.863	133.34	52.82	6.14	34.80	26.97	12.61	
5	030409002001	户内接地母线 1.利用圈梁主筋做接地母线	m	75.67	14.26	6.70	1.33	2.21	2.74	1.28	

序号	项目编码	项目名称及项目特征描述	单位	工程量	综合单价/元	综合单价					未计价材料
						人工费	材料费	机械费	管理费	利润	
6	B4-1202	利用基础钢筋做接地母线	10 m	7.567	142.61	66.99	13.28	22.10	27.42	12.82	
	030409002002	户外接地母线 1.—4×40 热镀锌扁钢	m	19.95	10.28	6.32	0.32	0.5	2.11	0.99	热镀锌扁钢
	B4-1201	户外钢接地母线敷设	10 m	1.995	102.71	63.57	3.21	4.97	21.10	9.86	热镀锌扁钢
7	030409008001	总等电位端子箱 1.安装方式:距地 0.5 m 安装	台	1	132.34	77.29	16.93	2.21	24.47	11.44	总端子箱
	B4-1277	总等电位端子联接箱	台	1	132.34	77.29	16.93	2.21	24.47	11.44	总端子箱
8	030409008001	局部等电位端子箱 1.安装方式:距地 0.3 m 安装	台	5	132.34	77.29	16.93	2.21	24.47	11.44	局部端子箱
	B4-1278	局部等电位端子联接箱	台	5	132.34	77.29	16.93	2.21	24.47	11.44	局部端子箱
9	030409008002	接地端子板 1.规格:150×150×60 mm,距地 0.3 m 安装	台	5	35.96	18.03	4.17	3.87	6.74	3.15	接地测试板
	B4-1279	接地测试板	块	5	35.96	18.03	4.17	3.87	6.74	3.15	接地测试板
10	030414011001	接地装置	系统	1	837.82	447.48	4.06	126.85	176.78	82.65	
	B4-2123	接地装置调试 接地网	系统	1	837.82	447.48	4.06	126.85	176.78	82.65	

思考与练习

1. 照明系统中,常用的电气设备主要有哪些?

2. 安装工程产品品种繁多,新产品不断在更新,如果定额中没有相应的子目可以使用? 如何进行处理?

3. 电气安装工程中常用的系数调整项目有哪些?

4. 避雷系统由哪些分项组成?

5. 电气配管的敷设方式有几种? 电线的配线方式有几种?

6. 常用的电气符号代表的含义分别是什么?

7. 电缆、电线的预留长度分别是多少?

8. 室外直埋电缆的计算规则是什么? 应注意哪些事项?

9. 避雷引下线的计算规则是什么? 如果利用柱内主筋作为避雷引下线,应注意什么问题?

10. 电缆敷设时,以几芯为定额计算,当芯数不同时应如何处理?

11. 开关的定额选用原则是什么?

第6章

JIANZHU RUODIAN XITONG SHEBEI ANZHUANG GONGCHENG

建筑弱电系统设备安装工程

【知识目标】

巩固建筑智能系统设备安装工程的基础知识,熟读建筑智能系统安装工程的施工图纸,掌握建筑智能系统设备安装工程费用项目组成、计价程序、计量计算规则。

【能力目标】

巩固建筑智能系统设备安装工程基础知识与识图能力,能根据相关的造价法律法规文件等编辑建筑智能系统设备安装工程分部工程量清单及安装工程的招标控制价与投标报价;熟练运用工程造价软件进行建筑智能系统设备安装工程招标控制文件编辑以及计算清单综合单价。

6.1 建筑弱电系统设备安装概述

6.1.1 综合布线系统

综合布线系统是智能建筑得以实现的神经网络,是现代建筑的基础设施之一。

综合布线是一种模块化的、灵活性极高的建筑物内或建筑群之间的信息传输通道,通过它可使话音设备、数据设备、交换设备及各种控制设备与信息管理系统连接起来,同时也使这些设备与外部通信网络相连。换句话说,一个综合布线系统中可以传输多种信号,包括语音、数据、视频、监控等信号,它可以实现世界范围的资源共享、综合信息数据库管理、电话会议与电视会议等。

综合布线由不同系列和规格的部件组成,其中包括传输介质、相关连接硬件(如配线架、连接器、插座、插头、适配器)及电气保护设备等。

综合布线系统分为6个子系统:工作区子系统、水平子系统、管理区子系统、垂直干线子系统、设备间子系统、建筑群子系统。综合布线系统的构成如图6.1.1所示。

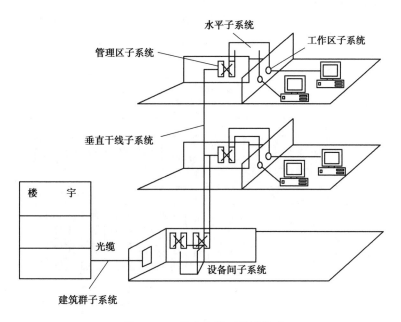

图 6.1.1　综合布线系统的构成

1）工作区子系统

工作区子系统由信息插座到用户终端设备之间的所有设备组成，它包括信息插座、插座面板与传输线缆等，在终端设备和输入/输出（I/O）之间连接。支持的终端设备有电话机、数据终端、计算机、电视机及监视器等。

2）配线子系统

配线子系统是由建（构）筑物各层的配线间至各个工作区信息插座之间的配置线缆组成。水平线缆的长度不得大于 90 m。

3）干线子系统

干线子系统由设备间至电信间的干线电缆和光缆，由安装在设备间的建筑物配线设备、设备缆线和跳线组成。

4）建筑群子系统

建筑群子系统是将一栋建筑的线缆延伸到建筑群内的其他建筑的通信设备和设施，由线缆、保护设备等相关硬件组成。这部分布线系统可以是架空电缆、直埋电缆、地下管道电缆或是这三者敷设方式的任意组合，当然也可以用无线通信手段。

信息插座一般是安装在墙面上的，也有桌面型和地面型的，主要是方便计算机等设备的移动，并且保持整个布线的美观。

6.1.2　安全防范系统

安全防范主要是以维护社会公共安全为目的，对财务、人身、重要数据和情报等的安全保护。安全防范系统采用电子技术、传感器和计算机技术，使罪犯不可能进入或在企图犯罪时就能被觉察,从而采取措施,以及家庭发生安全事故时能够及时被察觉。

安全防范系统包括报警子系统、监控子系统与楼宇对讲子系统等,每个子系统可以独立发挥作用,其构成如图6.1.2所示。

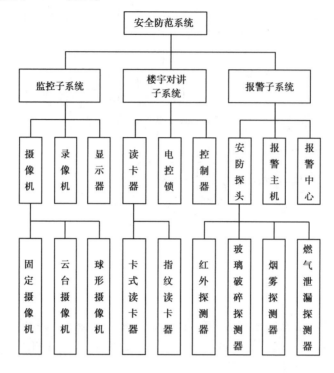

图6.1.2 安全防范系统构成

1)报警子系统

报警就是用探测器对建筑内外的重要地点或区域进行布防,它可以及时探测这些重要地点或区域的实时情况,并且在探测到有异常时及时向有关人员示警,一旦发生入侵行为或异常情况,能及时记录入侵的时间、地点,同时通过闭路电视监控系统拍下现场情况及时启动报警系统。

2)楼宇对讲子系统

楼宇对讲子系统是对建筑内外正常的出入进行管理,该系统主要控制人员的出入及在楼内相关区域的行动。通常在大楼的入口处、电梯等处安装出入控制装置,比如磁卡/IC卡或输入正确密码,或两者兼备,控制器识别有效才被允许通过。

楼宇对讲子系统是集微电子技术、计算机技术、通信技术、多媒体技术为一体的智能化楼宇对讲系统。可实现住户与楼门的(可视)对讲、室内多路报警联网控制、户与户之间的双向对讲以及联网门禁等功能。其工作原理:来访者通过一楼单元门的主机呼叫住户并与其对话,住户在确认安全后按下分机上的开门按键,单元门开启,来访者进入后单元门自动关闭。同时,小区的管理中心机随时接收住户报警信号,并通知小区保卫人员。对家居门户管理而言,对讲系统最大的特点是安全、便捷。在室内通过对讲器对来访者进行识别,既可免除烦扰,又可简化开门程序,不仅增强了住宅安全保卫工作,而且方便了住户,减少了不必要的麻烦。

3）监控子系统

监控子系统是在重要的场所安装摄像机,管理人员在控制中心便可以监视到需要监控的地方的情况,从而极大地为管理工作提供方便。另外,监控子系统设置有自动录像功能的,能自动进行实时录像,以供事后查询分析。

监控子系统可以应用在各种不同的场合,并且可以在广阔的视场范围内进行监视。它好比是安全保卫工作人员的眼睛,再配上录像机,可以说是一双具有记忆功能的"千里眼"。在实际使用中,监控子系统经常与其他的安全防范设备配合使用,相辅相成,以发挥更大的作用。比如:

①用于首长、外宾的住地和出入场所、大型活动场所、机要单位的安全保卫。

②用于自选商场、珠宝店、书店、百货店等商业经营单位的闭路电视监控系统,可以防止商品被盗,同时可以精简工作人员,改善经营管理,提高工作效率。

③用于银行、金库、钞票厂等金融系统的闭路电视监控系统,可以利用设置在柜台外侧、现金出纳柜台和主要出、入口处的摄像机进行长时间的监视和记录图像,以确保安全。

④用于博物馆、文物保护单位等处的电视监控系统,以保护贵重文物和展品。

⑤用于工厂等生产单位的电视监控系统,是工厂实现现代化管理的重要组成部分。它可对现代化大工厂的生产流程逐个进行监视,统一调度、指挥。对安全生产、确保产品质量、提高工作效率起到了可靠的保证作用。特别是对高温、高压、多尘埃或充满有毒气体、噪声大的场所,设立监控系统可以实现有效的远距离监视。

⑥用于机场、车站、港口、海关等大流量的旅客交通要道处的安全检查监视系统,可以采用微剂量的 X 射线安全检查设备,用来检查行李中暗藏的手枪、匕首、炸弹等金属制凶器和爆炸物,以确保公共安全。

⑦用于大面积油田、森林、库场等处的消防电视监控系统,可以将摄像机设置在制高点或直升飞机上,随时对火情进行监视。一旦发现火情,可及时与消防系统联系,迅速采取扑救措施。此外,在装备有现代化防火报警系统的建筑物内和其他一些重要场所,也往往附设有电视监控系统,用以对可能会发生的火情进行复核。

⑧用于旅游饭店、宾馆内的电视监控系统,可供保卫部门监看出入的大门、客房登记处、贵重物品保管室、电梯、内部商场、歌舞厅及主要通道处的情况,并可随时记录,以对来往的人员做到心中有数,一旦发现案情,便有据可查,及早破案。

⑨用于监狱、看守所等处的电视监控系统,可用来监视、监听案犯的言行,并可随时记录取证,以便有效地加强对犯人的管理和改造工作。

⑩用于医院的医疗电视监控系统,可对急救中心、候诊室、手术室等处进行监控;也可将手术台上医生的高超医术通过电视监控系统直观、即时地传送给有关医师进行观看学习,以提高医疗水平。

6.1.3 火灾自动报警系统

火灾自动报警系统是人们为了及早发现火情、通报火情,并及时组织人员疏散和采取有效控制措施扑灭火灾而在建筑物中设置的一种自动消防设施,其原理框架如图 6.1.3 所示。

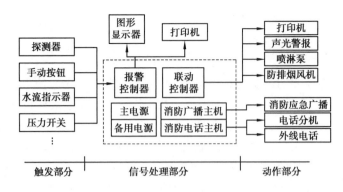

图 6.1.3 火灾自动报警与消防联动系统原理框架

　　根据建筑消防规范,采用先进的控制技术,将火灾自动报警装置和自动灭火装置按实际需要组合起来,便构成了建筑消防系统,完成对火灾预防与控制的功能。

　　图 6.1.4 是火灾报警控制系统示意图,火灾报警控制器接收到探测器信号,经确认后,一方面发出预警与火警声光报警信号,同时显示并记录火警的地址和时间,告知消防控制室(中心)的值班人员;另一方面将火警电信号传送至各楼层(防火分区)所设置的火灾显示盘,火灾显示盘经信号处理,发出预警与火警声光报警信号,并显示火警发生的地址,通知楼层(防火分区)值班人员立即查看火情并采取相应的扑灭措施。在消防控制室(中心)还可能通过火灾报警控制器的通信接口,将火警信号在系统显示屏上直观地显示出来。

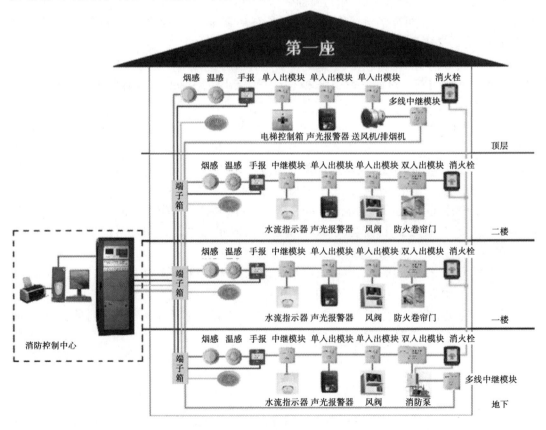

图 6.1.4　火灾报警控制系统示意图

联动控制器则从火灾报警控制器读取火警数据,经预先编程设置好的逻辑处理后,向相应的控制点发出联动控制信号,并发出提示声光信号,以便执行器去控制相应的联动控制消防设备,如排烟阀、排烟风机等防烟排烟设备;防水阀、防火卷帘门等防火设备;警铃、警笛、声光报警器等警报设备;关闭空调、电梯迫降,打开人员疏散指示灯等设备;启动消防泵、喷淋泵等消防灭火设备等。消防设备的启停状态应反馈给联动控制器主机并以光信号的形式显示出来,使消防控制室(中心)值班人员了解联动控制设备的实际运行情况,消防电话、消防广播起到通信联络和对人员疏散、防火灭火的调度指挥作用。

从信号的传递过程看,火灾自动报警与消防联动系统大致可以分成 3 个部分:触发部分、信号处理部分、动作部分,其中整个系统的核心是报警控制器。

6.2 建筑弱电系统设备安装工程材料和设备概述

6.2.1 综合布线主要材料与设备

1) 双绞线及其连接件

双绞线(twisted pair, TP)是一种综合布线工程中常用的传输介质,由两根具有绝缘保护层的铜导线相互缠绕而成("双绞线"的名字由此而来),每一根导线在传输中辐射出来的电波会被另一根线上发出的电波抵消,有效降低导线间信号的干扰程度。实际使用时,多对双绞线被包在一个绝缘保护套里,做成双绞线电缆,常用的对数有 1 对、2 对、4 对、25 对、50 对、100 对、200 对等。综合布线工程中,用户端一般采用 4 对双绞线,也简称"双绞线"。

根据有无屏蔽层,双绞线分为屏蔽双绞线(STP)与非屏蔽双绞线(UTP)。常见的双绞线按照传输速率分为 7 类,如表 6.2.1 所示。

表 6.2.1 双绞线的分类

双绞线类别	最高传输速率	常见用途
一类(CAT1)	2 Mb/s	电话线(模拟信号)、报警系统
二类(CAT2)	4 Mb/s	电话线(模拟信号)、令牌网
三类(CAT3)	16 Mb/s	语音、10 Mb/s 以太网
四类(CAT4)	20 Mb/s	10 或 100 Mb/s 以太网
五类(CAT5)	100 Mb/s	100 Mb/s 以太网
超五类(CAT5e)	1 000 Mb/s	100 或 1 000 Mb/s 以太网
六类(CAT6)	24 Gb/s	1 000 Mb/s 以太网、ATM 网络

类型数字越大、版本越新,技术越先进、带宽也越宽,当然价格也越贵。无论是哪一种线,衰减都随频率的升高而增大,因此设计时通常会考虑足够大的信号振幅,以便在有噪声干扰的条件下能够在接收端正确地被检测出来。

六类线和五类线的区别在于内部结构不同,六类网线内部结构增加了十字骨架,将双绞线的 4 对线缆分别置于十字骨架的 4 个凹槽内,电缆中央的十字骨架随长度的变化而旋转角度;六类网线和五类线的铜芯大小不同,五类线铜芯为 0.45 mm 以下,超五类线为 0.45 ~ 0.51 mm,标准的六类线为 0.56 ~ 0.58 mm,如图 6.2.1 所示。

综合布线中常用五类线、超五类线及六类线,目前主流产品是超五类线和六类线,使用 RJ45 连接头(即俗称的水晶头)和 8 位信息模块(图 6.2.2—图 6.2.4)。

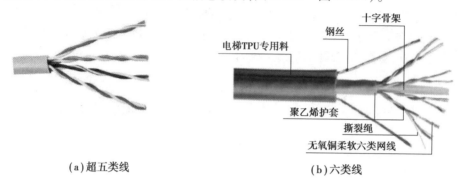

(a)超五类线 (b)六类线

图 6.2.1 双绞线

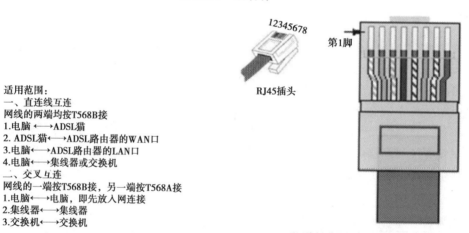

适用范围:
一、直连线互连
网线的两端均按T568B接
1.电脑←→ADSL猫
2. ADSL猫←→ADSL路由器的WAN口
3.电脑←→ADSL路由器的LAN口
4.电脑←→集线器或交换机
一、交叉互连
网线的一端按T568B接,另一端按T568A接
1.电脑←→电脑,即先放入网连接
2.集线器←→集线器
3.交换机←→交换机

RJ45型网线插头的T568B线序

图 6.2.2 RJ45 插头

图 6.2.3 8 位信息模块图

图 6.2.4 8 位信息模块插座

2)光纤及其连接件

光纤是光导纤维的简写,是一种由玻璃或塑料制成的纤维,传输原理是光的全反射。光

纤产品结构一般分为3层:中心是高折射率玻璃芯(芯径一般为几十微米),中间为低折射率硅玻璃包层(直径一般为125 pm),最外面是加强用的树脂涂层,可防止周围环境对光纤的伤害,如水、火、电击等。将若干根光纤包裹在一个保护套中即成光缆(图6.2.5、图6.2.6)。

图6.2.5　光纤　　　　　　　　　　图6.2.6　8芯光缆

按光在光纤中的传输模式,可将光纤分为单模光纤和多模光纤。多模光纤玻璃芯较粗(50或62.5 mm),可传导多种模式的光,但传输损耗比较大,宜用于较短距离传输,一般只有几千米。单模光纤玻璃芯较细(芯径一般为9或10 mm),只能传一种模式的光,具有频带宽、容量大、损耗低的优点,故宜用于长距离传输。单模光纤因芯线较细,连接工艺要求较高,价格相对贵一些。光纤通信的优点:通信容量大、中继距离长、保密性能好、资源丰富,光纤质量轻、体积小。近年来光纤通信发展很快,光纤入小区甚至入户已成为常态。

光纤的连接方法主要有永久性连接(熔接法)、应急连接(机械法)、活动连接(磨制法)。

①永久性连接是用放电的方法将光纤的连接点熔化并连接在一起,一般用于长途接续、永久或半永久固定连接;优点是连接衰减低,缺点是需要专用设备和专业人员进行操作,而且连接点需要专用容器保护起来。

②应急连接是用机械和化学的方法,将两根光纤固定并黏结在一起。这种方法的主要特点是连接迅速、可靠,单连接点长期使用会不稳定,衰减也会大幅度增加,所以只能在短时间内急用。

③活动连接是一种利用光纤连接器将光纤连接起来的方法。光纤连接器也称光纤连接头,是光纤之间可拆卸连接的器件,它把光纤的两个端面精密对接起来,使光的传导得以接续。光纤连接头简单、可靠、方便、灵活,多用于制作尾纤和跳线。

光纤收发器是将双绞线的电信号和光纤的光信号进行转换的以太网传输媒体转换单元,也称为光电转换器(图6.2.7)。

尾纤一端有连接头,而另一端是一根光纤芯的断头,通过熔接与其他光缆纤芯相连,用于连接光缆与光纤收发器(或者耦合器、跳线等)(图6.2.8)。

图6.2.7　光纤收发器

图6.2.8　尾纤

3）交换机和路由器

计算机连成网络,其核心意义在于数据交换和共享。交换机和路由器均用于网络设备的连接,但从数据交换的原理及作用来看,两者的差别是较大的。简单地说,交换机主要用于组建局域网,而路由器则负责让计算机连接外网(图6.2.9)。

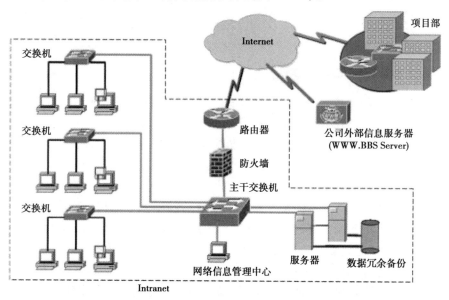

图6.2.9　交换机和路由器联网图

交换机是识别局域网络节点上设备的 MAC 地址(厂商在网卡上硬化的地址码,全球唯一),将其维护在一张"端口号—MAC 地址对照表"上。当交换机从某一端口收到一个网帧后,立即在其"端口号—MAC 地址对照表"查找,以确认网帧里的 MAC 连接在哪一个接口上,然后将该帧转发至相应的接口。通过"端口号—MAC 地址对照表"。多台计算机可以通过网线连接到交换机上组建好局域网。

然而,通过交换机组建的局域网是不能访问外网即互联网的,这时需要路由器来为我们打开"外面精彩世界的大门",局域网的所有计算机使用的都是私网地址,所以必须通过路由器转化为公网的 IP 之后才能访问外网。

路由器是连接因特网中各局域网、广域网的设备,它会根据信道的情况自动选择和设定路由,以最佳路径,按前后顺序发送信号。路由器识别的是 IP 地址而不是 MAC 地址,IP 地址通常由软件生成并且可以重新设定或更换。

路由器与交换机外观的区别:专业级的路由器有一个 WAN 口(连接外网),一个 LAN 口(连接交换机)。人们常见的家用宽带路由器有 4 个 LAN 口,其实是内置了一个 4 口的交换机。交换机上只有若干 LAN 口,没有 WAN 口。交换机没有天线;如果路由器带有无线功能,则一般带有 1～3 根天线,更容易区分(图6.2.10)。

4）配线架和跳线架

(1)配线架

配线架是管理子系统中最重要的组件,是实现垂直干线和水平布线两个子系统交叉连

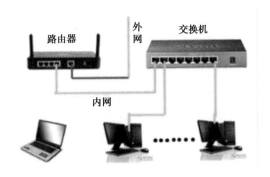

图 6.2.10　路由器与交换机

接的枢纽。配线架通常安装在机柜或墙上。通过安装附件,配线架可以全线满足 UTP、STP、同轴电缆、光纤、音视频线的需要。在网络工程中,常用的配线架有双绞线配线架和光纤配线架。双绞线配线架大多用于水平配线。前面板用于连接集线设备的 RJ—45 端口,后面板用于连接从信息插座延伸过来的双绞线。双绞线配线架主要有 24 口(图 6.2.11)和 48 口两种形式(图 6.2.12)。

图 6.2.11　24 口双绞线配线架

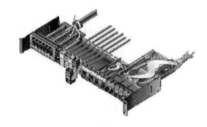

图 6.2.12　48 口双绞线配线架

总体来说,配线架是用于管理的设备,例如如果没有配线架,前端的信息点直接接到交换机上,如果线缆出现问题,就面临重新布线。此外,管理上也比较混乱,多次插拔可能引起交换机端口的损坏。配线架的存在就解决了这个问题,可以通过更换跳线来实现较好的管理。

在屏蔽布线系统中,应当选用屏蔽双绞线配线架,以确保屏蔽系统的完整性。光纤配线架是光传输系统中一个重要的配套设备,它主要用于光缆终端的光纤熔接、光连接器的安装、光路的调接、多余尾纤的存储及光缆的保护等,它对光纤通信网络的安全运行和灵活使用有着重要的作用。

(2)跳线架

跳线架是由阻燃的模块塑料件组成的,其上装有若干齿形条,用于端接线对,用 788J1 专用工具将线对按线序依次"冲压"到跳线架上,完成语音主干线缆以及语音水平线缆的端接,常用的规格有 100 对、200 对、400 对等。

5)跳线

跳线是两端带有连接插头的双绞线或光纤,用于配线设备之间进行连接(图 6.2.13、图 6.2.14)。

图6.2.13　双绞线跳线

图6.2.14　光纤跳线

6) 线槽、桥架及管道

综合布线的线槽、桥架及管道的材料与电气安装工程一致。

6.2.2　安全防范系统主要材料与设备

1) 监控子系统

监控子系统根据不同的使用环境、使用部门和系统的功能而具有不同的组成方式,但不论规模的大小和功能的多少,监控子系统一般由摄像、传输、控制、显示与记录四大部分组成。某学校监控系统如图6.2.15 所示。

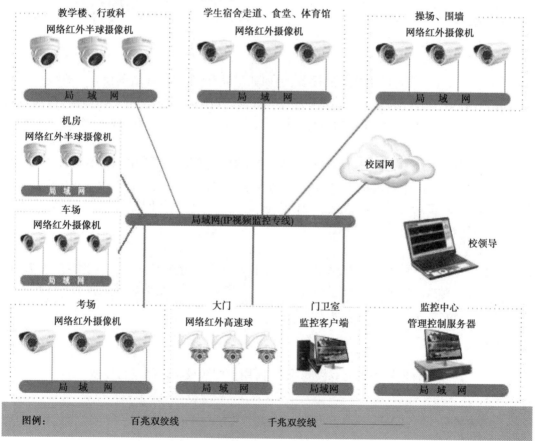
图6.2.15　监控系统

(1)摄像部分

摄像部分的作用是把系统所监视的目标,即把被摄体的光、声信号变成电信号,然后送入系统的传输分配部分进行传送。摄像部分的核心是摄像机,它是光、电信号转换的主体设备,是整个系统的眼睛。

摄像部分包括摄像机、摄像机镜头、摄像机防护罩、旋转云台和安装支架。

常用摄像机如图6.2.16所示。

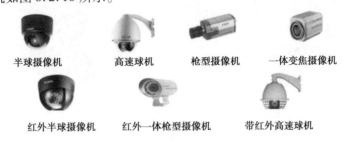

半球摄像机　　　高速球机　　　枪型摄像机　　　一体变焦摄像机

红外半球摄像机　　红外一体枪型摄像机　　带红外高速球机

图6.2.16　常用摄像机

(2)传输部分

传输部分的作用是将摄像机输出的视频及音频信号馈送到中心机房或其他监视点。控制中心的控制信号同样通过传输部分送到现场,以控制现场的云台和摄像机工作。

传输部分的传输方式包括有线传输、无线传输、微波传输、光纤传输、双绞线平衡传输和电话线传输等。传输部分主要包括馈线、视频电缆补偿器与视频放大器等装置。

①传输馈线有同轴电缆(有单芯及多芯电缆之分,如图6.2.17所示)、平衡式电缆与光缆3种线型,主要用于传输信号。

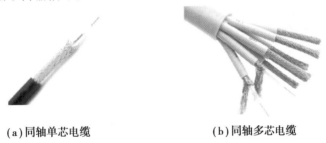

(a)同轴单芯电缆　　　　　　　(b)同轴多芯电缆

图6.2.17　同轴电缆

②视频电缆补偿器的作用是:在长距离传输中,对长距离传输造成损耗的视频信号进行补偿放大,以保证信号的长距离传输而不影响图像质量。视频电缆补偿器如图6.2.18所示。

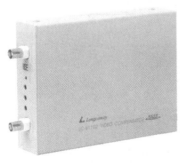

图6.2.18　视频电缆补偿器

图6.2.19　视频放大器

③视频放大器用于系统的干线上,当传输距离较远时,对视频信号进行放大,以补偿传输过程中的信号衰减。视频放大器如图6.2.19所示。

(3)控制部分

控制部分的作用是在中心机房通过有关设备(摄像机、云台、灯光、防护罩等)进行远距离遥控,主要设备包括集中控制器(图6.2.20)和计算机控制器(图6.2.21)。

图6.2.20　集中控制器　　　　　　　　　图6.2.21　计算机控制器

(4)显示与记录部分

显示与记录部分的主要作用是把从现场传来的电信号转换成在监视设备上显示的图像,如果有必要,可同时用录像机予以记录。显示与记录部分的设备安装在控制室内,主要由监视器、长延时录像机或硬盘录像系统等一些视频处理设备组成。

2)楼宇对讲子系统

关于楼宇对讲子系统,本节主要讲述楼宇对讲系统,楼宇对讲系统由门口主机、室内机、管理中心机、门锁、闭门器、层间适配器、联网控制器、线缆、电源等组成。

(1)门口主机

门口主机是楼宇对讲系统的控制核心部分(图6.2.22),每一户室内分机的传输信号和电锁控制信号都通过门口主机来控制。

(2)室内机

室内机(图6.2.23)是一种对讲话机,一般安装在用户家里的门口处,与门口主机进行对讲(户户通楼宇对讲系统则与门口主机配合形成一套内部电话系统,可以进行用户间的电话联系),具有电锁控制功能。室内机分为可视型和非可视型。

(3)管理中心机

管理中心机一般具有呼叫、接收报警的基本功能,是小区联网系统的基本设备(图6.2.24)。管理中心机配接电脑,可以实现信息发布、小区信息查询、物业服务、呼叫及报警记录查询功能、设撤防纪录查询功能等。

图6.2.22　门口主机　　　　　图6.2.23　室内机　　　　　图6.2.24　管理中心机

（4）门锁

楼宇对讲系统的门锁本质上是电控锁，内部主要由电磁机构组成（图6.2.25）。用户按下室内分机上的开锁键就能使电磁线圈通电，带动连杆动作控制大门开启。

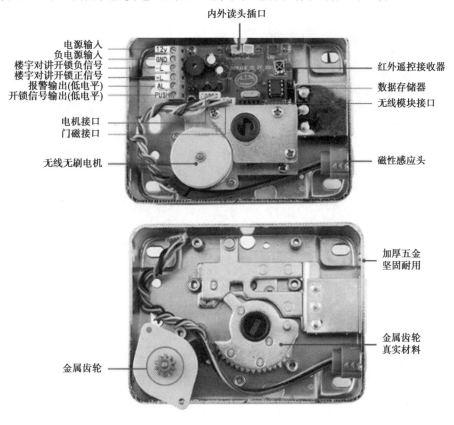

内外读头插口

电源输入
负电源输入
楼宇对讲开锁负信号
楼宇对讲开锁正信号
报警输出(低电平)
开锁信号输出(低电平)

电机接口
门磁接口

无线无刷电机

红外遥控接收器
数据存储器
无线模块接口

磁性感应头

加厚五金
坚固耐用

金属齿轮
真实材料

金属齿轮

图6.2.25　门锁电磁机构

（5）闭门器

闭门器是一种简单的自动闭门连杆机构，靠弹簧的力量驱使大门自动闭合（图6.2.26）。

图6.2.26　闭门器

（6）层间适配器

层间适配器又称楼层解码器（图6.2.27）或层间分配器，主要用于信号解码和故障隔离。所谓解码，是将门口主机传输来的信号按室内机编码进行选择分发。所谓故障隔离，是指单一住户分机出现故障不至于影响其他分机的正常工作。除此之外，楼层解码器还兼有信号放大和信号稳定的作用。

（7）联网控制器

联网控制器（图6.2.28）又称联网转接器，是管理机的下一层链接设备，用于分区（如一个一个单元），避免一个设备出现问题而使整个对讲系统瘫痪。

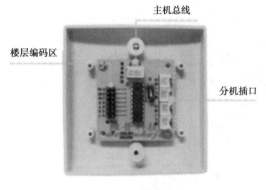

图6.2.27 楼层解码器

图6.2.28 联网控制器

（8）线缆

不同的楼宇对讲产品可能使用不同的线缆，如有些产品使用"四芯软导线＋二芯软导线＋视频线"的配线方式（四芯线用于语音信号和控制信号，二芯线用于电源，视频线用于视频信号），而有一些产品则使用一根超五类网线（8芯）完成配线。

（9）电源

对讲系统一般使用12 V直流电源，通常采用专用电源箱（内部实现交流220 V转直流12 V）。同时，为了保持楼宇对讲系统不掉电，很多产品还配置了UPS电源。

3）报警子系统主要材料与设备

报警子系统主要由探测器、报警控制器与报警中心等基本部分组成，最底层是探测和执行设备，主要作用是在探测到非法入侵或有异常情况时发出声光报警，同时向控制器发送信息。控制器负责下层设备的管理，同时向控制中心传送相关区域的报警情况。报警子系统的组成如图6.2.29所示。

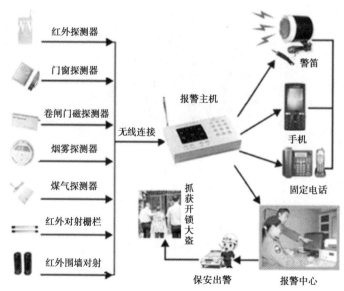

图6.2.29 报警子系统的组成

（1）探测器

探测器的核心器件是传感器,采用不同原理的传感器件,可以构成不同种类、不同用途、达到不同探测目的探测装置。常用的探测器有开关探测器、红外探测器、红线探测器、微波探测器、被动红外探测器、三技术被动红外/微波探测器、微波/超声波物体移动探测器、玻璃破碎探测器、振动探测器、视觉探测器、感应电缆等。

（2）控制器

控制器对探测器传送的电信号进行处理,并输出相应的判断信号。若有入侵信号或异常时,发出声或光报警。

（3）报警中心

报警中心由计算机、打印机等组成,通过电话线、电缆、光缆或无线电波把各个区域控制器的信号传送到报警中心,实施对整个报警系统的监控和管理。

除以上基本组成部分外,报警子系统还包括传输系统、紧急呼叫按钮、报警扬声器、警铃、警灯、报警指示灯等其他设备。

传输系统的主要作用是将报警探测器产生的报警输出信号传送到报警控制室的报警系统控制主机上。传输系统可以是有线传输、无信号传输、微波信号传输、光纤方式传输和电话线传输等多种信号传输方式。有线传输系统根据报警系统控制主机的不同,有二线制传输、四线制传输和总线制传输。

6.2.3　火灾自动报警系统

1）火灾自动报警控制系统的组成

火灾自动报警控制系统主要由3个部分,即触发部分、信号处理部分、动作部分构成,其中整个系统的核心是报警控制器。下面对触发部分、信号处理部分进行介绍。

（1）触发部分

探测器是整个系统的"触角",负责探测警戒范围内的火情,并向报警控制器发回火情信号。探测器按探测介质可以分为感烟探测器［图6.2.30(a)所示］、感温探测器［图6.2.30(b)］、感光探测器和可燃气体探测器;按外形可分为点型探测器、线型探测器和红外光束探测器。

防护罩

（a）感烟探测器

感温元件

（b）感温探测器

图6.2.30　探测器

（2）信号处理部分

信号处理部分即火灾报警控制器,是火灾自动报警系统中为火灾探测器供电,接收、处理及传递探测点的故障、火警电信号,发出声、光报警信号,同时显示及记录火灾发生的部位和时间,并向联动控制器发出联动信号的报警控制装置,是整个火灾控制系统的核心和"指挥中心"。

2)消防联动控制系统

消防联动控制系统是火灾自动报警系统中的一个重要组成部分,包括模块、短路隔离器、火灾显示盘(也叫楼层显示盘)、声光警报器等,如图6.2.31所示。

（a）模块　　　　　　　　　　　　　　　　（b）短路隔离器

（c）火灾显示盘　　　　　　　　　　　（d）声光警报器

图6.2.31　火灾联动控制系统

3)火灾报警控制系统的设备

在建(构)筑物中较为完整的火灾自动报警系统与消防联动控制系统由以下设备组成:

①报警设备:包括报警控制系统主机、操作终端和显示终端、打印设备。

②灭火设备:包括自动喷水灭火设备、水幕设备、雨淋尘喷水灭火设备、喷雾灭火系统与气体灭火系统等。

③防火排烟设备:包括探测器、控制器、自动开闭装置、防火卷帘门、防火风门、排烟口、排烟机、空调设备等。

④通信设备:包括应急通信装置、一般电话、对讲电话。

⑤避难设备:包括应急照明装置、诱导灯、诱导标志牌。

⑥与火灾有关的必要设施:包括洒水送水设备、应急插座、消防水池、应急电梯。

⑦避难设施:包括应急口、避难阳台、避难楼梯、特殊避难楼梯。

⑧其他设备:包括防范报警设备、航空障碍灯设备、地震探测设备、煤气探测设备、电气设备监视、闭路电视设备、普通电梯运行监视、一般照明等。

4)火灾自动报警系统的线制

火灾探测器与火灾探测报警控制器间的连接方式通常为多线制和总线制。

6.3 建筑弱电系统设备安装工程基础知识与识图

6.3.1 综合布线基础与识图

1）综合布线基础知识

综合布线系统典型应用中,配线子系统常由4对对绞电缆(五类、六类线缆)及其连接件构成,干线子系统和建筑群子系统常由光缆及其连接件组成。

（1）配线子系统

配线子系统的电缆敷设方式有预埋或明敷管路或线槽等,可分为顶棚(或吊顶)内、地板下和沿墙壁敷设及上述3种的混合方式。

（2）建筑群子系统

建筑群子系统电缆敷设方式通常有架空悬挂(包括墙壁挂设)和地下敷设两种类型。目前较为常用的有两种:一种是穿放在地下通信电缆管道中的管道电缆;另一种是直接埋设在地下的直埋电缆。

（3）信息插座

综合布线系统的信息插座多种多样,既有安装在墙上的(其位置一般距楼地面300 mm左右),也有埋于地板上的。信息插座也因缆线接入对数的不同分为单孔或双孔等,在地面上或活动地板上的地面信息插座由接线盒和插座面板两部分组成。

2）综合布线识图

（1）常用图形符号

综合布线系统工程常用图形符号及其名称如表6.3.1所示。

表6.3.1 综合布线系统工程常用图形符号及其名称

序号	图形符号	名称	序号	图形符号	名称
1	ODF(48芯)	光缆配线架	7	IDF	设备分配线架
2	MDF	设备主配线架	8		分纤箱
3	SW	计算机网络交换机	9	LIU	楼层配线架
4	II	双孔信息出线盒	10	2×15CAT5e 4PC	超五类非屏蔽8芯双绞线
5		双向放大器	11		壁挂式扬声器
6	TV	电视用户终端盒	12	TD	网络插座

（2）说明

信息插座包括以下含义：TP—电话插座，TD—数据信息插座，TV—电视插座，TO—网络信息插座，M—话筒插座，FM—调频插座，S—扬声器插座。

综合布线系统工程图包括说明、系统图和平面图、主要材料表。

（3）系统图的主要内容

①工作区子系统：建（构）筑物各层设置的信息插座型号和数量。

②配电子系统：建（构）筑物各楼层水平敷设的电缆型号和概数。

③干线子系统：从建（构）筑物内设置的主跳线连接配线架（MDF）到各楼层水平跳线连接配线架（IDF）的干线电缆的型号和根数，主跳线连接配线架和水平跳线连接配电线架所在的楼层、型号和数量。

④建筑群子系统：建（构）筑物之间电缆的型号和根数。

3）综合布线实例

某综合楼综合布线系统图如图6.3.1、图6.3.2所示，一层弱电平面图如图6.3.3所示，二层弱电平面图如图6.3.4所示，主要材料表如表6.3.2所示，该综合楼共有两层。综合布线引入由市政相关部门引入综合楼散水边缘手孔井处，经埋地0.8 m进入楼梯间墙上机柜内（机柜距地1.0 m安装），有线电视引出至前端箱，然后分配至各楼层。网络光纤配线架、有线电视交接箱安装在标准机柜内。有线电视由机柜内交接箱引到前端箱，前端箱内有双向放大器及支线分配器。楼层光纤分线箱、有线电视分支分配器箱均安装在楼梯间一侧墙上。综合布线支线穿管原则：支线穿管1对穿PC16管；2对穿PC20管；3～5对穿PC16管。电视支管穿管1对穿PC20管；2对穿PC25管。信息插座距地0.3 m安装。图中的一层VH箱为有线电视前端箱。

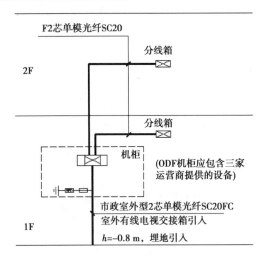

图6.3.1　综合布线系统图

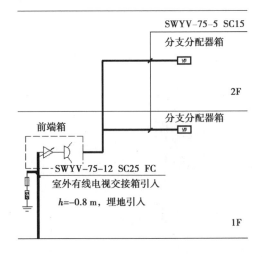

图6.3.2　有线电视系统图

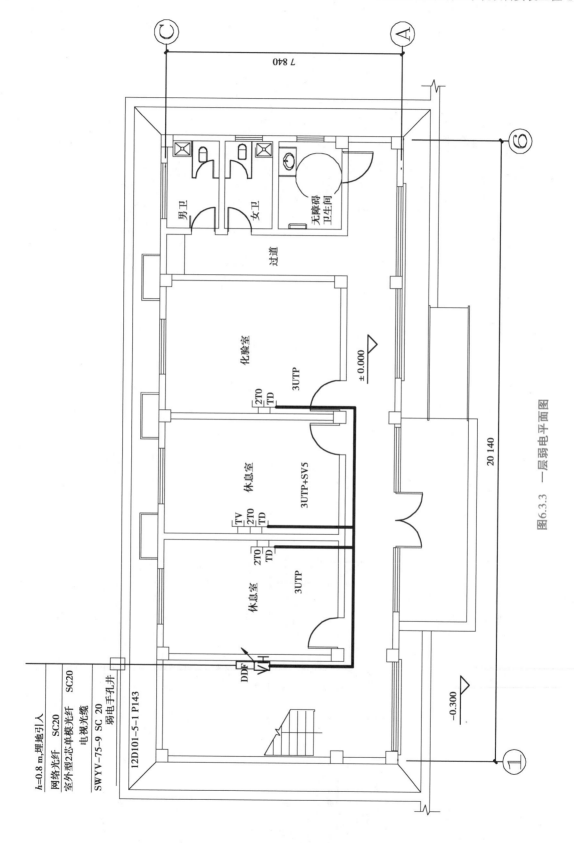

图6.3.3 一层弱电平面图

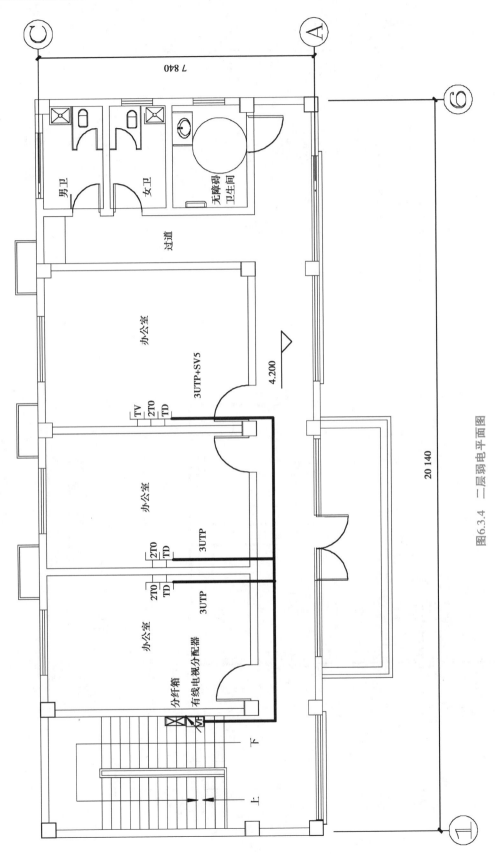

图6.3.4 二层弱电平面图

表 6.3.2　某综合楼主要材料表

编号	图例	名称	规格型号	单位	数量	安装方式
1	TO	网络插座		个	实测	暗装　距地 0.3 m
2	TP	电话插座		个	实测	暗装　距地 0.3 m
3	TV	电视插座		个	实测	暗装　距地 0.3 m
4		分纤箱		套	实测	含熔纤盘及适配器
5		前端箱		套	实测	
6	AVP	分配器箱		套	实测	
7	UTP	8 芯非屏蔽双绞线	超五类	m	实测	
8	F2	2 芯室内单模光缆	8.3/125 μm	m	实测	
9	SV5	SYWV-75-5 同轴电缆		m	实测	

6.3.2　安全防范系统工程基础知识与识图

1) 安全防范系统工程基础知识

安全防范工作的首要任务是利用各种手段,收集、整理、处理所需的信息(情报)。而信息的表达方式是多种多样的,它包含文字、数据、声音和图像(静止的或活动的)等。

(1)监控子系统

监控子系统的组成一般有以下几种。

①单头单尾方式:头是摄像机,尾是监视器。这是由一台摄像机和一台监视器组成方式连续定点监视场所,如图 6.3.5(a)所示。有时候监视区域较大,可以在摄像机上安装变焦镜头,使摄像机能够观察的距离更远,观察的对象更清楚;也可以把摄像机安装在电动云台上,通过控制台的控制,可以使云台带动摄像机作水平和垂直方向的转动。这种单头单尾方式如图 6.3.5(b)所示。

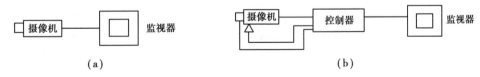

(a)　　　　　　　　　　　　　　　　　　　(b)

图 6.3.5　单头单尾方式

②单头多尾方式:由一台摄像机向许多监视点输送图像信号,由各个点上的监视器同时观看图像。这种方式用在多处监视同一个固定目标的场合,如图 6.3.6 所示。

③多头单尾方式:用在一处集中监视多个目标的场合,如图 6.3.7 所示。如果不要求录像,则多台摄像机可通过一台切换器由一台监视器全部进行监视;如果要求连续录像,则多台摄像机的图像信号通过一台图像处理器进行处理后,由一台录像机同时录制多台摄像机

的图像信号,由一台监视器监视。

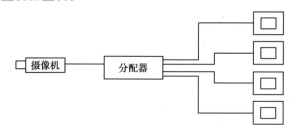

图 6.3.6　单头多尾方式

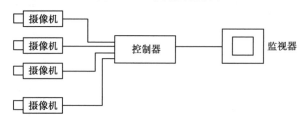

图 6.3.7　多头单尾方式

④综合式:用于多处集中监视多个目标的场合,如图 6.3.8 所示,并可对一些特殊摄像机进行云台和变倍镜头控制,每台监视器都可以选择切换自己需要的图像。

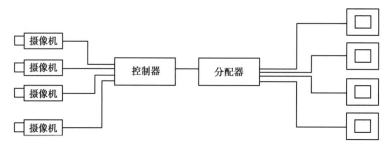

图 6.3.8　综合式

图 6.3.9 是一个小型综合电视监控系统的组成示意图。一般的电视监控系统均包括前端系统(或前端设备)、传输系统和终端系统(或终端设备)这三大部分。

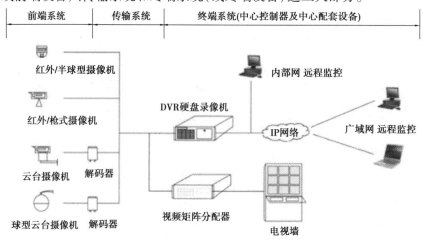

图 6.3.9　小型综合电视监控系统的组成示意图

前端系统各摄像机布线一般采用暗配方式,视频电缆可与综合布线系统线缆共敷设在同一金属槽道、金属电线管或塑料管道内。电源线在金属槽道内敷设需加金属隔板与其他信号线分开,或另穿放金属电线管敷设。

(2)门禁子系统

门禁子系统也叫智能楼宇对讲系统,楼宇对讲系统示意图如图6.3.10所示,它分为别墅型(可视)对讲系统、直按式(可视)对讲系统、编码型(可视)对讲系统、户户通(可视)对讲系统以及智能联网型(可视)对讲系统等不同的产品系列,能充分满足市场的需要。

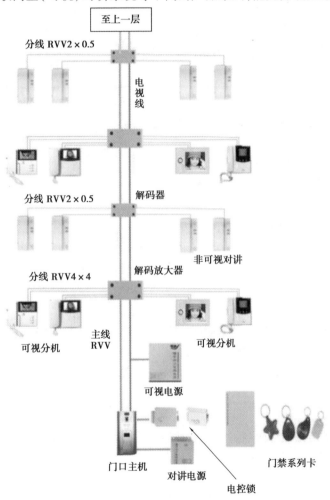

图6.3.10 楼宇对讲系统示意图

安装设备前需对系统所有线路进行全面检查,是否存在断线或短路现象。确认整个系统的线路无任何故障后,方可安装设备,接线点必须加上焊锡。

线管尽量采用专用金属管,管两端均应良好接地,且应与其他专业线缆(如交流220 V、电梯线、有线电视线等)保持50 cm以上的距离,以提高抗干扰能力。

系统安装完毕后,应依次进行设备单体调试、单元调试和小区联网调试。

(3)报警子系统

①报警探测器。

报警探测器有开关型传感器、压力传感器、声音传感器、光电传感器、热释电红外传感器。

报警探测器警戒范围安装可分为点控制型、线控制型、面控制型、空间控制型。报警探测器的应用范围如表6.3.3所示。

表6.3.3　报警探测器的应用范围

报警器种类	警戒范围
开关式报警器	点控制型
主动式红外报警器、激光报警器	线控制型
玻璃破碎报警器、振动式报警器	面控制型
微波报警器、超声波报警器、被动红外报警器、声控报警器、视频报警器、周界报警器	空间控制型

根据所防范的场所和区域,选择不同的报警探头。一般来说:

a.门窗可以安装门磁开关。

b.卧室、客厅安装红外微波探头和紧急按钮。

c.窗户安装玻璃破碎传感器。

d.厨房安装烟雾报警器。

e.报警控制主机安装在房间隐蔽的地方以便布防和撤防。报警主机可以进行编程,对报警单元的常开、常闭输出信号进行判别,确认相应区域是否有报警发生。对于小区安防和金融单位,还需要安装电话拨号器,当意外发生时,通过电话线路传送报警信息给公安、消防部门或房屋主人。

②报警控制器。

报警控制器应有防破坏功能,当连接入侵探测器和控制器的传输线发生断路、短路或并接其他负载时应能发出声光报警故障信号。

报警控制器应有较宽的电源适应范围,主电源的容量应保证在最大负载条件下连续工作24 h以上。

报警控制器应有备用电源,当主电源断电时能自动切换到备用电源上。当主电源断电时能自动切换到备用电源上,而当主电源恢复后又能自动恢复主电源供电。

报警控制器安装方式有壁挂式、嵌入式和台式。

③传输系统。

信息的传输方式分为有线网络式和无线网络式。有线网络式是用传统布线或综合布线方式组成总线制、多线制网络传输。线材与布设方式与综合布线系统相同。

④其他设备。

对于其他设备,要注意其安装方式是暗装还是明装,距地距离如何等。

2)安全防范系统工程识图

本次安全防范系统工程识图以幼儿园值班室及室外园区的报警系统和某住宅小区的楼宇对讲系统为例进行分析。

安全防范系统工程常用图形及文字符号如表6.3.4所示。

表6.3.4　安全防范系统工程常用图形及文字符号

序号	图形符号	名称	序号	图形符号	名称
1		监视区边界	10		对讲电话分机
2		加强保护区边界(禁区)	11	EL	电控锁
3		警戒感应处理器	12		出入口数据处理设备
4		周界报警控制器	13		指纹识别器
5	Tx IR Rx	主动红外探测器	14		人像识别器
6	F	光缆探测器	15		可燃气体探头
7		压力差探测器	16		紧急按钮开关
8	LD	激光探测器	17	b	可燃气体报警信号线
9		楼宇对讲系统主机	18	d	可视对讲总线

安全防范系统工程案例图纸如图6.3.11—图6.3.13相关的系统图、平面图,以及表6.3.5—表6.3.7所示。监控系统及报警系统为幼儿园值班室及室外园区的报警系统。

本次监控系统及报警系统案例项目为某幼儿园的安全防范系统,在幼儿园大楼一层设备间设置视频服务器一台,门口值班监控室设置中心监控服务器一台并设置监控终端(计算机或安装电视墙解码器一台,21寸彩色监视器一台)对大楼实时监控。一层设备间至值班监控室超五类非屏蔽8芯双绞线与室外监控视频电缆同管穿放塑料管道PVC ϕ50敷设。

表6.3.5　监控系统主要材料表

序号	工作项目	单位	数量	备注
1	双孔信息出线盒86H60及面板	个	2	
2	超五类非屏蔽8芯双绞线	m	344	
3	暗埋金属电线管 ϕ25	m	7	
4	安装电视墙解码器	台	1	
5	安装21寸彩色监视器	台	1	
6	中心监控服务器	台	1	

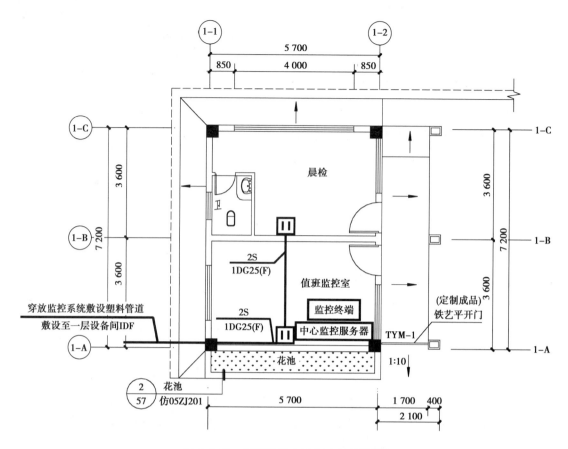

图 6.3.11 值班监控室设备布置平面图

表 6.3.6 报警系统主要材料表

序号	工作项目	单位	数量	备注
1	新设通信手孔井	个	1	
2	敷设塑料管道 PVCφ50	m	390	
3	敷设钢管 φ80 4×7 m	m	42	
4	安装枪式彩色摄像机	个	6	
5	布放视频电缆 SYKV-75-5	m	590	
6	布放电源线 RVB 2×1.5	m	590	

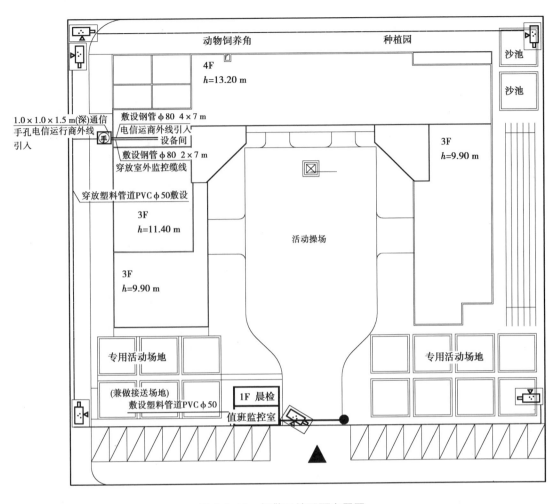

图 6.3.12　报警系统平面布置图

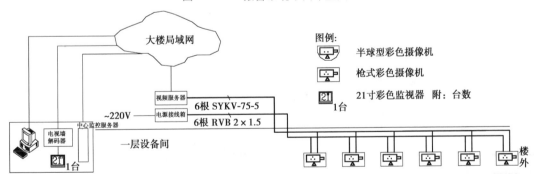

图 6.3.13　报警系统及监控系统图

表 6.3.7　某住宅楼楼宇系统主要材料表

编号	图例	名称	规格型号	单位	数量	安装方式
1	AHD	家居配线箱	450 mm×350 mm×150 mm	个	21	暗装 距地 0.5 m
2	⊙	紧急按钮开关	甲方自选	个	21	暗装 距地 1.0 m
3		可燃气体探测器	甲方自选	个	21	暗装 距地 2.2 m
4	◎	开门按钮	甲方自选	个	1	底部距离地面 1.3 m
5	EL	电控锁	甲方自选	个	1	门框
6		可视对讲主机	甲方自选	台	1	底部距离地面 1.4 m 暗装
7		可视对讲分机	甲方自选	台	21	底部距离地面 1.4 m 暗装
8	—b—	可燃气体报警信号线	RVV 4×0.5 m²	m	按实计	
9	—c—	可视对讲控制线	RVV 4×0.5 mm²	m	按实计	
10	—d—	可视对讲总线	总线:RVV-6×1.0 mm² 视频线:SYV-75-5	m	按实计	
11	—s—	可视对讲总线+电话线+网络线+有线电视线	总线:RVV-6×1.0 mm² 视频线:SYV-75-5 同轴电缆:SYWV-75-5	m	按实计	
12	——	电线导管	PC16/ PC25	m	按实计	CC WC
13		金属线槽	MR100×50 mm	m	按实计	

　　本次楼宇对讲系统案例项目是某小区住宅楼的楼宇对讲系统,在小区管理中心主机通过光纤配 SC150(埋地敷设)管至本住宅楼一层,在一楼设置网络连接器和可视对讲主机,主机连接到一层电井(总线:RVV-6×1.0 mm²,视频线:SYV-75-5 配管 PC25,暗敷于天棚或墙上),在电井内垂直往上至各楼层(线路配置在 MR100×50 mm),每层楼设置分配器、解码器箱,由分配器箱分配至楼层家居分配箱中,每套房子内厨房设置一个可燃气体探头、主卧一

个紧急按钮开关。可燃气体报警信号线的线路为 RVV 4×0.5 mm²/PC16 沿墙及天棚暗敷。报警按钮信号线的线路为 RVV 2×0.5 mm²/PC16 沿墙及天棚暗敷,如图 6.3.14—图 6.3.16 所示。

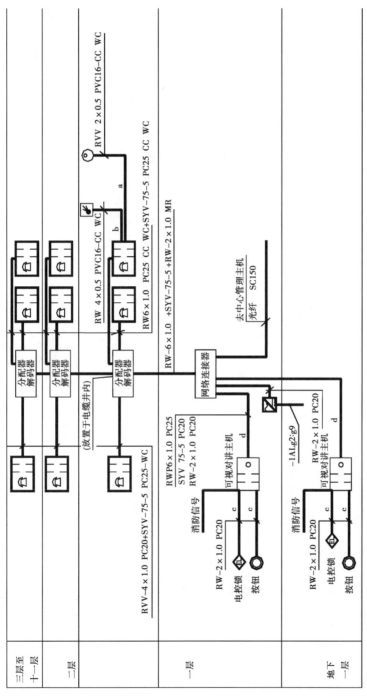

图 6.3.14 楼宇对讲系统图

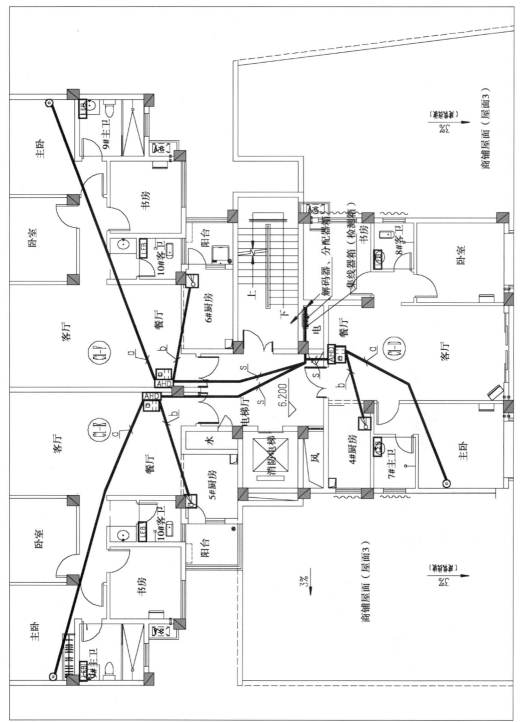

图6.3.15 楼宇对讲一层平面布置图

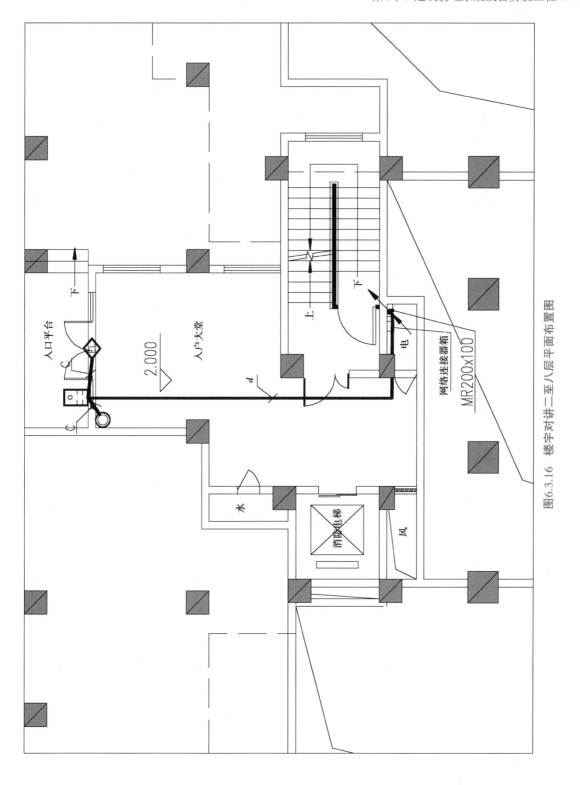

入口平台

入户大堂

2.000

网络连接器箱

MR200x100

消防电梯

水

风

电

图6.3.16 楼宇对讲二至八层平面布置图

6.3.3 火灾自动报警系统

1)火灾自动报警系统基础知识

根据所警戒的建筑物区域的大小及复杂程度,火灾自动报警与消防联动系统按规模可以分成3种形式。

（1）区域报警系统

区域报警系统是规模最小、最简单的系统,由火灾报警控制器、声光警报器、手动报警按钮、火灾探测器等组成,不带联动设备、应急广播和消防电话,适用于只需要报警,不需要联动自动消防设备的场所。区域报警系统如图6.3.17所示。

图6.3.17 区域报警系统

区域报警系统不具有消防联动功能,其报警控制器也称为"区域报警控制器"。

（2）集中报警系统

集中报警系统适用于不仅需要报警,同时还需要联动自动消防设备的场所,如图6.3.18所示。集中报警系统只需设置一台火灾报警控制器和消防联动控制器（或一体机）,但须配置消防专用电话、消防广播,并应设置一个消防控制室和图形显示装置。

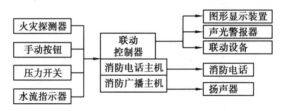

图6.3.18 集中报警系统

（3）控制中心报警系统

当保护对象的规模或面积较大（如大的校园、建筑群等）时,为了减少布线工作量,同时也为了减轻单台报警控制器的负荷,宜采用控制中心报警系统的形式,即多台报警控制器分别保护各自的区域（称为"子报警控制器"）,同时又向高一级的控制器（称为"主报警控制器"）传递火情信息,由主报警控制器综合管理全面信息,并控制联动设备。控制中心报警系统如图6.3.19所示。

在控制中心报警系统中,子报警控制器只起收集火情和传递信息的作用,不能控制消防设备,所以本质上是区域控制器。主报警控制器必须能显示所有火灾报警信号和联动控制状态信号,并应能控制消防设备。

（4）火灾自动报警与消防联动系统

火灾自动报警与消防联动系统还涉及以下关键器件。

①模块。

模块的作用是信号转换和传输,即把开关量信号转换成数字信号,并传递给报警控制器,例如水流指示器、压力开关的动作是开关信号,需经模块转换成数字信号,报警控制器才

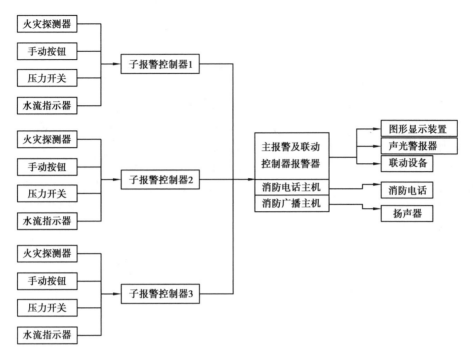

图6.3.19　控制中心报警系统

能识别。

②控制消防设备。

通常情况下,消防设备(如风阀、卷帘门等)不具备识别数字信号的能力,模块就扮演了"翻译"的角色,并且报警控制器传出来的指令都是信号级别的(24 V, 5~20 mA),不足以驱动消防设备,模块可以提供较大电流驱动一些小型消防设备,如广播切换模块、非消防电源脱扣等。

③短路隔离器。

总线回路中,一旦某一点发生短路,整个报警控制器将无法正常工作。为了避免报警控制器因局部短路而导致整体瘫痪,总线上每个支路的起点处一般都装设一个短路隔离器(也称"总线隔离器")。短路隔离器是一种特殊模块,当支路发生短路故障时,隔离器内部的继电器吸合,将隔离器所连接的支路完全断开,从而保证总线上其他部分正常工作。

相关规范规定,每只短路隔离器保护的探测器、报警按钮和模块等设备的总数不能超过32点,而且,总线穿越防火分区时,穿越处也要设置短路隔离器。因此,可能会出现一个楼层多个隔离器的情况。

④火灾显示盘。

火灾显示盘也称"楼层显示器",是一种警报装置,多装于楼层电梯门边或楼梯门边的墙上,用于接收探测器发出的火灾报警信号,显示火灾位置,发出声光警报,提醒本层人员尽快撤离。

⑤声光警报器。

声光报警器也是一种警报装置,当发生火情时,发出尖厉声音和闪烁光报警,但没有显示屏,不能显示发生火灾的楼层和位置。

2)火灾自动报警系统识图

火灾自动报警系统工程图是现代建筑工程图的重要组成部分之一,常用的有系统图、平面图、主要材料表,有些项目会有原理图等。系统图主要反映系统的组成、设备和元件之间的相互关系及连接关系。平面图在安装工程中是不可缺少的。平面图一般在简化的建筑平面图上用图形符号表示消防设备和器件,并标注文字说明,反映了设备和器件的安装位置,管线的走向及敷设部位、敷设方式,导线的型号、规格及根数。

火灾自动报警系统工程图中一般选用国家标准规定使用的图形符号和专业部颁标准规定使用的图形符号,但具体还须看工程设计图纸上所表示的图形符号含义。

火灾报警系统工程案例图纸如图6.3.20—图6.3.22,主要材料如表6.3.8所示。本项目为某住宅楼火灾自动报警系统工程,本次只介绍某一单元的火灾报警系统。其他的可以类推。

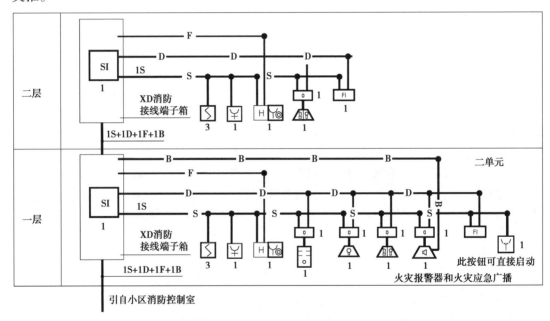

图 6.3.20　一层火灾自动报警系统图

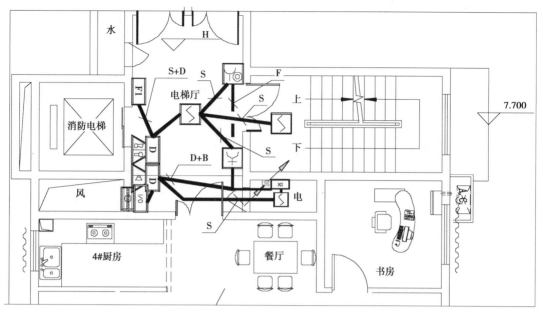

图6.3.21　二至八层火灾自动报警系统平面图

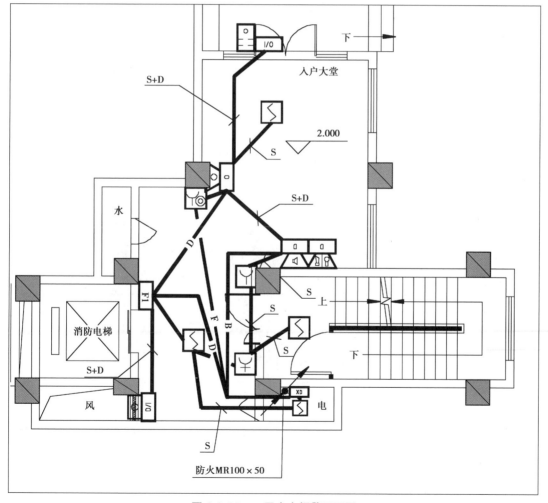

图6.3.22　一层火灾报警平面图

表 6.3.8　某住宅楼楼宇系统主要材料表

编号	图例	名称	规格型号	单位	数量	安装方式
1	XD	接线端子箱		个	8	距地 2 m 壁装
2	FI	楼层显示器		个	8	距地 1.5 m 壁装
3	SI	短路隔离器		个	8	接线端子箱内
4		感烟探测器		个	18	吸顶安装
5		应急报警扬声器		个	8	距地 2.3 m 壁装
6		火灾声光警报器		个	8	距地 2.3 m 壁装
7		火灾光警报器		个	1	距地 2.3 m 壁装
8		带电话插孔的手动报警按钮		个	8	距地 1.3 m 壁装
9		消火栓起泵按钮		个	8	消火栓内
10		直接启动火灾警报器和火灾应急广播按钮		个	1	距地 1.3 m 壁装
11	O	输出模块		个	17	被控对象旁或设备箱旁
12	I/O	输入输出模块		个	9	被控对象旁或设备箱旁
13	S	S 信号线	NH-RVS-2×1.5	m	按实计	SC15 WS SCE
14	D	D 电源总线	干线：NH-BV-2×4 支线：NH-BV-2×1.5	m	按实计	SC15 WS SCE
15	B	B 广播线	NH-BV-3×1.5	m	按实计	SC20 WS SCE
16	F	F 电话线	NH-BV-2×1.5	m	按实计	SC20 WS SCE

6.4　建筑弱电系统设备安装工程列项与算量

6.4.1　综合布线

1）综合布线工程量清单项目设置

综合布线工程常见工程量清单根据（GB 50856—2013）《通用安装工程工程量计算规

范》"附录E建筑智能化工程"E.2和E.5的要求进行编制,具体内容如表6.4.1所示。

表6.4.1 综合布线系统工程(编码:030502)

项目编码	项目名称	项目特征	计量单位	工程量计算规则	工作内容
030502001	机柜、机架	1. 名称 2. 材质 3. 规格 4. 安装方式	台	按设计图示数量计算	1. 本体安装 2. 相关固定件的连接 3. 接地
030502003	分线接线箱(盒)		个		1. 本体安装 2. 底盒安装
030502004	电视、电话插座	1. 名称 2. 安装方式 3. 底盒材质、规格	个		
030502005	双绞线缆	1. 名称 2. 规格 3. 线缆对数 4. 敷设方式	m	按设计图示尺寸以长度计算	1. 敷设 2. 标记 3. 卡接
030502006	穿放、布放电话线电缆				
030502007	光缆				
030502009	跳线	1. 名称 2. 类别 3. 规格	条	按设计图示数量计算	1. 插线跳线 2. 整理跳线
030502010	配线架	1. 名称 2. 类别 3. 容量	个(块)		安装、打接
030502011	跳线架				
030502012	信息插座	1. 名称 2. 类别 3. 规格 4. 安装方式 5. 底盒材质、规格			1. 端接模块 2. 安装面板
030502013	光纤盒	1. 名称 2. 类别 3. 规格 4. 安装方式			1. 端接模块 2. 安装面板
030502014	光纤连接	1. 方法 2. 模式	芯(端口)		1. 接续 2. 测试
030502015	光缆终端盒	1. 名称 2. 类别 3. 规格 4. 安装方式 5. 光缆芯数	个	按设计图示数量计算	

续表

项目编码	项目名称	项目特征	计量单位	工程量计算规则	工作内容
030502016	布放尾纤	1. 名称 2. 规格 3. 安装方式	根	按设计图示数量计算	1. 接续 2. 测试
030502017	线管理器				
030502018	跳块		个		本体安装
030502019	双绞线缆测试				安装、卡接
030502020	光纤测试	1. 测试类别 2. 测试内容	1. 测试类别 2. 测试内容		测试
030505003	前端机柜	1. 名称 2. 规格	个		1. 本体安装 2. 连接电源 3. 接地
030505004	电视墙	1. 名称 2. 监视器数量	套		1. 机架、监视器安装 2. 信号分配系统安装 3. 连接电源 4. 接地
030505005	射频同轴电缆	1. 名称 2. 规格 3. 敷设方式	m	按设计图示尺寸以长度计算	线缆敷设
030505006	同轴电缆接头	1. 规格 2. 方式	个	按设计图示数量计算	电缆接头
030505007	前端射频设备	1. 名称 2. 类别 3. 频道数量	套		1. 本体安装 2. 集体调试
030505009	光端设备安装、调试	1. 名称 2. 类别 3. 容量	台		1. 本体安装 2. 单体调试

清单列项注意事项：

①土方工程、开挖路面工程、配管工程、线槽、桥架、电气设备、电气器件、接线箱(盒)、电线、接地系统、凿(压)槽、打孔、打洞、人孔、手孔、立杆工程，应按《通用安装工程工程量计算规范》(GB 50856—2013)"附录D 电气设备安装工程"相关项目编码列项"。

②机架等项目的除锈、刷油，应按"附录M 刷油、防腐蚀、绝热工程"相关项目编码列项。

2)综合布线工程量定额设置

(1)有关综合布线的定额说明

①电源线、电缆、控制电缆敷设、电缆托架铁架制作、线槽、桥架安装、电线管敷设、电缆沟、电缆保护管、UPS电源及附属设施安装，执行《电气设备安装工程》相关内容。

②电视、电话、信息插座安装不含预留线,电视、电话、信息插座预留长度按0.2 m/个计算。

③双绞线的敷设及配线架、跳线架的安装、打接等定额,是按超五类非屏蔽线编制的,高于五类的布线工程所用定额子目人工乘以1.1,屏蔽系统人工乘以1.2。

④在已建天棚内敷设线缆时,所用定额子目人工乘以1.8。

(2)工程量计算规则

①双绞线缆、光缆、同轴电缆敷设、穿放、明布放,以"m"为计量单位。电缆敷设按单根延长米计算,如一个架上敷设3根各长100 m的电缆,应按300 m计算,依次类推。电缆附加及预留的组成部分,应计入电缆长度工程量之内。

②制作跳线以"条",卡接双绞线缆以"对",跳线架、配线架安装以"条"为计量单位。

③安装各类信息插座、过线盒(路)、信息插座底盒(接线盒)、光缆终端盒和跳块打接,以"个"为计量单位。

④光纤连接,以"芯"(磨制法以"端口")为计量单位。

⑤双绞线缆、无缆测试,以"链路"为计量单位。

⑥系统调试、试运行,以"系统"为计量单位。

6.4.2 安全防范系统工程

1)安全防范系统工程量清单项目设置

安全防范系统工程常见工程量清单根据《通用安装工程工程量计算规范》(GB 50856—2013)"建筑智能化工程"E.7的要求进行编制,具体内容如表6.4.2所示。

表6.4.2 安全防范系统工程(编码:030507)

项目编码	项目名称	项目特征	计量单位	工程量计算规则	工作内容
030507001	入侵探测设备	1.名称 2.类别 3.探测范围 4.安装方式	套	按设计图示数量计算	1.本体安装 2.单体调试
030507002	入侵报警控制器	1.名称 2.类别 3.路数 4.安装方式	套	按设计图示数量计算	1.本体安装 2.单体调试
030507003	入侵报警中心显示设备	1.名称 2.类别 3.安装方式			
030507004	入侵报警信号传输设备	1.名称 2.类别 3.功率 4.安装方式			

续表

项目编码	项目名称	项目特征	计量单位	工程量计算规则	工作内容
030507005	出入口目标识别设备	1.名称 2.规格	台	按设计图示数量计算	1.本体安装 2.单体调试
030507006	出入口控制设备				
030507008	监控摄像设备	1.名称 2.类别 3.安装方式	台(套)		
030507009	视频控制设备	1.名称 2.类别 3.路数 4.安装方式			
030507013	录像设备	1.名称 2.类别 3.规格 4.存储容量、格式			
030507014	显示设备	1.名称 2.类别 3.规格	1.台 2.m²	1.以台计量,按设计图示数量计算 2.以 m² 计量,按设计图示面积计算	
030507015	安全检查设备	1.名称 2.规格 3.类别 4.程式 5.通道数	台(套)	按设计图示数量计算	
030507017	安全防范分系统调试	1.名称 2.类别 3.通道数	系统	按设计内容	各分系统调试
030507019	安全防范系统工程调试	1.名称 2.类别			系统试运行

安全防范工程清单列项设置应注意如下问题:

①本节土方工程、应按现行国家标准《房屋建筑与装饰工程工程量计算规范》(GB 50854—2013)相关项目编码列项。

②配管工程、线槽、桥架、电气设备、电气器件、接线箱(盒)、电线、接地系统、凿(压)槽、打

孔、打洞、人孔、手孔、立杆工程,应按本规范"附录 D 电气设备安装工程"相关项目编码列项。

③设备元件等项目的除锈、刷油应按本规范"附录 M 刷油、防腐蚀、绝热工程"相关项目编码列项。

④如主项目工程与综合项目工程量不对应,项目特征应描述综合项目的型号、规格、数量。

⑤开挖路面应按《市政工程工程量计算规范》(GB 50857—2013)相关项目编码列项。

⑥双绞线、光缆敷设按本章综合布线相关项目编码列项。

2)安全防范系统工程量定额项目设置及工程量计算

安全防范系统的计量单位及计算方式与清单一致。其他相关的项目也按相关的定额执行。

6.4.3 火灾自动报警系统

1)火灾自动报警系统清单项目设置

①火灾自动报警与消防联动系统的清单项目主要有探测器、按钮、模块、控制器、警报装置、重复显示器等,应根据工程设计中消防器件的安装方式、线制、容量和输出方式等因素,按 2013《计算规范(GB 50854～50862—2013)广西细则(修订本)》"消防工程 J.4"的要求进行设置,部分项目如表 6.4.11 所示。

②信号总线、电源线、数据通信线、电话线、广播线应按《电气设备安装工程》附录 D.11 中的"配线"子目并区分导线型号分别列项。

③各种器件的工程量按设计图示数量计算。计算导线工程量时,难点在于总线与多线的理解与区分。一般情况下,信号线、电源线采用总线,即一个回路挂接很多器件;而多线盘控制的重要设备则必须采用多线,即每个设备都需单独的回路与多线盘相连;电话线、广播线则存在总线制和多线制的产品,需根据图纸设计而定。另外各种消防器件(报警控制器、探测器、按钮、模块、警报器等)的接头应计算预留线。

④使用清单时应注意以下几点:

a. 点型探测器有多种型号,如感温探测器、感烟探测器、火焰探测器等,不同型号的探测器应单独列项。类似地,模块也有输入、输出之分,输出又分单输出和多输出(参见定额列项部分),不同型号的模块应单列。线型探测器以长度计量,配套的接线盒及终端盒套用"信号转换装置"和"报警终端电阻"子目。

b. 关于控制器,目前的单体高层建筑大多采用集中报警系统,应套用"030904017 报警联动一体机"清单子目。一些低层建筑(如两三层的小型办公楼),如仅配置没有联动功能的区域报警控制器,应该执行"030904009 区域报警控制箱"子目。大型建筑群可能设置多台报警控制器组成网络,这种情况下主报警联动控制器和子报警控制器应分别套用"030904017 报警联动一体机"和"030904009 区域报警控制箱"子目。

c. 清单中的"重复显示器"即是上面所述的"火灾显示盘",也有图纸称其为"楼层显示器"。

d. 报警控制器不包含图形显示装置(一般是 CRT 彩色显示器)。如果实际工程中配有 CRT 显示器,应套用"030904014 火灾报警控制微机(CRT)"子目。

e. 描述报警控制器的"点数"时,应从型号及其技术资料中了解,而不能依据现场探测器的数量来定,尤其是控制器的"点数"可扩充时,应将最大容量及投标的实际容量都描述清楚。

f. 落地式报警控制器的基础槽钢(或角钢)应按"桂 030404037 基础型钢"单独列项。

g. 消防系统中的电缆、桥架、配管配线、动力、应急照明、电动阀门检查接线、水流指示器(压力开关)检查接线、防雷接地装置等项目的工程量清单按《通用安装工程工程量计算规范》(GB 50856—2013)中《电气设备安装工程》附录 D 相应清单编制。

火灾自动报警系统工程量清单项目设置、项目特征、计量单位、工程量计算规则及工作内容如表 6.4.3 所示。

表 6.4.3　火灾自动报警系统(编码:030904)

项目编码	项目名称	项目特征	计量单位	工程量计算规则	工作内容
030904001	点型探测器	1.名称 2.多线制 3.总线制 4.类型	只	按设计图示数量计算	1.底座安装 2.探头安装 3.校接线 4.编码 5.探测器调试
030904002	线型探测器	1.名称 2.规格	m	按设计图示长度计算	1.探测器安装 2.接口模块安装 3.报警终端安装 4.校接线
030904003	按钮	1.名称 2.规格	个	按设计图示数量计算	1.安装 2.校接线 3.编码 4.调试
030904004	消防警铃				
030904005	声光报警器				
030904006	消防报警电话插孔(电话)	1.名称 2.规格 3.安装方式	个 (部)		
030904007	消防广播	1.名称 2.功率 3.安装方式	个		
030904008	模块 (模块箱)	1.名称 2.规格 3.类型 4.输出形式	个 (台)		
030904009	区域报警控制箱	1.多线制 2.总线制 3.安装方式 4.控制点数量 5.显示器类型	台		1.本体安装 2.校接线、摇测绝缘电阻 3.排线、绑扎、导线标识 4.显示器安装 5.调试
030904010	联动控制箱				
030904011	远程控制箱(柜)	1.规格 2.控制回路			

项目编码	项目名称	项目特征	计量单位	工程量计算规则	工作内容
030904012	火灾报警系统控制主机	1. 规格、线制度 2. 控制回路 3. 安装方式	台	按设计图示数量计算	1. 安装 2. 校接线 3. 调试
030904013	联动控制主机				
030904014	消防广播及对讲电话主机(柜)				
030904015	火灾报警控制微机(CRT)	1. 规格 2. 安装方式	台	按设计图示数量计算	1. 安装 2. 调试
030904016	备用电源及电池主机(柜)	1. 名称 2. 容量 3. 安装方式	套		1. 安装 2. 调试
030904017	报警联动一体机	1. 规格、线制度 2. 控制回路 3. 安装方式	台		1. 安装 2. 校接线 3. 调试

说明:①消防报警系统配、配线、接线盒均应按《通用安装工程工程量计算规范》(GB 50856—2013)中"附录 D 电气设备安装工程"相关项目编码列项;

②消防广播及对讲电话主机包括功放、录音机、分配器、控制柜等设备;

③点型探测器包括火焰探测器、烟感探测器、红外光束探测器、可燃气体探测器等。

2)火灾自动报警系统定额项目设置

火灾自动报警与消防联动系统的定额计价时注意事项如下:

①在使用定额套价时,"模块"是一个难点,有时工程图纸对模块的表达也并不完整,常常要借助工程经验。从作用上讲,模块分为 3 种:

a.输入模块,配接于探测器与报警控制器之间,用于将开关信号转换为数字信号,如水流指示器模块、压力开关模块。

b.输出模块,配接于消防联动设备与报警控制器之间,用于控制消防设备的开闭,如非消防照明的切断模块。

c.输入输出模块,同时具有输入和输出功能的模块,如防排烟阀模块,当控制阀开启后还要向报警控制器反馈一个"确认"信号。所谓的"输入"与"输出",是从报警控制器的角度而言的。

②常用模块套价如下:

a.总线制的感温、感烟、感光探测器,手动报警按钮、楼层显示器、声光警报器、消防电话,本身已经数字化,直接与信号总线连接,无需模块。

b.单输入模块:常用于水流指示器、压力开关、信号蝶阀。

c.单输入单输出模块:常用于排烟阀、送风阀、防火阀,以及配电箱内切断非消防电的模块。

d.双输入双输出模块:常用于二步降防卷帘门、双速水泵、双速排烟风机等双动作设备。

e.电话、广播、短路隔离器模块执行单输入模块项目。

f.单输入、单输出、单输入/单输出模块占一个地址编码,即一个"点",双输入、双输出、双输入/双输出模块占两个地址编码。

③线型探测器由感温电缆、接线盒(模块)和终端盒3部分组成。接线盒实际上是一个数字信号转换装置(外形像模块),终端盒起电阻作用。计价时与清单对应,除了按长度计线型探测器外,还需另计接线盒和终端盒(分别套"E5-1312 线型探测器""E5-1313 线型探测器信号转换装置"和"B5-1314 报警终端电阻")。

④定额中的点型探测器不区分规格、型号、安装方式与位置,以"只"为计量单位,按图计数。探测器安装包括探头和底座的安装及本体调试。

红外线探测器是成对使用的,定额以"对"为计量单位。定额中包括探头支架安装和探测器的调试、对中。

⑤定额按是否带电话插孔区分为两个子目,计价时按图纸说明套用。

⑥消火栓报警按钮(不启动水泵)执行火灾报警按钮项目;消火栓报警按钮(启动水泵)执行火灾报警按钮带电话插孔项目。

⑦消防系统的配管配线执行《电气设备安装工程的相应定额》(上册),电源线、信号线等管内穿线执行《电气设备安装工程》动力线路或多股软导线敷设定额。计算管线工程量时需要注意总线制和多线制的区别。

⑧自动报警系统调试区分不同点数按系统计算。自动报警系统包括各种探测器、报警器、报警按钮、报警控制器等,其点数按具有地址编码的器件数量计算。其点数以工程实际应用点数计算,不含备用点数。

⑨区域报警控制器、联动控制箱、火灾报警系统控制主机、联动控制主机、报警联动一体机按设计图示数量,区分不同点数,以"台"为计量单位。

⑩定额中的箱、机是以成套装置编制的;柜式及琴台式均执行落地式安装相应项目。

⑪火灾报警系统控制主机是指只有火灾报警功能,没有联动控制功能的火灾报警系统。

⑫联动控制主机是指只有联动控制功能,没有火灾报警功能的系统。

⑬火灾报警联动一体机是指同时具有报警、联动控制功能的火灾报警控制器(联动型),其安装包含由厂家根据消防系统图成套配置的"机柜(琴台)、报警控制器、联动控制器"等设备,但不含消防广播控制柜、电话主机、广播录放盘、广播分配器等安装。实际运用中,一套消防控制中心一般套用一台火灾报警联动一体机(B5-1361～1368)、消防广播控制柜(B5-1369)、电话主机(E5-1374～1377)、广播录放盘(B5-1371)、广播分配器(B5-1373)等定额子目。规模较小、火灾报警控制点数较少的项目,若火灾报警联动一体机、消防广播和电话主机均安装在同一个机柜中,此时套用了火灾报警联动一体机,就不应再套用消防广播控制柜定额子目,但消防广播器件和电话主机定额子目可另行套用。

⑭柜式报警控制器如果需要安装基础槽钢,应执行《电气设备安装工程》"第四章基础槽钢、角钢制作安装"子目。

⑮闪灯执行声光报警器项目。

⑯气体灭火控制盘执行远程控制箱项目。

3）火灾报警系统工程量计算规则

①点型探测器按设计图示数量计算，不分规格、型号、安装方式与位置，以"个""对"为计量单位。探测器安装包括探头和底座的安装及本体调试。红外光束探测器是成对使用的，在计算时一对为两只。

②线型探测器依据探测器长度、信号转换装置数量、报警终端电阻数量按设计图示数量计算，分别以"m""台""个"为计量单位。

③按钮包括火灾报警按钮、火灾报警按钮带电话插孔，以"个"为计量单位。

④消防专用模块（模块箱）安装，依据其给出控制信号的数量，分为单输出和多输出两种形式。执行时不分安装方式，按照输出数量以"个"为计量单位。

⑤区域报警控制箱、联动控制箱、火灾报警系统控制主机、联动控制主机、报警联动一体机按设计图示数量计算，区分不同点数、安装方式，以"台"为计量单位。

⑥自动报警系统调试区分不同点数根据集中报警台数按系统计算。自动报警系统包括各种探测器、报警器、报警按钮、报警控制器等，其点数按具有地址编码的器件数量计算。火灾事故广播、消防通信系统调试按消防广播喇叭及音箱、电话插孔和消防通信的电话分机的数量分别以"10 只"或"部"为计量单位。

⑦重复显示器（楼层显示器）不分规格、型号、安装方式，按总线制与多线制划分，以"台"为计量单位。

⑧警报装置分为消防警铃和声光报警器安装，均以"个"为计量单位。

⑨远程控制箱（柜）按其控制回路数以"台"为计量单位。

⑩火灾事故广播中的功放机、录音机的安装按柜内及台上两种方式综合考虑，分别以"台"为计量单位。

⑪消防广播控制柜是指安装成套消防广播设备的成品机柜，不分规格、型号以"台"为计量单位。

⑫火灾事故广播中的扬声器不分规格、型号，按照吸顶式与壁挂式以"个"为计量单位。

⑬广播分配器是指单独安装的消防广播用分配器（操作盘），以"台"为计量单位。

⑭消防通信系统中的电话主机（柜）安装按其控制回路数以"台"为计量单位。

⑮报警备用电源综合考虑了规格、型号，以"台"为计量单位。

⑯本章节不包括以下工作内容：

a.设备支架、底座、基础的制作与安装。

b.构件加工、制作。

c.电机检查、接线及调试。

d.事故照明及疏散指示控制装置安装。

e.消防系统应用软件开发。

f.火警 119 直播外线电话。

g.消火栓报警按钮（不启动水泵）执行火灾报警按钮项目；消火栓报警按钮（启动水泵）执行火灾报警按钮带电话插孔项目。

6.5 案例实训

6.5.1 综合布线的案例实训

项目背景:

本次综合布线案例为某办公楼的内容。依据本章图 6.3.1—图 6.3.4 及表 6.3.2 的内容进行编制。综合布线引由市政相关部门引入综合楼散水边缘手孔井处,经理地 0.8 m 进入楼梯间墙上机柜内(机柜距地 1.0 m 安装),有线电视引出至前端箱,然后分配至各楼层。网络光纤配线架、有线电视交接箱安装在标准机柜内。有线电视由机柜内交接箱引到前端箱,前端箱内有双向放大器及支线分配器。楼层光纤分线箱、有线电视分支分配器箱均安装在楼梯间一侧墙上。综合布线支线穿管原则:支线穿管 1 对穿 PC16 管;2 对穿 PC20 管;3 ~ 5 对穿 PC16 管。电视支管穿管 1 对穿 PC20 管;2 对穿 PC25 管。信息插座距地 0.3 m 安装。

综合布线工程计量与计价案例见表 6.5.1—表 6.5.3。

表 6.5.1　分部分项工程和单价措施项目清单与计价表

工程名称:某综合楼综合布线工程

序号	项目编码	项目名称及项目特征描述	计量单位	工程量	金额/元		
					综合单价	合价	其中:暂估价
	0305	综合布线工程				2 594.89	
1	030502001001	ODF 机柜 1.尺寸:非标,机内配置详见系统图6.3.1 2.机柜内含网络光纤配线架、有线电视交接箱、接地装置等。 3.距地 1.5 m 明装	台	1	119.08	119.08	
2	030505003001	有线电视前端箱 1.规格:非标 2.箱内含双向放大器、分配器 3.距地 1.5 m 明装	个	1	90.13	90.13	
3	030502003001	分线箱 1.尺寸:非标 2.箱内含楼层配线架 3.距地 1.5 m 明装	个	2	90.13	180.26	
4	030502003002	有线电线分配器箱 1.规格:非标 2.内含有线电视分配器 3.距地 1.5 m 明装	个	2	90.13	180.26	

续表

序号	项目编码	项目名称及项目特征描述	计量单位	工程量	金额/元		
					综合单价	合价	其中：暂估价
5	030411001001	刚性阻燃管配管 PC25 1.敷设方式:暗敷	m	8.41	7.35	61.81	
6	030411001002	刚性阻燃管配管 PC20 1.敷设方式:暗敷	m	143.23	6.87	983.99	
7	030411001003	刚性阻燃管配管 PC15 1.敷设方式:暗敷	m	25.38	6.35	161.16	
8	030502007001	8 芯非屏蔽双绞线 1.规格:超五类非屏蔽双绞线 2.敷设方式:管内穿线	m	247.49	1.26	311.84	
9	030502007002	光缆 1.规格:2 芯多模光纤 2.敷设方式:管内穿线	m	76.31	1.90	144.99	
10	030505005001	射频同轴电缆 1.规格:SYWV-75-5 2.敷设方式:管内穿线	m	38.79	1.35	52.37	
11	030502004001	电视插座 1.安装方式:距地 0.3 m,暗装	个	2	17.40	34.80	
12	030502004002	电话插座 1.安装方式:距地 0.3 m,暗装	个	6	16.12	96.72	
13	030502012001	信息插座 1.规格:三口 2.安装方式:距地 0.3 m,暗装	个	6	29.58	177.48	

工程名称：某综合楼综合布线工程

表 6.5.2　工程量清单综合单价分析表

序号	项目编码	项目名称及项目特征描述	单位	工程量	综合单价/元	人工费	材料费	机械费	管理费	利润	未计价材料
	0305	综合布线工程									
1	030502001001	ODF机柜 1.尺寸：非标，机内配置详见系统图6.3.1 2.机柜内含网络光纤配线架、有线电视交接箱、接地装置等。 3.距地1.5 m装	台	1	119.08	48.48	48.52	0.13	14.96	6.99	ODF机柜及柜内设备
	B5-0196	安装机柜,机架墙挂式	台	1	119.08	48.48	48.52	0.13	14.96	6.99	ODF机柜及柜内设备
2	030505003001	有线电视前端箱 1.规格：非标， 2.箱内含双向放大器、分配器 3.距地1.5 m装	个	1	90.13	46.99	21.54	0.26	14.54	6.80	有线电视前端箱及箱内设备
	B5-0202	安装接线箱（半周长700 m以下）	个	1	90.13	46.99	21.54	0.26	14.54	6.80	有线电视前端箱及箱内设备
3	030502003001	分线箱 1.尺寸：非标 2.箱内含楼层配线架 3.距地1.5 m装	个	2	90.13	46.99	21.54	0.26	14.54	6.80	分线箱及箱内配件

序号	编码	项目名称	单位	工程量							
	B5-0202	安装接线箱(半周长700 mm以下)	个	2	90.13	46.99	21.54	0.26	14.54	6.80	分线箱及箱内配件
4	030502003002	有线电线分配器箱 1.规格:非标 2.内含有线电视分配器 3.距地1.5 m装	个	2	90.13	46.99	21.54	0.26	14.54	6.80	分配器箱及箱内配件
	B5-0202	安装接线箱(半周长700以下)	个	2	90.13	46.99	21.54	0.26	14.54	6.80	分配器箱及箱内配件
5	030411001001	刚性阻燃管配管 PC25 1.敷设方式:暗敷	m	8.41	7.35	4.84	0.24	0.05	1.51	0.71	PC25 刚性阻燃管配管
	B4-1539	砖、混凝土结构楼板墙暗配 刚性阻燃管公称口径(25 mm以内)	100 m	0.084 1	734.74	484.24	23.75	5.52	150.75	70.48	PC25 刚性阻燃管配管
6	030411001002	刚性阻燃管配管 PC20 1.敷设方式:暗敷	m	143.23	6.87	4.54	0.20	0.06	1.41	0.66	PC20 刚性阻燃管配管
	B4-1538	砖、混凝土结构楼板墙暗配 刚性阻燃管公称口径(20 mm以内)	100 m	1.432 3	687.37	453.97	20.33	5.52	141.43	66.12	PC20 刚性阻燃管配管
7	030411001003	刚性阻燃管配管 PC15 1.敷设方式:暗敷	m	25.38	6.35	4.18	0.20	0.06	1.30	0.61	PC15 刚性阻燃管配管

续表

序号	项目编码	项目名称及项目特征描述	单位	工程量	综合单价/元	人工费	材料费	机械费	管理费	利润	未计价材料
8	B4-1537	砖.混凝土结构楼板墙配暗墙 刚性阻燃管暗配(16 mm以内)	100 m	0.253 8	634.20	417.70	19.81	5.52	130.27	60.90	PC15 刚性阻燃管配管
	030502007001	8芯非屏蔽双绞线 1.规格:超五类非屏蔽双绞线 2.敷设方式:管内穿线	m	247.49	1.26	0.82	0.03	0.03	0.26	0.12	8芯非屏蔽双绞线
	B5-0271	双绞线缆 管内穿放4对以下	100 m	2.474 9	126.96	82.04	3.50	3.00	26.18	12.24	8芯非屏蔽双绞线
9	030502007002	光缆 1.规格:2芯多模光纤 2.敷设方式:管内穿线	m	76.31	1.90	1.27	0.02	0.02	0.40	0.19	2芯多模光纤
	B5-0274	布放光缆 管内穿放12芯以下	100 m	0.763 1	189.33	126.79	1.75	2.43	39.77	18.59	2芯多模光纤
10	030505005001	射频同轴电缆 1.规格:SYWV-75-5 2.敷设方式:管内穿线	m	38.79	1.35	0.90	0.03	0.01	0.28	0.13	SYWV-75-5 同轴电缆
	B5-0365	管内穿放视频同轴电缆φ9以下	100 m	0.387 9	134.68	89.50	2.63	1.46	28.00	13.09	SYWV-75-5 同轴电缆
11	030502004001	电视插座 1.安装方式:距地0.3 m,暗装	个	2	17.40	11.19	1.15		3.45	1.61	电视插座
	B5-0227	电视插座暗装	10 个	0.2	173.85	111.87	11.45		34.43	16.10	电视插座

序号	编码	项目名称	单位							
12	030502004002	电话插座 1. 安装方式:距地 0.3 m,暗装	个	6	16.12	9.70	2.03	2.99	1.40	电话插座
	B5-0332	光纤信息插座单口	个	6	16.12	9.70	2.03	2.99	1.40	电话插座
13	030502012001	网络插座 1. 规格:三口 2. 安装方式:距地 0.3 m,暗装	个	6	29.58	18.94	2.08	5.83	2.73	网络插座
	B5-0331	安装 8 位模块信息插座四口	个	6	29.58	18.94	2.08	5.83	2.73	网络插座

说明:①本表中管理费和利润均以人工费为取费基数,管理费费率为 32.4%,利润率为 15.15%;
②由于各地方的材料单价有差异,因此本表中综合单价中未包含备注的计价材料单价;
③实际工程中的综合单价由人工费 + 材料费(定额材料费 + 未计价材料费)+ 机械费 + 管理费 + 利润组成;
④本项目管道埋地土方工程相关的计算与埋地电缆计算方式一致,本次不计此项目内;
⑤本表工程量是在 CAD 设计工程图上量取得出的数据。

表6.5.3 分部分项和单价措施工程量计算表

工程名称:某综合楼综合布线工程

序号	编号	工程量计算式	单位	标准工程量	定额工程量
	0305	综合布线工程			
1	030502001001	ODF机柜 1.尺寸:非标,机内配置详见系统图6.3.1 2.机柜内含网络光纤配线架、有线电视交接箱、接地装置等。 3.距地1.5 m装	台	1	1
		1		1.	
2	B5-0196	安装机柜、机架墙挂式	台	1	1
		1		1.	
1	030505003001	有线电视前端箱 1.规格:非标 2.箱内含双向放大器、分配器 3.距地1.5 m装	个	1	1
		1		1.	
2	B5-0202	安装接线箱(半周长700 mm以下)	个	1	1
		1		1.	
1	030502003001	分线箱 1.尺寸:非标 2.箱内含楼层配线架 3.距地1.5 m装	个	2	2
		2		2.	
2	B5-0202	安装接线箱(半周长700 mm以下)	个	2	2
		2		2.	
1	030502003002	有线电线分配器箱 1.规格:非标 2.内含有线电视分配器 3.距地1.5 m装	个	2	2
		2		2.	
2	B5-0202	安装接线箱(半周长700 mm以下)	个	2	2
		2		2.	
1	030411001001	刚性阻燃管配管 PC25 1.敷设方式:暗敷	m	8.41	8.41
	水平	3.71		3.71	
	垂直	0.8 + 1 + 4.2 - 1.0 - 0.3		4.7	

序号	编号	工程量计算式	单位	标准工程量	定额工程量
2	B4-1539	砖、混凝土结构楼板墙暗配 刚性阻燃管公称口径（25 mm 以内）	100 m	8.41	0.0841
		8.41		8.41	
1	030411001002	刚性阻燃管配管 PC20 1.敷设方式:暗敷	m	143.23	143.23
	水平一层 TO	7.6 + 3.85 + 3.24 + 3.47 + 4.51 + 2.77 + 2.77 + 8.4 + 3.24		39.85	
	二层 TO	(1.99 + 3.85 + 3.45) + (1.99 + 4.47 + 3.45) + (1.99 + 8.35 + 3.47)		33.01	
	水平一层 TP	(2.77 + 3.85 + 2.84) + (2.77 + 4.51 + 3.07) + (2.77 + 8.4 + 2.84)		33.82	
	二层 TP	(2.01 + 3.85 + 3.05) + (2.01 + 4.47 + 3.05) + (1.99 + 8.35 + 3.07)		31.85	
	垂直	0.8 + 1 + 4.2 − 1.0 − 0.3		4.7	
2	B4-1538	砖、混凝土结构楼板墙暗配 刚性阻燃管公称口径（20 mm 以内）	100 m	143.23	1.432 3
		143.23		143.23	
1	030411001003	刚性阻燃管配管 PC15 1.敷设方式:暗敷	m	25.38	25.38
		(2.77 + 4.51 + 3.87) + (2.01 + 8.35 + 3.87)		25.38	
2	B4-1537	砖、混凝土结构楼板墙暗配 刚性阻燃管公称口径（16 mm 以内）	100 m	25.38	0.253 8
		25.38		25.38	
1	030502007001	8 芯非屏蔽双绞线 1.规格:超五类非屏蔽双绞线 2.敷设方式:管内穿线	m	247.49	247.49
	水平	(39.85 + 33.01) × 3 × (1 + 2.5%)		224.04	
	垂直	(0.8 + 1 + 4.2 − 1.0 − 0.3) × (1 + 2.5%) × 3		14.45	
	预留 TO 插座	3 × 2 × 1		6.0	
	预留机柜	2		2.0	
	预留接线箱	(0.3 + 0.2) × 2		1.0	
2	B5-0271	双绞线缆 管内穿放 4 对以下	100 m	247.49	2.474 9
		247.49		247.49	
1	030502007002	光缆	m	76.31	76.31

续表

序号	编号	工程量计算式	单位	标准工程量	定额工程量
		1.规格:2芯多模光纤 2.敷设方式:管内穿线			
		$(33.82+31.85)\times(1+2.5\%)$		67.31	
	预留机柜TP	2		2.0	
	预留TP插座	$3\times2\times1$		6.0	
	预留接线箱	$(0.3+0.2)\times2$		1.0	
2	B5-0274	布放光缆 管内穿放12芯以下	100 m	76.31	0.763 1
		76.31		76.31	
1	030505005001	射频同轴电缆 1.规格:SYWV-75-5 2.敷设方式:管内穿线	m	38.79	38.79
		$8.41+25.38$		33.79	
	预留机柜TV	2		2.	
	预留TV插座	$1\times2\times1$		2.	
	预留接线箱	$(0.3+0.2)\times2$		1.	
2	B5-0365	管内穿放视频同轴电缆$\phi9$以下	100 m	38.79	0.387 9
		38.79		38.79	
1	030502004001	电视插座 1.安装方式:距地0.3 m,暗装	个	2	2
		2		2.	
2	B5-0227	电视插座暗装	10 个	2	0.2
		2		2.	
1	030502004002	电话插座 1.安装方式:距地0.3 m,暗装	个	6	6
		6		6.	
2	B5-0332	光纤信息插座单口	个	6	6
		6		6.	
1	030502012001	信息插座 1.规格:三口 2.安装方式:距地0.3 m,暗装	个	6	6
		6		6.	
2	B5-0331	安装8位模块信息插座四口	个	6	6
		6		6.	

6.5.2 视频监控及报警系统工程

安全防范系统工程的案例为某一幼儿园的监控系统及某一住宅的楼宇对讲系统,相关的图纸内容见本章"安全防范系统工程"中相关的图纸(图6.3.11)及图纸说明(表6.3.5)。

在值班监控室设置中心监控服务器一台并设置监控终端(计算机或安装电视墙解码器一台,21寸彩色监视器一台)对大楼实时监控。

大楼周边及出口设置枪式彩色摄像机,各摄像机从一层设备间视频服务器布放视频电缆(SYKV-75-5)一条,从电源接线箱布放电源线(RVB 2×1.5)一条。视频电缆与电源线分开穿放塑料管道 φ50 埋地敷设。

视频监控及报警系统工程计量与计价案例见表6.5.4、表6.5.5。

表6.5.4 分部分项工程和单价措施项目清单与计价表

工程名称:某幼儿园视频监控系统工程

序号	项目编码	项目名称及项目特征描述	计量单位	工程量	金额/元		
					综合单价	合价	其中:暂估价
		分部分项工程				7 649.62	
	0305	视频监控系统工程				7 649.62	
1	030501013001	中心监控服务器 1. 含线缆、跳线、配线架、线槽、设备	台	1	216.67	216.67	
2	030507009001	电视墙解码器	台	1	103.99	103.99	
3	030507009002	21寸彩色液晶监视器一台	台	1	46.75	46.75	
4	030507008001	枪式彩色摄像机	台	6	162.74	976.44	
5	040504001001	新通信手孔 1 m×1 m×1.5 m 1. 预制混凝土电缆井,混凝土井盖安装	座	2	179.01	358.02	
6	030408003001	室外镀锌钢管埋地敷设 SC80	m	42.00	21.82	916.44	
7	030408003002	室外塑料管埋地敷设 PVCφ50	m	390.00	7.13	2 780.70	
8	030408003003	镀锌钢管埋地敷设 SC25	m	7.00	15.67	109.69	
9	030505005001	视频电缆 SYKV-75-5 1. 敷设方式:管内穿线	m	590.00	1.72	1 014.80	
10	030411004001	电源线 RVB-2×1.5 1. 管内穿线	m	590.00	1.09	643.10	
11	030502005001	超五类非屏蔽8芯双绞线 1. 敷设方式:管内穿线	m	344.00	1.27	436.88	
12	030502012001	双孔信息出线盒86H60及面板	个	2	23.07	46.14	

工程名称:某幼儿园视频监控系统工程

表 6.5.5 工程量清单综合单价分析表

序号	项目编码	项目名称及项目特征描述	单位	工程量	综合单价/元	综合单价/元					未计价材料
						人工费	材料费	机械费	管理费	利润	
	0305	视频监控系统工程									
1	030501013001	中心监控服务器 1.含线缆、跳线、配线架、线槽、设备	台	1	216.67	149.16	0.14		45.91	21.46	中心监控服务器
	B5-1090	中心控制器	台	1	216.67	149.16	0.14		45.91	21.46	中心监控服务器
2	030507009001	电视墙解码器	台	1	103.99	59.66	7.65	6.70	20.43	9.55	电视墙解码器
	B5-1079	视频传输设备编码器、解码器 4路以上	台	1	103.99	59.66	7.65	6.70	20.43	9.55	电视墙解码器
3	030507009002	21 寸彩色液晶监视器	台	1	46.75	22.37	14.27		6.89	3.22	21 寸彩色液晶监视器
	B5-0529	电视墙安装 电视机	套	1	46.75	22.37	14.27		6.89	3.22	21 寸彩色液晶监视器
4	030507008001	枪式彩色摄像机	台	6	162.74	104.41	3.76	5.10	33.71	15.76	枪式彩色摄像机
	B5-1025	微型摄像机	台	6	162.74	104.41	3.76	5.10	33.71	15.76	
5	040504001001	新通信手孔 1 m×1 m×1.5 m 1.预制混凝土电缆井,混凝土井盖安装	座	2	179.01	74.72	32.80	26.00	31.00	14.49	
	B4-2060	砌筑式基础 预制混凝土电缆井安装	座	2	179.01	74.72	32.80	26.00	31.00	14.49	
6	030408003001	室外镀锌钢管埋地敷设 SC80	m	42.00	21.82	10.52	4.13	1.67	3.75	1.75	镀锌钢管 SC80
	B4-0808	镀锌钢管埋地敷设(公称直径 100 mm 以内)	100 m	0.420 0	2 182.21	1 052.14	412.97	166.59	375.13	175.38	镀锌钢管 SC80

序号	编码	项目名称	单位	数量							
7	030408003002	室外塑料管埋地敷设 PVCφ50	m	390.00	7.13	3.91	0.30	0.79	1.45	0.68	塑料管 PVCφ50
	B4-0814	塑料管埋地敷设公称直径(50 mm 以内)	100 m	3.900 0	712.35	390.78	30.46	78.94	144.58	67.59	塑料管 PVCφ50
8	030408003003	镀锌钢管埋地敷设 SC25	m	7.00	15.67	9.23	2.04	0.16	2.89	1.35	镀锌钢管 SC25
	B4-1435	砖、混凝土结构明配 钢管公称口径(25 mm 以内)	100 m	0.070 0	1 567.65	923.32	204.43	15.73	289.04	135.13	镀锌钢管 SC25
9	03050050005001	视频电缆 SYKV-75-5 1.敷设方式:管内穿线	m	590.00	1.72	0.91	0.40		0.28	0.13	视频电缆 SYKV-75-5
	B4-1618	多芯导线 8 芯导线截面(1.0 m 以内)	100 m /束	5.900 0	171.27	90.56	39.81		27.87	13.03	视频电缆 SYKV-75-5
10	030411004001	电源线 RVB-2×1.5 管内穿线	m	590.00	1.09	0.59	0.23		0.18	0.09	电源线 RVB-2×1.5
	B4-1611	多芯软导线二芯导线截面(1.5 m 以内)	100 m /束	5.900 0	109.28	59.19	23.35		18.22	8.52	电源线 RVB-2×1.5
11	03050200005001	超五类非屏蔽 8 芯双绞线 1.敷设方式:管内穿线	m	344.00	1.27	0.82	0.04	0.03	0.26	0.12	超五类非屏蔽 8 芯双绞线
	B5-0271	双绞线缆 管内穿线 4 对以下	100 m	3.440 0	126.96	82.04	3.50	3.00	26.18	12.24	超五类非屏蔽 8 芯双绞线
12	030502012001	双孔信息出线盒 86H60 及面板	个	2	23.07	14.46	2.08		4.45	2.08	86H60 双孔信息插座
	B5-0330	安装 8 位模块信息插座双口	个	2	23.07	14.46	2.08		4.45	2.08	86H60 双孔信息插座

说明:①本表中管理费和利润均以人工费为取费基数,管理费费率为 32.4%,利润率为 15.15%;
②由于各地方的材料单价有差异,因此本表中综合单价中未包含备注的计价材料单价;
③实际工程中的综合单价组成=人工费+材料费(定额材料费+未计价材料费)+机械费+管理费+利润;
④本项目管道埋地土方工程相关的计算方式与埋地电缆的计算方式一致,本次不计此项目内;
⑤本表工程量是在 CAD 设计工程图上量取得出的数据。

6.5.3 楼宇对讲系统工程案例实训

楼宇对讲系统工程中住宅的建筑高度一层标高为 4.2 m,二至八层为 3 m,一层设有网络连接箱,二至八层设有解码器、分配器箱、集线器箱(检测箱)各 1 个。

在小区管理中心主机通过光纤配 SC150(埋地敷设)管至本住宅楼一层,在一楼设置网络连接器和可视对讲主机,主机连接到一层电井(总线:RVV-6×1.0 mm²,视频线:SYV-75-5 配管 PC25,暗敷于天棚或墙上),在电井内垂直往上至各楼层(线路配置在 MR100 mm×50 mm),每层楼设置分配器、解码器箱,由分配器箱分配至楼层家居分配箱中,每套房子内厨房设置一个可燃气体探头、主卧一个紧急按钮开关。可燃气体报警信号线的线路为 RVV 4×0.5 mm²/PC16 沿墙及天棚暗敷。报警按钮信号线的线路为 RVV 2×0.5 mm²/PC16 沿墙及天棚暗敷。图纸见图 6.3.14—图 6.3.16。

楼宇对讲系统工程中,分部分项工程和单价措施项目清单与计价见表 6.5.6,工程量清单综合单价分析表见表 6.5.7,分部分项和单价措施工程量计算表见表 6.5.8。

表 6.5.6 分部分项工程和单价措施项目清单与计价表

工程名称:某住宅楼宇对讲系统工程

序号	项目编码	项目名称及项目特征描述	计量单位	工程量	金额/元		
					综合单价	合价	其中:暂估价
	0305	某住宅楼宇对讲系统工程				59 649.20	
1	030507009001	楼层弱电机箱 1.非标,内含解码器、双向放大器、分配器等	台	11	119.08	119.08	
2	030502003001	家居配线箱 AHD 1.规格 450 mm×350 mm×150 mm 2.相当于成都尤立科电器有限公司 DMT5-3 系列款式	个	21	1 776.12	37 298.52	
3	030411003001	金属线槽 200 mm×100 mm 1.厚 1.2 mm	m	22.20	65.74	1 459.43	
4	030411001001	刚性阻燃管管砖、混凝土结构暗配 PC16	m	309.16	7.33	2 266.14	
5	030411001002	刚性阻燃管管砖、混凝土结构暗配 PC20	m	269.49	8.21	2 212.51	
6	030411001003	刚性阻燃管管砖、混凝土结构暗配 PC25	m	401.94	10.44	4 196.25	
7	030411006001	暗装接线盒	个	43	7.00	301.00	

续表

序号	项目编码	项目名称及项目特征描述	计量单位	工程量	金额/元		
					综合单价	合价	其中：暂估价
8	030411004001	按钮报警线 1.规格:RVV 2×0.5 mm² 2.敷设方式:管内穿线。	m	258.86	1.00	258.86	
9	030411004002	可燃气体报警信号线 1.规格:RVV 4×0.5 mm² 2.敷设方式:管内穿线。	m	114.80	1.24	142.35	
10	030411004003	可视对讲总线 1.规格:RVV6×1.0 mm² 2.敷设方式:管内穿线。	m	24.80	1.31	32.49	
11	030411004004	可视对讲总线 1.规格:RVV6×1.0 mm² 2.敷设方式:桥架内敷设。	m	34.20	2.26	77.29	
12	030411004005	可视对讲控制线 1.规格:RVV2×1.0 mm² 2.敷设方式:管内穿线。	m	24.71	1.32	32.62	
13	030411004006	可视对讲控制线 1.规格:RVV6×1.0 mm² 2.敷设方式:桥架内敷设。	m	34.20	2.26	77.29	
14	030505005001	视频线 1.规格:SYV-75-5	m	205.70	8.24	1 694.97	
15	030404031001	紧急按钮开关 1.距地 1.0 m,暗装	个	21	14.24	299.04	
16	030904001001	可燃气体探头 1.距地 2.2 m,暗装	个	21	64.87	1 362.27	
17	030507007001	电控锁 1.门框边安装,明装	台	1	47.91	47.91	
18	030507002001	可视对讲主机 1.底部距离地面 1.4 m,暗装	套	1	836.96	836.96	
19	030507002002	可视对讲分机 1.距离地面 1.4 m,暗装	套	21	37.10	779.10	
20	030507018001	安全防范全系统调试	系统	1	6 155.12	6 155.12	

工程名称：某住宅楼宇对讲系统工程

表 6.5.7　工程量清单综合单价分析表

序号	项目编码	项目名称及项目特征描述	单位	工程量	综合单价/元	综合单价/元					未计价材料
						人工费	材料费	机械费	管理费	利润	
	0305	某住宅楼宇对讲系统工程									
1	030501005001	网络连接箱 1. 规格：非标	台	1							网络连接箱及配件
	B5-0067	机柜安装标准机柜19"	台		388.81	199.13	51.88	32.96	71.44	33.40	网络连接箱及配件
2	030507009001	楼层弱电机箱 1. 非标，内含解码器、双向放大器、分配器等	台	1	119.08	48.48	48.52	0.13	14.96	6.99	弱电机箱及配件
	B5-0196	安装机柜、机架墙挂式	台	1	119.08	48.48	48.52	0.13	14.96	6.99	弱电机箱及配件
3	030502003001	家居配线箱AHD 1. 规格450 mm × 350 mm × 150 mm 2. 相当于成都尤立科电器有限公司 DMT5-3 系列款式	个	21	1 776.12	743.14	180.41	327.20	329.45	154.02	配线箱 AHD
	B4-0021	消弧线圈安装 10 kV/容量（600 kV·A 以下）	台	21	1 644.09	696.15	158.87	326.94	314.91	147.22	配线箱 AHD
	B5-0202	安装接线箱（半周长 700 以下）	个	21	132.03	46.99	21.54	0.26	14.54	6.80	

序号	编码	项目名称	单位	工程量							
4	030411003001	金属线槽200×100 mm 1.厚1.2 mm	m	22.20	65.74	18.43	2.29	0.80	5.92	2.77	线槽200 mm×100 mm
	B4-0905	金属线槽200 mm×100 mm	10 m	2.220	657.29	184.34	22.85	7.97	59.19	27.67	线槽200 mm×100 mm
5	030411001001	刚性阻燃管 管砖、混凝土结构 暗配 PC16	m	309.16	7.33	4.18	0.12	0.06	1.30	0.61	刚性阻燃管 PC16
	B4-1537	刚性阻燃管 管砖、混凝土结构 暗配 PC16	100 m	3.091 6	732.31	417.70	12.32	5.52	130.27	60.90	刚性阻燃管 PC16
6	030411001002	刚性阻燃管 管砖、混凝土结构 暗配 PC20	m	269.49	8.21	4.54	0.13	0.06	1.41	0.66	刚性阻燃管 PC20
	B4-1538	刚性阻燃管 管砖、混凝土结构 暗配 PC20	100 m	2.694 9	820.53	453.97	12.69	5.52	141.43	66.12	刚性阻燃管 PC20
7	030411001003	刚性阻燃管 管砖、混凝土结构 暗配 PC25	m	401.94	10.44	5.36	0.16	0.06	1.67	0.78	刚性阻燃管 PC25
	B4-1539	刚性阻燃管 管砖、混凝土结构 暗配 PC25	100 m	4.449 4	943.63	484.24	14.84	5.52	150.75	70.48	刚性阻燃管 PC25
8	030411006001	暗装接线盒	个	43	7.00	2.71	1.42		0.83	0.39	接线盒
	B4-1739	暗装接线盒	10个	4.3	69.98	27.05	14.19		8.33	3.89	接线盒
9	030411004001	按钮报警线 1.规格:RVV 2×0.5 mm² 2.敷设方式:管内穿线	m	258.86	1.00	0.56	0.19		0.17	0.08	按钮报警线 RVV 2×0.5 mm²
	B4-1609	多芯软导线 二芯导线截面（0.75 m 以内）	100 m	2.588 6	101.14	56.36	19.32		17.35	8.11	按钮报警线 RVV 2×0.5 mm²

续表

序号	项目编码	项目名称及项目特征描述	单位	工程量	综合单价/元	综合单价/元					未计价材料
						人工费	材料费	机械费	管理费	利润	
10	030411004002	可燃气体报警信号线 1. 规格:RVV 4×0.5 mm² 2. 敷设方式:管内穿线	m	114.80	1.24	0.68	0.25		0.21	0.10	可燃气体报警信号线 RVV 4×0.5 mm²
	B4-1613	多芯软导线 四芯导线截面（0.75 m以内）	100 m	1.148 0	123.76	67.75	25.41		20.85	9.75	可燃气体报警信号线 RVV 4×0.5 mm²
11	030411004003	可视对讲总线 1. 规格:RVV6×1.0 mm² 2. 敷设方式:管内穿线	m	24.80	1.31	0.70	0.30		0.21	0.10	可视对讲总线 RVV6×1.0 mm²
	B4-1614	多芯软导线 四芯导线截面（1.0 m以内）	100 m	0.248 0	131.15	69.89	29.69		21.51	10.06	可视对讲总线 RVV6×1.0 mm²
12	030411004004	可视对讲总线 1. 规格:RVV6×1.0 mm² 2. 敷设方式:桥架内敷设	m	34.20	2.26	1.42	0.18	0.01	0.44	0.21	可视对讲总线 RVV6×1.0 mm²
	B5-0282	布放光缆 桥架内布放12芯以下	100 m	0.342 0	225.34	141.70	17.52	1.46	44.06	20.60	可视对讲总线 RVV6×1.0 mm²
13	030411004005	可视对讲控制线 1. 规格:RVV2×1.0 mm² 2. 敷设方式:管内穿线。	m	24.71	1.32	0.70	0.30		0.22	0.10	可视对讲总线 RVV2×1.0 mm²

序号	编号	项目名称	单位	工程量							主材
14	B4-1614	多芯软导线 四芯导线截面(1.0 m 以内)	100 m	0.2471	131.15	69.89	29.69		21.51	10.06	总线 RVV2×1.0 mm²
	030411004006	可视对讲控制线 1.规格:RVV6×1.0 mm² 2.敷设方式:桥架内敷设。	m	34.20	2.26	1.42	0.18	0.01	0.44	0.21	可视对讲总线 RVV6×1.0 mm²
	B5-0282	布放光缆 桥架内布放12芯以下	100 m	0.3420	225.34	141.70	17.52	1.46	44.06	20.60	可视对讲总线 RVV6×1.0 mm²
15	030505005001	视频线 1.规格:SYV-75-5	m	205.70	8.24	5.22	0.66		1.61	0.75	视频线 SYV-75-5
	B10-0180	布放射频同轴电缆 7/8"以下 布放10 m	10 m	20.570	82.41	52.21	6.62		16.07	7.51	视频线 SYV-75-5
16	030404031001	紧急按钮开关 1.距地1.0 m,暗装	个	21	14.24	8.73	1.56		2.69	1.26	紧急按钮开关
	B4-0425	一般按钮暗装	10套	2.1	142.39	87.34	15.60		26.88	12.57	紧急按钮开关
17	030904001001	可燃气体探头 1.距地2.2 m,暗装	个	21	64.87	38.93	8.27	0.06	12.00	5.61	可燃气体探测器
	B5-1311	可燃气体探测器安装	个	21	64.87	38.93	8.27	0.06	12.00	5.61	可燃气体探测器
18	030507005001	开门按钮 1.距地1.3 m,暗装	个	21	14.24	8.73	1.56		2.69	1.26	开门按钮
	B4-0425	一般按钮暗装	10套	2.1	142.39	87.34	15.60		26.88	12.57	开门按钮
19	030507007001	电控锁 1.门框边安装,明装	台	1	47.91	29.83	4.36	0.17	9.23	4.32	电控锁
	B5-1014	电控锁	台	1	47.91	29.83	4.36	0.17	9.23	4.32	电控锁

续表

序号	项目编码	项目名称及项目特征描述	单位	工程量	综合单价/元	综合单价/元					未计价材料
						人工费	材料费	机械费	管理费	利润	
20	030507002001	可视对讲主机 1. 底部距离地面 1.4 m,暗装	套	1	836.96	559.35	12.51	8.57	174.81	81.72	可视对讲主机
	B5-0987	有线对讲主机 16 路	套	1	836.96	559.35	12.51	8.57	174.81	81.72	可视对讲主机
21	030507002002	可视对讲分机 1. 距离地面 1.4 m,暗装	套	21	37.10	22.37	4.21	0.29	6.97	3.26	可视对讲分机
	B5-0988	用户机	套	21	37.10	22.37	4.21	0.29	6.97	3.26	可视对讲分机
22	030507018001	安全防范全系统调试	系统	1	6 155.12	3 557.47	9.12	676.19	1 303.12	609.22	
	B5-1160	安防系统联合调试 200 点以下	系统	1	6 155.12	3 557.47	9.12	676.19	1 303.12	609.22	

表 6.5.8 分部分项和单价措施工程量计算表

工程名称:某住宅楼宇对讲系统工程

序号	编号	工程量计算式	单位	标准工程量	定额工程量
	0305	某住宅楼宇对讲系统工程			
1	030501005001	网络连接箱 1. 规格:非标	台	1	1
		1			1
2	B5-0067	机柜安装 标准机柜 19″	台	0	0
1		1		0	0
1	030507009001	楼层弱电机箱 1. 非标,内含解码器、双向放大器、分配器等	台	1	1
		1			1
2	B5-0196	安装机柜、机架墙挂式	台	1	1
		1			1
1	030502003001	家居配线箱 AHD 1. 规格 450 mm×350 mm×150 mm 2. 相当于成都尤立科电器有限公司 DMT5-3 系列款式	个	21	21
		21			21
2	B4-0021	消弧线圈安装 10 kV/容量(600 kV·A 以下)	台	21	21
		21			21
2	B5-0202	安装接线箱(半周长 700 以下)	个	21	21
		3×7			21
1	030411003001	金属线槽 200 mm×100 mm	m	22.2	22.2
		1. 厚 1.2mm			
		3×6+1.5+4.2−1.5			22.2
2	B4-0905	金属线槽 200 mm×100 mm	10 m	22.2	2.22
		22.2			22.2
1	030411001001	刚性阻燃管管砖、混凝土结构暗配 PC16	m	309.16	309.16
		309.16			309.16
2	B4-1537	刚性阻燃管管砖、混凝土结构暗配 PC16	100 m	309.16	3.0916
		(11.79+11.99+7.8)×7+(3.74+4.22+3.04)×7			298.06
		↑3×0.5+2.2×3+1.0×3			11.1

续表

序号	编号	工程量计算式	单位	标准工程量	定额工程量
1	030411001002	刚性阻燃管管砖、混凝土结构暗配 PC20	m	269.49	269.49
		269.49			269.49
2	B4-1538	刚性阻燃管管砖、混凝土结构暗配 PC20	100 m	269.49	2.694 9
		二至八层 $(\to 10.83 + 6.81 + \uparrow 3 \times 0.5) \times 7 \times 2$			267.96
		一层 $0.53 + 1.0$			1.53
1	030411001003	刚性阻燃管管砖、混凝土结构暗配 PC25	m	401.94	401.94
		401.94			401.94
2	B4-1539	刚性阻燃管管砖、混凝土结构暗配 PC25	100 m	444.94	4.449 4
		二至八层 $(\to 7.52 + 3.31 + 6.81 + \uparrow 3 \times 0.5 + 1.5) \times 7 \times 3$			433.44
		一层 $(8.9 + 2.6)$			11.5
1	030411006001	暗装接线盒	个	43	43
		$6 \times 7 + 1$			43
2	B4-1739	暗装接线盒	10 个	43	4.3
		43			43
1	030411004001	按钮报警线 1. 规格:RVV 2 × 0.5 mm² 2. 敷设方式:管内穿线	m	258.86	258.86
		$(11.79 + 11.99 + 7.8) \times 7 + 3 \times 1 \times 7 + (0.45 + 0.35) \times 3 \times 7$			258.86
2	B4-1609	多芯软导线 二芯导线截面(0.75 m 以内)	100 m	258.86	2.588 6
		258.86			258.86
1	030411004002	可燃气体报警信号线 1. 规格:RVV 4 × 0.5 mm² 2. 敷设方式:管内穿线	m	114.8	114.8
		$(3.74 + 4.22 + 3.04) \times 7 + 3 \times 1 \times 7 + (0.45 + 0.35) \times 3 \times 7$			114.8
2	B4-1613	多芯软导线 四芯导线截面(0.75 m 以内)	100 m	114.8	1.148
		114.80			114.8
1	030411004003	可视对讲总线	m	24.8	24.8
		1. 规格:RVV6 × 1.0 mm² 2. 敷设方式:管内穿线			
		$(8.9 + 2.6) \times 2 + 0.45 + 0.35 + 1$			24.8

序号	编号	工程量计算式	单位	标准工程量	定额工程量
2	B4-1614	多芯软导线 四芯导线截面(1.0 m以内)	100 m	24.8	0.248
		24.8		24.8	
1	030411004004	可视对讲总线 1.规格:RVV6×1.0 mm² 2.敷设方式:桥架内敷设	m	34.2	34.2
		22.2+1.5×8		34.2	
2	B5-0282	布放光缆 桥架内布放12芯以下	100 m	34.2	0.342
		34.2		34.2	
1	030411004005	可视对讲控制线 1.规格:RVV2×1.0 mm² 2.敷设方式:管内穿线	m	24.71	24.71
		(0.53+1.0+2×1)×7		24.71	
2	B4-1614	多芯软导线 四芯导线截面(1.0 m以内)	100 m	24.71	0.247 1
		24.71		24.71	
1	030411004006	可视对讲控制线 1.规格:RVV6×1.0 mm² 2.敷设方式:桥架内敷设	m	34.2	34.2
		22.2+1.5×8		34.2	
2	B5-0282	布放光缆 桥架内布放12芯以下	100 m	34.2	0.342
		34.2		34.2	
1	030505005001	视频线 1.规格:SYV-75-5	m	205.7	205.7
	垂直线槽内	22.2+1.5×8		34.2	
	水平二至八层	(→7.52+3.31+6.81+↑3×0.5+1.5)×7		144.48	
	预留	(0.45+0.35)×3×7		16.8	
	一层	2.18+8.04		10.22	
2	B10-0180	布放射频同轴电缆7/8″以下布放10 m	10 m	205.7	20.57
		205.70		205.7	
1	030404031001	紧急按钮开关 1.距地1.0 m,暗装	个	21	21
		21		21	
2	B4-0425	一般按钮暗装	10 套	21	2.1

续表

序号	编号	工程量计算式	单位	标准工程量	定额工程量
		21		21	
1	030904001001	点型探测器 1.距地 2.2 m,暗装	个	21	21
		21		21	
2	B5-1311	可燃气体探测器安装	个	21	21
		21		21	
1	030507005001	开门按钮 1.距地 1.3 m,暗装	台	0	0
		1		1	
2	B4-0425	一般按钮暗装	10 套	1	0.1
		1		1	
1	030507007001	电控锁 1.门框边安装,明装	台	1	1
		1		1	
2	B5-1014	电控锁	台	1	1
		1		1	
1	030507002001	可视对讲主机 1.底部距离地面 1.4 m,暗装	套	1	1
		1		1	
2	B5-0987	有线对讲主机 16 路	套	1	1
		1		1	
1	030507002002	可视对讲分机 1.距离地面 1.4 m,暗装	套	21	21
		21		21	
2	B5-0988	用户机	套	21	21
		21		21	
1	030507018001	安全防范全系统调试	系统	1	1
		1		1	
2	B5-1160	安防系统联合调试 200 点以下	系统	1	1
		1		1	

6.5.4 火灾自动报警系统案例实例

火灾报警系统工程案例相关系统图、平面图见图6.3.19—图6.3.21,主要材料见表6.3.8,以及该章关于火灾报警系统工程相关内容。分部分项工程和单价措施项目清单与计价表见表6.5.9,工程量清单综合单价分析表见表6.5.10,分部分项和单价措施工程量计算表见表6.5.11。

本项目电缆保护采用线槽,由于图纸未说明使用线槽的规格、材料,因此本节不进行举例,具体计量与计价方法可参考电气照明工程中相关内容。

表6.5.9　分部分项工程和单价措施项目清单与计价表

程名称:某住宅火灾报警系统工程

序号	项目编码	项目名称及项目特征描述	计量单位	工程量	综合单价	合价	其中:暂估价
	030904	火灾自动报警系统				23 402.21	
1	030502003001	接线端子箱 1.距地2 m壁装	个	8	90.13	721.04	
2	桂030904020001	楼层显示器 1.距地1.5 m壁装	台	8	651.84	5 214.72	
3	030904008001	短路隔离器 1.安装方式:接线端子箱内 2.含底座	个	8	140.96	1 127.68	
4	030904001001	感烟探测器 1.吸顶安装 2.含底座	个	18	60.66	1 091.88	
5	030904007001	消防广播(扬声器) 1.距地2.3 m壁装 2.含底座	个	8	43.67	349.36	
6	030904005001	声光报警器 1.距地2.3 m壁装 2.含底座	个	8	67.40	539.20	
7	030904005002	火灾光警报器 1.距地2.3 m壁装 2.含底座	个	1	67.40	67.40	
8	030904003001	带电话插孔的手动报警按钮 1.距地1.3 m壁装 2.含底座	个	8	85.92	687.36	
9	030904003002	消火栓起泵按钮 1.消火栓内 2.含底座	个	8	61.68	493.44	

续表

序号	项目编码	项目名称及项目特征描述	计量单位	工程量	金额/元		
					综合单价	合价	其中:暂估价
10	030904003003	直接启动火灾警报器和火灾应急广播按钮 1.距地1.3 m壁装 2.含底座	个	1	61.68	61.68	
11	030904008002	输出模块 1.设备侧安装 2.含底座	个	17	152.56	2 593.52	
12	030904008003	输入输出模块 1.设备侧安装 2.含底座	个	9	175.52	1 579.68	
13	030411001001	镀锌钢管 SC15 1.配置形式:暗敷	m	266.69	8.99	2 397.54	
14	030411001002	镀锌钢管 SC20 1.配置形式:暗敷	m	158.00	9.86	1 557.88	
15	030413002001	凿(压)槽及恢复 1.规格:公称管径20 mm以内 2.砖结构	m	150.40	9.39	1 412.26	
16	030411004001	信号线 1.配线形式:管内穿线 2.规格:NH-RVS-2×1.5	m	347.18	1.25	433.98	
17	030411004002	广播线 1.配线形式:管内穿线 2.规格:NH-BV-3×1.5	m	43.91	1.34	58.84	
18	030411004003	电话线 1.配线形式:管内穿线 2.规格:NH-BV-2×1.5	m	52.49	0.98	51.44	
19	030411004004	电源总线 1.配线形式:管内穿线 2.规格:NH-BV-2×4	m	57.71	0.97	55.98	
20	030411004005	电源支线 1.配线形式:管内穿线 2.规格:NH-BV-2×1.5	m	76.20	1.34	102.11	
21	桂030905005001	火灾事故广播、消防通信系统调试	部	16	30.80	492.80	
22	030905001001	自动报警系统调试	系统	1	2 312.42	2 312.42	

表6.5.10 工程量清单综合单价分析表

工程名称:某住宅火灾报警系统工程

序号	项目编码	项目名称及项目特征描述	单位	工程量	综合单价/元						未计价材料
					综合单价/元	人工费	材料费	机械费	管理费	利润	
	030904	火灾自动报警系统									
1	030502003001	接线端子箱 1.距地2m壁装	个	8	90.13	46.99	21.54	0.26	14.54	6.80	接线端子箱
	B5-0202	安装接线箱(半周长700 mm以下)	个	8	90.13	46.99	21.54	0.26	14.54	6.80	接线端子箱
2	桂030904020001	楼层显示器 1.距地1.5 m壁装	台	8	651.84	417.65	15.84	20.46	134.85	63.04	楼层显示器
	B5-1347	重复显示器	台	8	651.84	417.65	15.84	20.46	134.85	63.04	楼层显示器
3	030904008001	短路隔离器 1.安装方式:接线端子箱内 2.含底座	个	8	140.96	92.03	5.49	1.29	28.72	13.43	短路隔离器
	B5-1329	消防专用模块安装 模块单输入	个	8	140.96	92.03	5.49	1.29	28.72	13.43	短路隔离器
4	030904001001	感烟探测器 1.吸顶安装 2.含底座	个	18	60.66	38.93	3.36	0.54	12.15	5.68	感烟探测器
	B5-1308	点型探测器安装 感烟、感温探测器	个	18	60.66	38.93	3.36	0.54	12.15	5.68	感烟探测器
	B-001	探测器底座	个	18							探测器底座
5	030904007001	消防广播(扬声器) 1.距地2.3 m壁装 2.含底座	个	8	43.67	27.67	3.41	0.06	8.54	3.99	扬声器
	B5-1326	扬声器吸顶式	个	8	43.67	27.67	3.41	0.06	8.54	3.99	扬声器

工程名称：某住宅火灾报警系统工程

序号	项目编码	项目名称及项目特征描述	单位	工程量	综合单价/元	综合单价/元					未计价材料
						人工费	材料费	机械费	管理费	利润	
6	030904005001	声光报警器 1.距地2.3 m壁装 2.含底座	个	8	67.40	44.67	1.71	0.58	13.93	6.51	声光报警器
	B5-1318	声光报警器	个	8	67.40	44.67	1.71	0.58	13.93	6.51	声光报警器
7	030904005002	火灾光警报器 1.距地2.3 m壁装 2.含底座	个	1	67.40	44.67	1.71	0.58	13.93	6.51	火灾光警报器
	B5-1318	声光报警器	个	1	67.40	44.67	1.71	0.58	13.93	6.51	火灾光警报器
8	030904003001	带电话插孔的手动报警按钮 1.距地1.3 m壁装 2.含底座	个	8	85.92	57.72	2.05	0.06	17.78	8.31	带电话插孔的手动报警按钮
	B5-1316	火灾报警按钮带电话插孔	个	8	85.92	57.72	2.05	0.06	17.78	8.31	带电话插孔的手动报警按钮
9	030904003002	消火栓起泵按钮 1.消火栓内 2.含底座	个	8	61.68	41.02	2.05	0.06	12.64	5.91	消火栓起泵按钮
	B5-1315	火灾报警按钮	个	8	61.68	41.02	2.05	0.06	12.64	5.91	消火栓起泵按钮
10	030904003003	直接启动火灾报警器和火灾应急广播按钮 1.距地1.3 m壁装 2.含底座	个	1	61.68	41.02	2.05	0.06	12.64	5.91	直接启动火灾报警器和火灾应急广播按钮

工程名称:某住宅火灾报警系统工程

序号	项目编码	项目名称及项目特征描述	单位	工程量	综合单价/元	人工费	材料费	机械费	管理费	利润	未计价材料
								综合单价/元			
11	B5-1315	火灾报警按钮	个	1	61.68	41.02	2.05	0.06	12.64	5.91	直接启动火灾警报器和火灾应急广播按钮
	03090400 8002	输出模块 1.设备侧安装 2.含底座	个	17	152.56	99.11	6.81	1.29	30.90	14.45	输出模块
	B5-1331	消防专用模块安装 模块单输出	个	17	152.56	99.11	6.81	1.29	30.90	14.45	输出模块
12	03090400 8003	输入输出模块 1.设备侧安装 2.含底座	个	9	175.52	114.03	8.11	1.29	35.50	16.59	输入输出模块
	B5-1333	消防专用模块安装 模块单输入单输出	个	9	175.52	114.03	8.11	1.29	35.50	16.59	输入输出模块
13	03041100 1001	镀锌钢管 SC15 1.配置形式:暗敷	m	266.69	8.99	5.10	1.50	0.06	1.59	0.74	镀锌钢管 SC15
	B4-1444	砖、混凝土结构暗配 钢管公称口径(15 mm 以内)	100 m	2.684 9	893.55	506.97	149.46	5.59	157.77	73.76	镀锌钢管 SC15
14	03041100 1002	镀锌钢管 SC20 1.配置形式:暗敷	m	158.00	9.86	5.63	1.60	0.06	1.75	0.82	镀锌钢管 SC20
	B4-1445	砖、混凝土结构暗配 钢管公称口径(20 mm 以内)	100 m	1.644 0	946.66	540.73	153.56	5.59	168.16	78.62	镀锌钢管 SC20

工程名称:某住宅火灾报警系统工程

序号	项目编码	项目名称及项目特征描述	单位	工程量	综合单价/元	综合单价/元					未计价材料
						人工费	材料费	机械费	管理费	利润	
15	030413002001	凿(压)槽及恢复 1.规格:公称管径20 mm以内 2.砖结构	m	150.40	9.39	4.90	1.94	0.23	1.58	0.74	
	B4-2006	凿槽,刨沟 砖结构(公称管径20 mm以内)	10 m	15.040	55.26	30.92	8.16	1.52	9.99	4.67	
	B4-2018	所凿沟槽恢复 沟槽尺寸(公称管径20 mm以内)[水泥砂浆1:3]	10 m	15.040	38.57	18.03	11.25	0.79	5.79	2.71	
16	030411004001	信号线 1.配线形式:管内穿线 2.规格:NH-RVS-2×1.5	m	347.18	1.25	0.67	0.27		0.21	0.10	信号线 NH-RVS-2×1.5
	B4-1611	多芯软导线 二芯导线截面(1.5 m以内)	100 m	3.941 8	109.28	59.19	23.35		18.22	8.52	信号线 NH-RVS-2×1.5
17	030411004002	广播线 1.配线形式:管内穿线 2.规格:NH-BV-3×1.5	m	43.91	1.34	0.71	0.31		0.22	0.10	广播线 NH-BV-3×1.5
	B4-1615	多芯软导线 四芯导线截面(1.5 m以内)	100 m	0.439 1	133.71	70.59	31.23		21.73	10.16	广播线 NH-BV-3×1.5
18	030411004003	电话线 1.配线形式:管内穿线 2.规格:NH-BV-2×1.5	m	52.49	0.98	0.59	0.09	0.02	0.19	0.09	电话线 NH-BV-2×1.5

工程名称：某住宅火灾报警系统工程

序号	项目编码	项目名称及项目特征描述	单位	工程量	综合单价/元	人工费	材料费	机械费	管理费	利润	未计价材料
19	B5-0257	管（暗）槽内穿放广播线屏蔽软线（RVVP）导线截面（2×1.5 mm²以内）	100 m	0.524 9	98.29	58.92	9.23	2.43	18.88	8.83	电话线 NH-BV-2×1.5
	030411004004	电源总线 1. 配线形式：管内穿线 2. 规格：NH-BV-2×4	m	57.71	0.97	0.53	0.20		0.16	0.08	电源总线 NH-BV-2×4
	B4-1583	动力线路 铜芯导线截面（4 m以内）	100 m 单线	0.577 1	97.72	53.46	20.12		16.45	7.69	电源总线 NH-BV-2×4
20	030411004005	电源支线 1. 配线形式：管内穿线 2. 规格：NH-BV-2×1.5	m	76.20	1.34	0.71	0.31		0.22	0.10	电源支线 NH-BV-2×1.5
	B4-1615	多芯软导线 四芯导线截面（1.5 m以内）	100 m	0.762 0	133.71	70.59	31.23		21.73	10.16	电源支线 NH-BV-2×1.5
21	桂03090505001	火灾事故广播、消防通信系统调试	部	16	30.80	17.23	2.77	2.08	5.94	2.78	
	B5-1388	火灾事故广播系统调试 广播喇叭及音箱、电话插孔	10 只	1.6	307.93	172.28	27.71	20.75	59.41	27.78	
22	03090505001001	自动报警系统调试	系统	1	2 312.42	1 352.51	62.77	197.15	476.99	223.00	
	B5-1380	自动报警系统调试64点以下	系统	1	2 312.42	1 352.51	62.77	197.15	476.99	223.00	

表6.5.11　分部分项和单价措施工程量计算表

工程名称:某住宅火灾报警系统工程　　　　　　　　　　　　　　　　第1页 共5页

序号	编号	工程量计算式	单位	标准工程量	定额工程量
	030904	火灾自动报警系统			
1	030502003001	接线端子箱 1. 距地2 m壁装	个	8	8
		8			8
2	B5-0202	安装接线箱(半周长700 mm以下)	个	8	8
		8			8
1	桂030904020001	重复显示器 1. 距地1.5 m壁装	台	8	8
		8			8
2	B5-1347	重复显示器	台	8	8
		8			8
1	030904008001	短路隔离器 1. 安装方式:接线端子箱内 2. 含底座	个	8	8
		8			8
2	B5-1329	消防专用模块安装 模块单输入	个	8	8
		8			8
1	030904001001	感烟探测器 1. 吸顶安装 2. 含底座	个	18	18
		18			18
2	B5-1308	点型探测器安装 感烟、感温探测器	个	18	18
		18			18.
2	B-001	探测器底座	个	18	18
		18			18
1	030904007001	消防广播(扬声器) 1. 距地2.3 m壁装 2. 含底座	个	8	8
		8			8
2	B5-1326	扬声器吸顶式	个	8	8
		8			8

序号	编号	工程量计算式	单位	标准工程量	定额工程量
1	030904005001	声光报警器 1.距地2.3 m壁装 2.含底座	个	8	8
		8			8
2	B5-1318	声光报警器	个	8	8
		8			8
1	030904005002	火灾光警报器 1.距地2.3 m壁装 2.含底座	个	1	1
		1			1
2	B5-1318	声光报警器	个	1	1
		1			1
1	030904003001	带电话插孔的手动报警按钮 1.距地1.3 m壁装 2.含底座	个	8	8
		8			8
2	B5-1316	火灾报警按钮带电话插孔	个	8	8
		8			8
1	030904003002	消火栓起泵按钮 1.消火栓内 2.含底座	个	8	8
		8			8
2	B5-1315	火灾报警按钮	个	8	8
		8			8
1	030904003003	直接启动火灾警报器和火灾应急广播按钮 1.距地1.3 m壁装 2.含底座	个	1	1
		1			1
2	B5-1315	火灾报警按钮	个	1	1
		1			1
1	030904008002	输出模块 1.设备侧安装 2.含底座	个	17	17
		17			17

序号	编号	工程量计算式	单位	标准工程量	定额工程量
2	B5-1331	消防专用模块安装 模块单输出	个	17	17
		17			17
1	030904008003	输入输出模块 1.设备侧安装 2.含底座	个	9	9
		9			9
2	B5-1333	消防专用模块安装 模块单输入单输出	个	9	9
		9			9
1	030411001001	镀锌钢管 SC15 1.配置形式:暗敷	m	266.69	266.69
	S 信号线一层	$\rightarrow 0.09 + (2.22 + 1.35 + 1.62 + 0.33) + 1.05 + 2.3 + 1.58 + 2.08 + 0.85 + (2.03 + 0.5) + 0.33 + 1.95 + (2.45 + 0.95)$		21.68	
	D 电源总线	$\rightarrow 2.3 + 2.03 + 0.5 + 0.33 + 2.45 + 0.95 + 1.76 + 2.48 + 1.42 + 3.24$		17.46	
	S 信号线 二至八层	$\rightarrow [(0.27 + 2.49 + 1.42 + 0.58) + 0.42 + (0.7 + 0.58 + 1.29) + (1.69 + 2.19) + (1.96 + 1.21) + 2.92 + 0.58] \times 7$		128.1	
	D 电源总线 二至八层	$\rightarrow (1.23 + 1.89 + 0.76 + 1.87) \times 7$		40.25	
	输入/输出模块	$\downarrow (4.2 - 1.3) \times 5 + (3 - 1.5) \times 21$		46	
	楼层显示	$\downarrow 4.2 - 1.5 + (3 - 1.5) \times 7$		13.2	
2	B4-1444	砖、混凝土结构暗配 钢管(公称口径 15 mm 以内)	100 m	268.49	2.684 9
		268.49			268.49
1	030411001002	镀锌钢管 SC20 1.配置形式:暗敷	m	158	158
	B 广播线一层	$\rightarrow 1.52 + 4.99$		6.51	
	F 电话线一层	$\rightarrow 1.77 + 3.34 + 1.77$		6.88	
	F 电话线二层	$\rightarrow (1.23 + 2.6) \times 7$		26.81	
	B 广播线二层	$\rightarrow (1.23 + 2.57) \times 7$		26.6	
	报警按钮	$\downarrow 4.2 - 1.3 + (3 - 1.3) \times 8$		16.5	
	扬声器	$\downarrow 4.2 - 2.3 + (3 - 2.3) \times 7$		6.8	

序号	编号	工程量计算式	单位	标准 工程量	定额 工程量
	输入/输出模块	↓(4.2−1.3)×5+(3−1.5)×21		46	
	火灾光警报器	↓4.2−2.3		1.9	
	声光警报器	↓4.2−2.3+(3−2.3)×7		6.8	
	楼层显示	↓4.2−1.5+(3−1.5)×7		13.2	
2	B4-1445	砖、混凝土结构暗配 钢管(公称口径20 mm以内)	100 m	164.4	1.644
		164.40		164.4	
1	030413002001	凿(压)槽及恢复 1.规格:公称管径20 mm以内 2.砖结构	m	150.4	150.4
		46+13.2		59.2	
		16.5+6.8+46+1.9+6.8+13.2		91.2	
2	B4-2006	凿槽、刨沟 砖结构(公称管径20 mm以内)	10 m	150.4	15.04
		150.4		150.4	
2	B4-2018	所凿沟槽恢复 沟槽尺寸(公称管径20 mm以内) [水泥砂浆1:3]	10 m	150.4	15.04
		150.4		150.4	
1	030411004001	信号线 1.配线形式:管内穿线 2.规格:NH-RVS-2×1.5	m	347.18	347.18
		21.68+128.1+150.4		300.18	
	预留	94×0.5		47	
2	B4-1611	多芯软导线 二芯导线截面(1.5 m以内)	100 m	394.18	3.941 8
		394.18		394.18	
1	030411004002	广播线 1.配线形式:管内穿线 2.规格:NH-BV-3×1.5	m	43.91	43.91
		6.51+26.6+6.8		39.91	
	预留	8×0.5		4	
2	B4-1615	多芯软导线 四芯导线截面(1.5 m以内)	100 m	43.91	0.439 1
		43.91		43.91	
1	030411004003	电话线 1.配线形式:管内穿线 2.规格:NH-BV-2×1.5	m	52.49	52.49

序号	编号	工程量计算式	单位	标准工程量	定额工程量
		$6.88+26.81+\downarrow4.2-1.3+(3-1.3)\times7$		48.49	
	预留	8×0.5		4	
2	B5-0257	管/暗槽内穿放广播线屏蔽软线(RVVP)导线截面($2\times1.5\ \text{mm}^2$以内)	100 m	52.49	0.524 9
		52.49		52.49	
1	030411004004	电源总线 1.配线形式:管内穿线 2.规格:NH-BV-2×4	m	57.71	57.71
		$17.46+40.25$			57.71
2	B4-1583	动力线路 铜芯导线截面(4 m以内)	100 m单线	57.71	0.5771
		57.71		57.71	
1	030411004005	电源支线 1.配线形式:管内穿线 2.规格:NH-BV-2×1.5	m	76.2	76.2
		$46+13.2$			59.2
	预留	$(8+26)\times0.5$			17
2	B4-1615	多芯软导线 四芯导线截面(1.5 m以内)	100 m	76.2	0.762
		76.20			76.2
1	桂030905005001	火灾事故广播、消防通信系统调试	部	16	16
		16			16
2	B5-1388	火灾事故广播系统调试 广播喇叭及音箱、电话插孔	10 只	16	1.6
		16			16
1	030905001001	自动报警系统调试	系统	1	1
		1			1
2	B5-1380	自动报警系统调试 64点以下	系统	1	1
		1			1

思考与练习

1. 建筑中有几种系统？最重要的系统是哪个？
2. 火灾探测器与控制器的接线方式有几种？
3. 火灾探测器有几种类型，分别适用哪种类型的火灾场所？
4. 综合布线与电气设备安装工程的布线方式有什么相同点与不同点？
5. 网络线线路安装长度不够时，如何接线？
6. 弱电部分的布线预留长度是多少？

参考文献
CANKAO WENXIAN

[1] 广西壮族自治区建设工程造价管理总站.广西壮族自治区安装工程消耗量定额:常用册（上、中、下）[M].北京:中国建材工业出版社,2015.

[2] 广西壮族自治区建设工程造价管理总站.广西壮族自治区建设工程费用定额[M].北京:中国建材工业出版社,2016.

[3] 二级造价工程师职业资格考试培训教材编审委员会.建设工程计量与计价实务:安装工程[M].北京:中国建材工业出版社,2019.

[4] 李海凌,卢永琴.安装工程计量与计价[M].2版.北京:机械工业出版社,2017.

[5] 吴心伦.安装工程计量与计价[M].3版.重庆:重庆大学出版社,2018.